全国应用型高等院校(高职高专)土建类“十二五”规划教材

建筑施工组织

(第2版)

主　编　范建洲
副主编　杨晓宁　孔庆健　钱　军
安　昶　张　颖　曹瑞东
主　审　张新华

中国水利水电出版社
www.waterpub.com.cn

内 容 提 要

本教材依据我国现行的规程规范，结合院校学生实际能力和就业特点，根据教学大纲及培养技术应用型人才的总目标来编写，教学内容以必需、够用为度，突出实训、实例教学，力求体现高职高专、应用型本科教育注重职业能力培养的特点。本教材附赠PPT课件，免费下载地址：www.waterpub.com.cn/softdown。

本教材共分7章，内容包括：建筑施工组织概论、建筑施工准备工作、建筑工程流水施工、网络计划技术、施工组织总设计、单位工程施工组织设计、单位工程施工组织设计实例。

本教材图文并茂、深入浅出、简繁得当，可作为高职高专院校、应用型本科院校土建类建筑工程、工程造价、建设监理等专业教材；亦可为工程技术人员的参考借鉴，也可作为成人、函授、网络教育、自学考试等参考用书。

图书在版编目（CIP）数据

建筑施工组织/范建洲主编．—2版．—北京：中国水利水电出版社，2012.6（2015.1重印）
全国应用型高等院校（高职高专）土建类“十二五”规划教材
ISBN 978-7-5084-9879-9

Ⅰ．①建…　Ⅱ．①范…　Ⅲ．①建筑工程-施工组织-高等职业教育-教材　Ⅳ．①TU721

中国版本图书馆CIP数据核字（2012）第127943号

书　　名	全国应用型高等院校（高职高专）土建类“十二五”规划教材 **建筑施工组织（第2版）**
作　　者	主　编　范建洲 副主编　杨晓宁　孔庆健　钱军　安昶　张颖　曹瑞东 主　审　张新华
出版发行	中国水利水电出版社 （北京市海淀区玉渊潭南路1号D座　100038） 网址：www.waterpub.com.cn E-mail：sales@waterpub.com.cn 电话：（010）68367658（发行部）
经　　售	北京科水图书销售中心（零售） 电话：（010）88383994、63202643、68545874 全国各地新华书店和相关出版物销售网点
排　　版	中国水利水电出版社微机排版中心
印　　刷	北京瑞斯通印务发展有限公司
规　　格	184mm×260mm　16开本　14.75印张　355千字　2插页
版　　次	2008年8月第1版　2008年8月第1次印刷 2012年6月第2版　2015年1月第2次印刷
印　　数	3001—6000册
定　　价	**28.00**元

序

随着我国建设行业的快速发展，建筑行业对专业人才的需求也呈现出多层面的变化，从而对院校人才培养提出了更细致、更实效的要求。我国因此大力发展职业技术教育，大量培养高素质的技能型、应用型人才，教育部也就此提出了实施要求和教改方案。快速发展起来的高等职业教育和应用型本科教育是直接为地方或行业经济发展服务的，是我国高等教育的重要组成部分，应该以就业为导向，培养目标应突出职业性、行业性的特点，从而为社会输送生产、建设、管理、服务第一线需要的专门人才。

在上述背景下，作为院校三大基本建设之一的高等职业及应用型本科教育的教材改革和建设必须予以足够的重视。目前，技术型、应用型教育的办学主体多种多样，各种办学主体对培养目标也各有理解，使用的教材也复杂多样，但总体来讲，相关教材建设还处于探索阶段。

中国水利水电出版社在"全国应用型高等院校土建类'十一五'规划教材"的基础上，结合当前高职教育和应用型本科教育的发展特点，按照教育部相关最新要求，组织出版"全国应用型高等院校土建类'十二五'规划教材"。

本套教材从培养技术应用型人才的总目标出发予以编写，具有以下特点：

（1）教材结合当前院校生源和就业特点、以培养"有大学文化水平的能工巧匠"为教学目标来编写。

（2）教材编写者均经过院校推荐、编委会资格审定筛选而来，均为院校一线骨干教师，具有丰富的教学和实践经验。

（3）教材结合新知识、新技术、新工艺、新教材、新法规、新案例，对基本理论的讲授以应用为目的，教学内容以"必需、够用"为度；在教材的编写中加强实践性教学环节，融入足够的实训内容，保证对学生实践能力的培养。

（4）教材编写力求周期短、更新快，并建立新法规、新案例等新内容的网上及时更新地址，从而紧跟时代和行业发展步伐，体现高等技术应用性人才的培养要求。

本套教材图文并茂、深入浅出、简繁得当，可作为高职高专院校、应用型本科院校土建类建筑工程、工程造价、建设监理等专业教材使用，其中小部分教材根据其内容特点明确了适用的细分专业；该套教材亦可为工程技术人员的参考借鉴，也可作为成人、函授、网络教育、自学考试等参考用书使用。

《全国应用型高等院校土建类“十二五”规划教材》的出版是对高职高专、应用型本科教材建设的一次有益探索，限于编者的水平和经验，书中难免有不妥之处，恳请广大读者和同行专家批评指正。

编委会

2012 年 1 月

前　言

建筑工程项目施工阶段是把蓝图变为现实的过程，是工程建设程序中的重要一环。需要在施工准备、全面施工、竣工验收和交付使用等阶段，投入大量的人力、物力和财力，才能实现工程进度、质量、安全、环境、造价等预定目标。为此，在地基基础、主体结构、装修装饰和机电安装等施工过程中，必须坚持科学的施工程序和合理的施工顺序，采用流水施工和网络计划等方法，科学配置资源，合理布置现场，采取季节性施工措施，实现均衡施工，以期达到合理的经济技术指标。

施工组织设计就是工程技术人员运用以往的知识和经验，对建筑工程的施工预先设计的一套运作程序和实施方法。“建筑施工组织”是高等大专院校土建类专业的一门重要专业课程，主要研究建筑工程施工组织的科学规律、先进技术和方法。

本教材注重高职高专教育的特点，在编排上强调理论与实践的结合，特别强调培养学生的创新思维和动手能力，在内容上以现行的《施工组织设计规范》(GB/T 50502—2009)、《工程网络计划技术规程》(JGJ/T 121—99) 为基础，以综合职业能力为本位，重点突出综合性和实践性。本书系统全面，简明扼要，知识实用，符合教学大纲和教学需要，反映了最新规范精神和技术要求，并配有大量的工程实例，有利于实际技能的培养。

通过本课程学习，使学生了解建筑施工组织的基本知识和一般规律，掌握建筑工程流水施工和网络计划技术的基本方法，具有编制单位工程施工组织设计的初步能力。

本教材适合高职高专建筑工程技术专业、建筑工程装饰技术专业、工程造价专业的学生学习，也可作为各类工程的建设、设计、施工、咨询等单位技术与管理人员单位参考书。

本教材由太原电力高等专科学校的范建洲担任主编，负责统稿。济南铁路局的杨晓宁、济南职业技术学院的孔庆健、泰州职业技术学院的钱军、新疆农业职业学院的安昶、山西职业技术学院的张颖担任副主编。第1章和第7章由钱军负责编写，第2章由安昶负责编写，第3章由杨晓宁负责编写，第4章由孔庆健负责编写、第5章由张颖负责编写、第6章由范建洲负责编写，

PPT 课件编制由太原电力高等专科学校的曹瑞东承担。

本教材由济南职业技术学院的张新华主审。

本教材在编写过程中，参考了大量公开出版发行的有关施工组织与管理的书籍等参考文献，在此谨向其作者表示衷心的感谢。

由于编者水平有限，缺点错误在所难免，恳请读者批评指正。

编者

2012.3

目　录

第1章 建筑施工组织概论

本章要点

本章对建筑施工组织作了概括性介绍，概述了工程建设、施工程序的相关基本概念；建筑产品与施工的特点；施工组织设计的概念与作用；施工组织的任务和原则。通过本章的学习，掌握建筑工程施工的特点，熟悉施工组织设计及其作用，了解施工组织的任务和原则。

建筑施工是一项多工种、多专业的复杂的系统工程，要使施工全过程顺利进行，以期达到预定的目标，就必须用科学的方法进行施工管理。施工组织是施工管理的重要组成部分，它对统筹建筑施工全过程、推动企业技术进步及优化建筑施工管理起到核心作用。

1.1 基本建设

1.1.1 基本建设活动内容

基本建设是利用国家预算内的资金、自筹资金、国内外贷款以及其他专项资金进行的，以扩大生产能力或新增工程效益为主要目的的新建、扩建工程及有关工作，或简称为固定资产的建设，也就是建造、购置和安装固定资产的活动以及与此相联系的其他工作。它包括：

(1) 固定资产的建筑和安装。

(2) 固定资产的购置，包括机械、设备、工具和器具。

(3) 其他基本建设，主要指勘察、设计、土地征购、拆迁等。

基本建设是国民经济的组成部分，是社会扩大再生产、提高人民物质文化生活和加强国防实力的重要手段。有计划有步骤地进行基本建设，对于扩大和加强国民经济的物质技术基础、调整国民经济重大比例关系、调整部门结构、合理分布生产力、不断提高人民物质文化生活水平等方面都具有十分重要的意义。

1.1.2 基本建设项目划分

基本建设项目，简称建设项目。凡是按一个总体设计组织施工，建成后具有完整的系统，可以独立地形成生产能力或使用价值的建设工程，称为一个建设项目。

在工业建设中，一般以拟建厂矿企业单位为一个建设项目，如一个钢铁厂、一个棉纺厂等。在民用建设中，一般以拟建机关事业单位为一个建设项目，如一所学校、一所医院等。进行基本建设的企业或事业单位称为建设单位。建设单位是在行政上独立的组织，独立进行经济核算，可以直接与其他单位建立经济往来关系。

基本建设项目可以从不同的角度进行划分：

(1) 按建设项目的规模大小可分为大型、中型、小型建设项目。

(2) 按建设项目的性质可分为新建、扩建、改建、恢复和迁建项目。

(3) 按建设项目的投资主体可分为国家投资、地方政府投资、企业投资、合资企业以及各类投资主体联合投资的建设项目。

(4) 按建设项目的用途可分为生产性建设项目（包括工业、水利、交通运输及邮电、商业和物资供应、地质资源勘探等建设项目）和非生产性建设项目（包括住宅、文教、卫生、公用生活服务事业等建设项目)。

一个建设项目，一般可由以下工程内容组成。

1. 单项工程（也称工程项目）

单项工程是具有独立的设计文件，竣工后可以独立发挥生产能力或效益的工程。

一个建设项目，可由一个单项工程组成，也可由若干个单项工程组成。如工业建设项目中各个独立的生产车间、实验大楼等，民用建设项目中学校的教学楼、宿舍楼等，这些都可以称为一个单项工程，其内容包括建筑工程、设备安装工程以及设备、仪器的购置等。

2. 单位（子单位）工程

单位工程是具有单独设计、可以独立施工、但完工后不能独立发挥生产能力或效益的工程。对于建筑规模较大的单位工程，可将其能形成独立使用功能的部分作为一个子单位工程。具有独立施工条件和能形成独立使用功能是单位（子单位）工程划分的基本要求。在施工之前，应由建设单位（监理单位）和施工单位商议确定。

单位工程是单项工程的组成部分。按照单项工程的构成，又可将其分解为建筑工程和设备安装工程。例如，一个生产车间中的土建工程、设备安装工程、工业管道工程等分别是单项工程所包含的不同性质的单位工程。

3. 分部（子分部）工程

分部工程是单位工程的组成部分，应按专业性质、建筑部位确定。例如，一幢房屋的土建单位工程，按其结构或构造部位，可以划分为基础、主体、屋面、装修等分部工程；按其工种工程可划分为土石方、砌筑、钢筋混凝土、防水、装饰工程等；按其质量检验评定要求可划分为地基与基础、主体、地面与楼面、门窗、装饰、屋面工程等。

当分部工程较大或较复杂时，可按材料种类、施工特点、施工顺序、专业系统及类别等将其划分为若干子分部工程。例如，地基与基础分部工程又可细分为无支护土方、有支护土方、地基处理、桩基、地下防水、混凝土基础、砌体基础、劲钢（管）混凝土、钢结构等子分部工程；主体结构分部工程又可细分为混凝土结构、劲钢（管）混凝土结构、砌体结构、钢结构、木结构、网架和索膜结构等子分部工程；建筑装饰装修分部工程又可细分为地面、抹灰、门窗、吊顶、轻质隔墙、饰面板（砖）、幕墙、涂料、糊裱与软包、细部等子分部工程；智能建筑分部工程又可细分为通信网络系统、办公自动化系统、建筑设备监控系统、火灾报警及消防联动系统、安全防范系统、综合布线系统、智能化集成系统、电源与接地、环境、住宅（小区）智能化系统等子分部工程。

4. 分项工程（也称施工过程）

分项工程是分部工程的组成部分。是按主要工种、材料、施工工艺、设备类别等进行划分的施工过程。例如，砖混结构的基础，可以划分为挖土、混凝土垫层、砖基础、回填土等分项工程；现浇钢筋混凝土框架结构的主体，可以划分为安装模板、绑扎钢筋、浇筑混凝土等分项工程。

分项工程是工程项目施工生产活动的基础，也是计量工程用工用料和机械台班消耗的基本单元，同时又是施工活动的基础。分项工程既有其作业活动的独立性，又有其相互联系、相互制约的整体性。

一分项工程可按其生产和检查验收的范围划分为若干个批次，即检验批。建筑工程施工质量控制的最基本单元是检验批。

1.1.3 基本建设程序

基本建设程序是基本建设项目从决策、设计、施工和竣工验收到投产使用的全过程中各项工作必须遵循的先后顺序。这个顺序反映了整个建设过程必须遵循的客观规律。基本建设程序一般可分为投资决策阶段、勘察设计阶段、建设准备阶段、项目施工阶段、竣工验收和交付使用阶段五个阶段。

1. 投资决策阶段

这个阶段包括建设项目建议书、可行性研究等内容。

（1）项目建议书。

项目建议书是建设单位向主管部门提出的要求建设某一项目的建议性文件。是对拟建项目的轮廓设想，是从拟建项目的必要性及大的方面可能性加以考虑的设想。

项目建议书经批准后，并不说明项目非上不可，只是表明项目可以进行详细的可行性研究工作，它不是项目的最终决策。为了进一步搞好项目的前期工作，从编制“八五”计划开始，在项目建议书前又增加了探讨项目阶段，凡是重要的大中型项目都要进行项目探讨，经探讨研究初步可行后，再按项目隶属关系编制项目建议书。

项目建议书的内容，视项目的不同情况而有繁有简。一般应包括以下几个方面：

1）建设项目提出的必要性和依据；

2）产品方案、拟建规模和建设地点的初步设想；

3）资源情况、建设条件、协作关系等的初步分析；

4）投资估算和资金筹措设想；

5）经济效益和社会效益的估计。

项目建议书按要求编制完成后，按照建设总规模和限额的划分审批权限，报批项目建议书。

（2）可行性研究。

项目建议书经批准后，应紧接着进行可行性研究工作。可行性研究是对项目在技术上是否可行和经济上是否合理进行科学的分析和论证。可行性研究是在项目建议书批准后着手进行的。我国从 20 世纪 80 年代初将可行性研究正式纳入基本建设程序和前期工作计划，规定大中型项目、利用外资项目、引进技术和设备进口项目都要进行可行性研究。其他项目有条件的也要进行可行性研究。通过对建设项目在技术、工程和经济上的合理性进行全面分析论证和多种方案比较，提出评价意见，写出可行性报告。凡是经过可行性研究未通过的项目，不得进行下一步工作。

各类建设项目可行性的内容不尽相同，一般工业建设项目的可行性研究应包括以下几个方面的内容：

1）项目提出的背景、项目概况、问题与建议等；

2）产出品与投入品的市场预测（容量、价格、竞争力和市场风险等）；

3）资源条件评价（资源开发项目包含此项，内容有资源可利用量、品质、赋存条件）；

4）建设规模、产品方案的技术经济评价；

5）建厂条件和厂址方案；

6）技术方案、设备方案和工程方案；

7）主要原材料、燃料供应；

8）总图布置、场内外运输与公用辅助工程；

9）能源和资源节约措施；

10）环境影响评价；

11）劳动安全卫生与消防；

12）组织机构与人力资源配置；

13）建设工期和项目实施进度；

14）投资估算及融资方案；

15）经济评价（财务评价和国民经济评价）；

16）社会评价和风险分析。

可以看出，建设项目可行性研究的内容可概括为三大部分。首先是市场研究，主要任务是解决项目的“必要性”问题；第二是技术研究，主要解决项目在技术上“可行性”问题；第三是效益研究，主要解决经济上的“合理性”问题。市场研究、技术研究和效益研究是构成项目可行性研究的三大支柱。

（3）可行性研究报告的审批。

编制可行性研究报告是在项目可行性的研究分析基础上，选择经济效益最好的方案进行编制，它是确定建设项目、编制设计文件的重要依据。原基本建设程序中可行性研究报告是对外资项目而言，内资项目则称为设计任务书。由于两者的内容和作用基本相同。为了进一步规范基本建设程序，国家计委计投资（1991）1969号文件颁发了统一规范为可行性研究报告的通知，取消了设计任务书的名称。

1）可行性研究报告的编制程序。建设单位根据国家经济发展的长远规划、经济建设的方针任务和技术经济政策，结合资源情况、建设布局等条件，在广泛调查研究、收集资料、踏勘建设地点、初步分析投资效果的基础上，提出需要进行可行性研究的项目建议书和初步可行性研究报告。当项目建议书经国家发展与改革部门、贷款部门审定批准后，该项目即可立项。建设单位就可以委托有资格的工程咨询单位（或设计单位）进行可行性研究。《可行性研究报告》必须真实准确，深度要规范化和标准化。被委托的研究单位对报告质量负责。可行性研究报告经批准后，不得随意修改和变更。经过批准的可行性研究报告是初步设计的依据。

2）可行性研究报告的审批。根据《国务院关于投资体制改革的决定》（2004），政府对于建设项目的管理分为审批、核准和备案三种方式。

① 对于政府直接投资或资本金注入方式的，继续审批项目建议书、可行性研究报告。采用投资补助、转贷或贷款贴息方式的，不再审批项目建议书和可行性研究报告，只审批资金申请报告，即只对核准或备案后的资金申请报告是否给予资金支持进行批复，不再对是否允许项目建设提出意见。

② 对于不使用政府性资金投资的建设项目，区别不同情况实行核准制和备案制。其中，政府对重大项目和限制类项目从维护社会公共利益角度进行核准，其他项目无论规模大小均改为备案制。《政府核准的投资项目目录》对于实行核准制的范围进行了明确界定。

③ 对于外商投资项目和境外投资项目，除中央管理企业限额以下投资项目实行备案管理以外，其他均需政府核准。

2. 勘察设计阶段

工程勘察范围包括工程项目岩土工程、水文地质勘察和工程测量等。通常所说的设计勘察工作是在严格遵守技术标准、法规的基础上，对工程地质条件做出及时、准确的评价，为设计乃至施工提供可供遵循的依据，最终成果是地质勘察报告。

设计文件是指工程图纸及说明书，它一般由建设单位通过招标或直接委托设计单位编制。编制设计文件时，应根据批准的可行性研究报告，将建设项目的要求逐步具体化为可用于指导建筑施工的工程图纸及其说明书。对一般不太复杂的中小型项目采用两阶段设计，即扩大初步设计（或称初步设计）和施工图设计；对重要的、复杂的、大型的项目，经主管部门指定，可采用三阶段设计，即初步设计、技术设计和施工图设计。

初步设计是对批准的可行性研究报告所提出的内容进行概略的设计，做出初步规定（大型、复杂的项目，还需要绘制建筑透视图或制作建筑模型）。技术设计是在初步设计的基础上，进一步确定建筑、结构、设备、防火、抗震等的技术要求，工业项目需要解决工艺流程、设备选型及数量确定等重大技术问题。施工图设计是在前一阶段的基础上进一步形象化、具体化、明确化，完成建筑、结构、水、电、气、工业管道等全部施工图纸以及设计说明书、结构计算书和施工图预算等，工艺方面要具体确定各种设备的规格及非标准设备的制造加工图。

根据建设部2000年颁布《建筑工程施工图设计文件审查暂行办法》的规定，建设单位应当将施工图报送建设行政主管部门，由建设行政主管部门委托有关审查机构，进行结构安全和强制性标准、规范执行情况等内容的审查。施工图一经审查批准，不得擅自进行修改，如遇特殊情况需要进行涉及审查主要内容的修改时，必须重新报原审批部门，由原审批部门委托审查机构审查后再批准实施。

3. 建设准备阶段

建设项目在实施前须做好各项准备工作，其主要内容是：征地拆迁和三通一平；设备、材料订货；准备必要的施工图纸；委托监理及造价咨询单位组织施工招投标，择优选定施工单位；办理开工报建手续等。

4. 项目施工阶段

项目施工阶段是根据设计图纸，进行建筑安装施工。建筑施工是基本建设程序中的一个重要环节。要做到计划、设计、施工三个环节互相衔接，投资、工程内容、施工图纸、设备材料、施工力量五个方面的落实，以保证建设计划的全面完成。

施工前要明确工程质量、工期、成本、安全、环保等目标，认真做好图纸会审工作，编制施工组织设计和施工预算，进行资源计划。施工中要严格按照施工图施工，如需要变动应取得设计单位同意，要坚持合理的施工程序和顺序，要严格执行施工验收规范，按照质量检验评定标准进行工程质量验收，确保工程质量。对质量不合格的工程要及时采取措施处理，不留隐患。不合格的工程不得交工。施工单位必须按合同规定的内容全面完成施工任务。

5. 竣工验收及交付使用阶段

按批准的设计文件和合同规定的内容建成的工程项目，其中生产性项目经负荷试运转和试生产合格，并能够生产合格产品的；非生产性项目符合设计要求，能够正常使用的，都要及时组织验收，办理移交手续，交付使用。

建设单位在收到施工单位的工程验收报告后，负责组织施工、设计、监理等单位进行工程竣工验收。建设工程竣工验收应当具备下列条件：

1) 完成建设工程设计和合同约定的各项内容；

2) 有完整的技术档案和施工管理资料；

3) 有工程使用的主要建筑材料、建筑构配件和设备的进场试验报告；

4) 有勘察、设计、施工、监理等单位分别签署的质量合格文件；

5) 有施工单位签署的工程保修书。

1.2 建筑产品与施工的特点

1.2.1 建筑产品的特点

建筑产品是指各种建筑物或构筑物，它与一般工业产品相比较，不但是产品本身，而且在产品的生产过程中都有其特点。

(1) 建筑产品的固定性。

建筑产品在建造过程中直接与地基基础连接，因此，只能在建造地点固定地使用，而无法转移。这种一经建造就在空间固定的属性，叫做建筑产品的固定性。固定性是建筑产品与一般工业产品最大的区别。

(2) 建筑产品的庞大性。

建筑物为人们的生产、生活活动提供空间，建筑产品与一般工业产品相比，其体形庞大、自重大。

(3) 建筑产品的多样性。

建筑物的使用功能要求、规模、建筑设计、结构类型等各不相同，即使是同一类型的建筑物，也因所在地点、环境条件不同而彼此有所不同。因此，建筑产品不能像一般工业产品那样批量生产。

(4) 建筑产品的综合性。

建筑产品是一个完整的固定实物体系，不仅土建工程的艺术风格、建筑功能、结构构造、装饰做法等方面堪称是一种复杂的产品，而且工艺设备、采暖通风、供水供电、卫生设备等各类设施错综复杂。

1.2.2 建筑施工的特点

(1) 建筑施工的流动性。

建筑产品的固定性和体积庞大决定了建筑施工的流动性。一般工业产品，生产者和生产设备是固定的，产品在生产线上流动。而建筑产品则相反，产品是固定的，生产者和生产设备不仅要随着建筑物建造地点的变更而流动，而且还要随着建筑物的施工部位的改变而在不同的空间流动。这就要求事先有一个周密的施工组织设计，使流动的人、料、机等互相协调配合，做到连续、均衡施工。

(2) 建筑施工的工期长。

建筑产品的庞大性决定了建筑施工的工期长。建筑产品在建造过程中要投入大量劳动力、材料、机械等，因而与一般工业产品相比，其生产周期较长，少则几个月，多则几年。这就要求事先有一个合理的施工组织设计，尽可能缩短工期。

(3) 建筑施工的个别性。

建筑产品的多样性和固定性决定了建筑施工的个别性。不同的甚至相同的建筑物，在不同的地区、季节及现场条件下，施工准备工作、施工工艺和施工方法等也不尽相同，因此，建筑产品的生产基本上是单个定做，这就要求施工组织设计根据每个工程特点、条件等因素制定出可行的施工方案。建筑施工的个别性（或称单件性），是指不同工程项目的施工内容和过程不会完全相同，但并不排除局部施工活动的重复一致。

(4) 建筑施工的复杂性。

建筑产品的综合性决定了建筑施工的复杂性。建筑产品是露天、高空作业，甚至有的是地下作业，加上施工的流动性和个别性，必然造成施工的复杂性，这就要求施工组织设计不仅要从方法、机具、措施等技术方面，还要从流向、顺序等组织方面综合规划和计划施工，使建筑工程施工顺利地进行。

1.3 施工组织设计概述

1.3.1 施工组织设计的作用

由于各地区施工条件千差万别，造成建筑工程施工所面对的困难各不相同，施工组织设计首先应根据地区环境的特点，解决施工过程中可能遇到的各种难题。同时，不同类型的建筑，其施工的重点和难点也各不相同，施工组织设计应针对这些重点和难点进行重点阐述，对常规的施工方法应简明扼要。

总之，施工组织设计是用以规划部署施工生产活动，制定先进合理的施工方法和技术组织措施。它主要有以下几方面的作用：

(1) 桥梁作用。实现基本建设计划的要求，沟通工程设计与施工之间的桥梁，它既要体现拟建工程的设计和使用要求，又要符合建筑施工的客观规律。

(2) 保证作用。保证各施工阶段的准备工作及时地进行。

(3) 纲领作用。明确施工重点和影响工期进度的关键施工过程，并提出相应的技术、质量、安全措施。

(4) 协调作用。协调各施工单位、各工种、各类资源、资金、时间等方面在施工程序、现场布置和使用上的相应关系。

1.3.2 施工组织设计的基本内容与动态管理

1. 施工组织设计的基本内容

施工组织设计以施工项目为对象编制的，用以指导施工的技术、经济和管理的综合性文件。建筑施工组织设计在我国已有几十年历史，虽然产生于计划经济管理体制下，但在实际的运行当中，对规范建筑工程施工管理确实起到了相当重要的作用，在目前的市场条件下，它已成为建筑工程招投标和组织施工必不可少的重要文件。

施工组织设计应包括编制依据、工程概况、施工部署、施工进度计划、施工准备与资源配置计划、主要施工方法、施工现场平面布置及主要施工管理计划等基本内容。根据工程具体情况，施工组织设计的内容可以添加或删除，具体章节顺序灵活确定。

2. 施工组织设计的动态管理

应对施工组织设计实行动态管理，即在项目实施过程中，对施工组织设计的执行、检查和修改进行适时的、有效的管理。建筑工程具有产品的单一性，同时作为一种产品，又具有漫长的生产周期。施工组织设计是工程技术人员运用以往的知识和经验，对建筑工程的施工预先设计的一套运作程序和实施方法，但由于人们知识经验的差异以及客观条件的变化，施工组织设计在实际执行中，难免会遇到不适用的部分，这就需要针对新情况进行修改或补充。同时，作为施工指导书，又必须将其意图贯彻到具体操作人员，使操作人员按指导书进行作业，这是一个动态的管理过程。

动态管理的内容之一，就是对施工组织设计的修改和补充。项目施工过程中，发生以下情况之一时，施工组织设计应及时进行修改或补充：

（1）工程设计有重大修改时，如地基基础或主体结构的形式发生变化、装修材料或做法发生重大变化、机电设备系统发生大的调整等，需要对施工组织设计进行修改；对工程设计图纸的一般性修改，视变化情况对施工组织设计进行补充；对工程设计图纸的细微修改或更正，施工组织设计则不需调整。

（2）有关法律、法规、规范和标准实施、修订和废止。有关法律、法规、规范和标准开始实施或发生变更，并涉及工程的实施、检查或验收时，需对施工组织设计进行修改和补充。

（3）主要施工方法有重大调整。由于主客观条件的变化，施工方法有重大变更，原来的施工组织设计已不能正确地指导施工，需对施工组织设计进行修改和补充。

（4）主要资源配置有重大调整。当施工资源配置有重大变更，并且影响到施工方法的变化或对施工进度、质量、安全、环境、造价等造成潜在的重大影响，需对施工组织设计进行修改和补充。

（5）施工环境有重大改变。当施工环境发生重大变化，如施工延期造成季节性施工方法变化，施工场地变化造成现场布置和施工方式改变等，致使原来的施工组织设计已不能正确地指导施工，需对施工组织设计进行修改和补充。

（6）经修改或补充的施工组织设计应重新审批后实施。项目施工前，应进行施工组织设计逐级交底；项目施工过程中，应对施工组织设计的执行情况进行检查、分析并适时调整。

1.3.3 施工组织设计的分类

1. 按编制对象范围的不同分类

施工组织设计根据编制对象的不同可分为四类：施工条件设计；施工组织总设计；单位工程施工组织设计和分部分项工程施工设计。

（1）施工条件设计。

施工条件设计是对拟建工程从施工角度分析工程设计的技术可行性与经济合理性，同时做出轮廓的施工规划，并提出在施工准备阶段首先应进行的工作，以便尽早着手准备。这一施工条件设计可由设计单位或施工单位负责编制，并作为初步设计的一个组成部分（施工单位在设计阶段就参与项目是现代化建筑业管理模式中的一个重要方式）。

（2）施工组织总设计。

施工组织总设计是以一个建设项目或建筑群体为组织施工对象而编制的。当有了批准的初步设计或扩大初步设计后，由该工程的总承建单位牵头，会同建设、设计及分包单位共同编制，由总承包单位技术负责人审批。目的是对整个工程的施工进行全盘考虑，全面规划，用以指导全场性的施工准备和有计划地运用施工力量，开展施工活动。其作用是部署落实施工总任务、确定拟建工程的施工期限、各临时设施及现场总的利用布置；是指导整个施工全过程各活动开展的组织、技术、经济的综合设计文件；是修建全工地暂设工程、施工准备和编制年（季）度施工计划的依据。

（3）单位工程施工组织设计。

单位工程施工组织设计是以单位工程（一个建筑物或构筑物）作为组织施工的对象而编制的。一般是在有了施工图设计后，由项目负责人组织编制，由施工单位技术负责人或技术负责人授权的技术人员审批，是单位工程施工全过程的组织、技术、经济的指导文件，并作为编制季、月、旬施工计划的依据。

单位工程施工组织设计按照工程的规模、技术复杂程度和施工条件的不同，在编制内容的深度和广度上有以下两种类型：

1）简明单位工程施工组织设计，一般适用于规模较小的拟建工程，通常只编制施工方案并附以施工进度计划和施工平面图。

2）单位工程施工组织设计，一般用于重点的、规模大的、技术复杂或采用新技术的工程，编制内容比较全面。

（4）分部分项工程施工组织设计。

分部分项工程施工组织设计是以施工难度较大或技术较复杂的分部（分项）工程为编制对象，用来指导其施工活动的技术、经济文件，亦称施工方案或分部（分项）工程施工作业计划。它结合施工单位的月、旬作业计划，把单位工程施工组织设计进一步具体化，是专业工程的具体施工设计。一般在单位工程施工组织设计进行了施工部署、确定了施工方案后，由项目经理部专业工程师编制，项目技术负责人审批。其中，重点、难点分部（分项）工程和专项工程应由施工单位技术部门组织相关专家评审，施工单位技术负责人批准。它的内容一般包括：工程概况、施工安排、施工进度计划、施工方法和工艺要求等。

由此可见，传统的做法是随着项目设计的深入而编制不同广度、深度和作用的施工组织设计。例如，当项目按三阶段设计时，在初步设计完成后，可编制施工条件设计（施工组织设计大纲）；技术设计完成后，可编制施工组织总设计；在施工图设计完成后，可编制单位工程施工组织设计。当项目按两阶段设计时，对应于初步设计和施工图设计，分别编制施工组织总设计和单位工程施工组织设计。

2. 按中标前后分类

施工组织设计按中标前后的时间不同可分为投标前施工组织设计（简称标前设计）和中标后施工组织设计（简称标后设计）两种。

投标施工组织设计是在投标前编制的施工组织设计，是对项目各目标实现的组织与技术的保证。标前设计是投标文件技术标的最主要部分，它主要是说给发包方听的，目的是竞争承揽工程任务。签订工程承包合同后，应依据标前设计、施工合同、企业施工计划，在开工前由中标后成立的项目经理部负责编制详细地实施指导性标后设计，它是说给企业听的，目的是保证要约和承诺的实现。因此，两者之间有先后次序关系、单向制约关系，具体不同之处见表 1.1。

表 1－1　两类施工组织设计的特点

种　类	服务范围	编制时间	编制者	主要特征	追求的目标
标前设计	投标与签约	投标书编制前	经营管理层	规划性	中标与经济效益
标后设计	施工准备至工程验收	签约后开工前	项目管理层	指导性	施工效率和效益

1.3.4　施工方案

施工方案是以分部（分项）工程或专项工程为主要对象编制的施工技术与组织方案，用以具体指导其施工过程。如前所述，施工方案在某些时候也被称为分部（分项）工程或专项工程施工组织设计，单考虑到通常情况下施工方案是施工组织设计的进一步细化，是施工组织设计的补充，施工组织设计的某些内容在施工方案中不需赘述，因而，实际工作中常称之为施工方案。

1. 工程概况

施工方案包括两种情况：专业承包公司独立承包项目中的分部（分项）工程或专业工程所编制的施工方案；作为单位工程施工组织设计的补充，由总承包单位编制的分部（分项）工程或专业工程所编制的施工方案。由总承包单位编制的分部（分项）工程或专业工程所编制的施工方案应包括工程主要情况、设计简介和工程施工条件。

（1）工程主要情况包括：分部（分项）工程或专项工程名称，工程参建单位的相关情况，工程的施工范围，施工合同、招标文件或总承包单位对工程施工的重点要求等。

（2）设计简介主要介绍施工范围内的工程设计内容和相关要求。

（3）工程施工条件重点说明与分部（分项）工程或专项工程相关的内容。

2. 施工安排

（1）工程施工目标包括进度、质量、安全、环境和成本等目标，各项目目标应满足施工合同、招标文件和总承包单位对工程施工的要求。

（2）确定工程施工顺序及施工流水段。

(3) 针对工程的重点和难点，进行施工安排并简述主要管理措施、技术措施、经济措施等。

(4) 确定工程项目管理的组织机构及岗位职责。根据分部（分项）工程或专项工程的规模、特点、复杂程度、目标控制和总承包单位的要求设置项目管理机构，该机构各种专业人员配备齐全，完善项目管理网络，建立健全岗位责任制。

3. 施工进度计划

分部（分项）工程或专项工程施工进度计划应按照施工安排，并结合总承包单位的施工进度计划进行编制。施工进度计划的编制应内容全面、安排合理、科学实用，在进度计划中应反映出各施工区段或各工序之间的搭接关系、施工开始期限和开始、结束时间。同时，施工进度计划应能体现和落实总体进度计划的目标控制要求；通过编制分部（分项）工程或专业工程进度计划进而体现总进度计划的合理性。

施工进度计划可采用网络图或横道图表示，并附必要说明。因为分部（分项）工程或专项工程施工活动较少，其进度计划表达大多采用横道图形式。

4. 施工准备与资源配置计划

(1) 施工准备。

施工方案针对的施工对象是分部（分项）工程或专项工程，在施工准备阶段，除了要完成本项工程的施工准备外，还需注重与前后工序的相互衔接。施工准备应包括以下内容：

1) 技术准备。包括施工所需技术资料的准备、图纸深化和技术交底的要求、试验检验和测试工作计划、样板制作计划以及与相关单位的技术交接计划等。

2) 现场准备。包括生产、生活等临时设施的准备以及与相关单位进行现场交接的计划等。

3) 资金准备。编制资金使用计划等。

(2) 资源配置计划。

资源配置计划包括劳动力配置计划和物资配置计划两大类。

1) 劳动力配置计划。确定工程用工量并编制专业工种劳动力计划。

2) 物资配置计划。包括工程材料和设备配置计划、周转材料和施工机具配置计划以及计量、测量和检验仪器配置计划等。

5. 施工方法及工艺要求

(1) 明确分部（分项）工程或专项工程施工方法并进行必要的技术核算，对主要分项工程（工序）明确施工工艺要求。施工方法是工程施工期间所采用的技术方案、工艺流程、组织措施、检验手段等，它直接影响施工进度、质量、安全以及工程成本，内容应比施工组织总设计和单位工程施工组织设计的相关内容更细化。

(2) 对易发生质量通病、易出现安全问题、施工难度大、技术含量高的分项工程（工序）等应做出重点说明。若为创优工程，应编制质量通病防治方案。

(3) 对开发和使用的新技术、新工艺以及采用的新材料、新设备应通过必要的试验或论证并制定计划。对于工程中推广的新技术、新工艺、新材料和新设备，可以采用目前国家和地方推广的，也可以根据工程具体情况由企业创新；对于企业创新的技术和工艺，要制定理论和试验研究实施方案，并组织鉴定评价。

(4) 对季节性施工应提出具体要求。根据施工地点的实际气候特点，提出具有针对性的施工措施。在施工过程中，还应根据气象部门的预报资料，对具体措施进行细化。

1.3.5 主要施工管理计划

施工管理计划应包括进度管理计划、质量管理计划、安全管理计划、环境管理计划、成本管理计划以及其他管理计划等内容。各项管理计划的制定，应根据项目的特点有所侧重。

施工管理计划在目前多作为管理和技术措施编制在施工组织设计中，这是施工组织设计必不可少的内容。施工管理计划涵盖很多方面内容，可根据工程的具体情况加以取舍。在编制施工组织设计时，各项管理计划可单独成章，也可穿插在施工组织设计的相应章节中。

各项管理计划的内容应有目标，有组织机构，有资源配置，有管理制度和技术、组织措施等。以下就主要施工管理计划的必要性、基本要求及所包括的内容进行简单阐述。

1. 进度管理计划

(1) 必要性。

施工进度计划的实现离不开管理上和技术上的具体措施。另外，在工程施工进度计划执行过程中，由于各方面条件的变化，经常使实际进度脱离原计划，这就需要施工管理者随时掌握工程施工进度，检查和分析进度计划的实施情况，及时进行必要的调整，保证施工进度总目标的完成。

(2) 基本要求。

项目施工进度管理应按照项目施工的技术规律和合理的施工顺序，保证各工序在时间上和空间上顺利衔接。不同的工程项目其施工技术规律和施工顺序不同，即使是同一类工程项目，其施工顺序也难以做到相同。因此必须根据工程特点，按照施工的技术规律和合理的组织关系，解决各工序在时间上和空间上的先后顺序和搭接关系，以达到保证质量、安全施工、充分利用空间、争取时间、实现经济合理安排进度的目的。

(3) 基本内容。

进度管理计划应包括以下内容：

1) 对项目施工进度计划进行逐级分解，通过阶段性目标的实现保证最终工期目标的完成。在施工活动中通常是通过对最基础的分部（分项）工程的施工进度控制来保证各个单项（单位）工程或阶段工程进度控制目标的完成，进而实现项目施工进度控制总体目标；因而需要将总体进度计划进行一系列从总体到细部、从高层次到基础层次的层层分解，一直分解到施工现场可以直接调度控制的分部（分项）工程或施工作业过程为止。

2) 建立施工进度管理的组织机构并明确职责，制定相应管理制度。施工进度管理的组织机构是实现进度计划的组织保证；它既是施工进度计划的实施组织，又是施工进度计划的控制组织；既要承担进度计划实施赋予的生产管理和施工任务，又要承担进度控制目标，对进度控制负责，因此需要严格落实有关管理制度和职责。

3) 针对不同施工阶段的特点，制定进度管理的相应措施，包括施工组织措施、技术措施和合同措施等。

4）建立施工进度动态管理机制，及时纠正施工过程中的进度偏差，并制定特殊情况下的赶工措施。面对不断变化的客观条件，施工进度计划往往会产生偏差；当发生实际进度比计划进度超前或落后时，控制系统就要做出应有的反应：分析偏差产生的原因，采取相应的措施，调整原来的计划，使施工活动在新起点上按调整后的计划继续进行，如此循环往复，直至预期计划目标的实现。

5）根据项目周边环境特点，制定相应的协调措施，减少外部因素对施工进度的影响。项目周边环境是影响施工进度的重要因素之一，其不可控性大，必须重视诸如环境扰民、交通组织和偶发意外等因素，采取相应的协调措施。

2. 质量管理计划

（1）必要性。

工程质量目标的实现需要具体的管理和技术措施，根据工程质量形成的时间阶段，工程质量可分为事前管理、事中管理和事后管理，质量管理的重点应放在事前管理。

（2）基本要求。

施工单位应按《质量管理体系要求》（GB/T190041）建立本单位的质量管理体系，质量管理计划应在施工单位质量管理体系的框架内编制。

可以独立编制质量计划，也可以在施工组织设计中合并编制质量计划的内容。质量管理应按照PDCA循环模式，加强过程控制，通过持续改进提高工程质量。

（3）基本内容。

质量管理计划内容应包括：

1）按照项目具体要求确定质量目标并进行目标分解，质量指标应具有可测量性。应制定具体的项目质量目标，质量目标应不低于工程合同明示的要求；质量目标应尽可能地量化和层层分解到最基层，建立阶段性目标。

2）建立项目质量管理的组织机构并明确职责。应明确质量管理组织机构中各重要岗位的职责，与质量有关的各岗位人员应具备与职责要求匹配的相应知识、能力和经验。

3）制定符合项目特点的技术保障和资源保障措施，通过可靠地预防控制措施，保证质量目标的实现。应采取各种有效措施，确保项目质量目标的实现；这些措施包含但不局限于：原材料、构配件、机具的要求和检验，主要的施工工艺、主要的质量标准和检验方法，夏期、冬期和雨期施工的技术措施，关键过程、特殊过程、重点工序的质量保证措施，成品、半成品的保护措施，工作场所环境以及劳动力和资金保障措施等。

4）建立质量过程检查制度，并对质量事故的处理做出相应规定。按质量管理八项原则中的过程方法要求，将各项活动和相关资源作为过程进行管理，建立质量过程检查、验收以及质量责任制等相关制度，对质量检查和验收标准做出规定，采取有效的纠正和预防措施，保障各工序和过程的质量。

3. 安全管理计划

（1）必要性。

建筑工程施工安全管理应贯彻“安全第一，预防为主”的方针。施工现场的大部分伤亡事故是由于没有安全技术措施、缺乏安全技术措施、不做安全技术交底、安全生产责任制不落实、违章指挥、违章作业造成的。因此，必须建立完善的施工现场安全生产保证体系，才能确保职工的安全和健康。

(2) 基本要求。

目前大多数施工单位基于《职业健康安全管理体系规范》(GB/T28001) 通过了职业健康安全管理体系认证，建立了企业内部的安全管理体系。安全管理计划应在施工单位安全管理体系的框架内，针对项目的实际情况编制。

现场安全管理应符合国家和地方政府部门的要求。

(3) 基本内容。

安全管理计划应包括以下内容：

1) 确定项目重要危险源，制定项目职业健康安全管理目标。建筑施工安全事故（危害）通常分为七大类：高处坠落、机械伤害、物体打击、坍塌倒塌、火灾爆炸、触电、窒息中毒。

2) 建立有管理层的项目安全管理组织机构并明确职责。安全管理计划应针对项目具体情况，建立安全管理组织、制定相应的管理目标、管理制度、管理控制措施和应急预案等。

3) 根据项目特点，进行职业健康安全方面的资源配置。

4) 建立具有针对性的安全生产管理制度和职工安全教育培训制度。

5) 针对项目重大危险源，制定相应的安全技术措施，对达到一定规模的危险性较大的分部（分项）工程和特殊工种的作业应制定专项安全技术措施的编制计划。

6) 根据季节、气候的变化，制定相应的季节性安全施工措施。

7) 建立现场安全检查制度，并对安全事故的处理做出相应规定。

4. 环境管理计划

(1) 必要性。

建筑工程施工过程中不可避免地会产生施工垃圾、粉尘、污水以及噪音等环境污染，制定环境管理计划就是要通过可行的管理和技术措施，使环境污染降到最低。

(2) 基本要求。

环境管理计划可参照《环境管理体系要求及使用指南》(GB/T24001)。现场环境管理应符合国家和地方政府部门的要求。

施工现场环境管理越来越受到建设单位和社会各界的重视，同时各地方政府也不断出台新的环境监管措施，环境管理计划已成为施工组织设计的重要组成部分。对于通过了环境管理认证的施工单位，环境管理计划应在企业环境管理体系的框架内，针对项目的实际情况编制。

(3) 基本内容。

环境管理计划应包括以下内容：

1) 确定项目重要环境因素，制定项目环境管理目标。

2) 建立项目环境管理的组织机构并明确职责。

3) 根据项目特点，进行环境保护方面的资源配置。

4) 根据现场环境检查制度，并对环境事故的处理做出相应规定。

一般来讲，建筑工程常见的环境因素包括如下内容：大气污染、垃圾污染、建筑施工中建筑机械发出的噪声和强烈的振动、光污染、放射性污染、生产和生活污水排放等。应根据建筑工程各阶段的特点，依据分部（分项）工程进行环境因素的识别和评价，并制定相应的管理目标、控制措施和应急预案等。

5. 成本管理计划

（1）必要性。

由于建筑产品生产的单件性及周期长，造成了施工成本控制的难度。成本管理的基本原理就是把计划成本作为施工成本的目标值，在施工过程中定期地进行实际值与目标值的比较，通过比较找出实际支出额与计划成本之间的差距，分析产生偏差的原因，并采取有效的措施加以控制，以保证目标值的实现或减小差距。

（2）基本要求。

成本管理计划应以项目施工预算和施工进度计划为依据编制。

必须正确处理成本与进度、质量、安全和环境等之间的关系。成本管理是与进度管理、质量管理、安全管理和环境管理等同时进行的，是针对整体施工目标系统所实施的管理活动的一个组成部分。在成本管理中，要协调好与进度、质量、安全和环境等的关系，避免片面强调成本节约。

（3）基本内容。

成本管理计划应包括下列内容：

1）根据项目施工预算，制定项目施工成本目标。

2）根据施工进度计划，对项目施工成本目标进行阶段分解。

3）建立施工成本管理的组织机构并明确职责，制定相应管理制度。

4）采取合理的技术、组织和合同等措施，控制施工成本。

5）确定科学的成本分析方法，制定必要的纠偏措施和风险控制措施。

成本管理和其他目标管理类似，开始于确定目标，继而进行目标分解，组织人员配备，落实相关管理制度和措施，并在实施过程中进行纠偏，以实现预定目标。

6. 其他管理计划

其他管理计划宜包括绿色施工管理计划、防火保安管理计划、合同管理计划、组织协调管理计划、创优工程管理计划、质量保修管理计划以及对施工现场人力资源、施工机具、材料设备等生产要素的管理计划等。

其他管理计划可根据项目的特点和复杂程度加以取舍。以保证特殊建筑工程项目的实施处于全面的受控状态。

1.4 施工组织

1.4.1 施工组织的任务

从施工的全局出发，根据具体的条件，以最优的方式解决施工组织的问题，对施工的各项活动做出全面的、科学的规划和部署，使人力、物力、财力、技术等资源得以充分利用，达到优质、低耗、高速地完成施工任务。其具体任务是：

1）确定开工前必须完成的各项准备工作；

2）确定施工方案，选择施工机具；

3）计算工程量、合理布置施工力量，确定施工顺序，编制施工进度计划；

4）确定劳动力、机械台班、各种材料、构件等的需要量和供应方案；

5）确定工地上各种临时设施的平面布置；

6）制定确保工程质量及安全生产的有效技术措施。

将上述各项问题加以综合考虑并做出合理决定，形成指导施工生产的技术经济文件——施工组织设计。它本身是施工准备工作，而且是指导施工准备工作、全面安排施工生产、规划施工全过程活动、控制施工进度、进行劳动力和机械调配的基本依据，对于能否多快好省地完成建筑工程的施工生产任务起着决定性的作用。

1.4.2　施工组织的基本原则

施工组织是根据建筑施工的技术经济特点，讨论与研究施工过程，为达到最优效果，寻求最合理的统筹安排与系统管理客观规律的一门科学。施工组织设计的编制必须遵循工程建设程序，并应遵循以下几项基本原则：

1. 与建设总目标一致

施工项目管理目标必须符合施工合同或招标文件中有关工程进度、质量、安全、环境保护、造价等方面的要求。项目各参建单位虽然存在利益的不一致甚至冲突，但总体目标应该是一致的，都想使项目取得成功。

2. 统筹安排，搞好项目排队，保证重点

建筑业企业及其项目经理部一切生产经营活动的根本目的在于把建设项目迅速建成，使之尽早投产或使用。因此，应根据拟建项目的轻重缓急和施工条件落实情况，对工程项目进行排队，把有限的资源优先用于国家或业主的重点工程上，使其早日投产；同时照顾一般工程项目，把两者有机结合起来，避免过多的资源集中投入，以免造成人力、物力的浪费。总之应保证重点，统筹安排，建设应在时间上分期、在项目上分批，还需注意辅助项目与主要项目的有机联系，注意主体工程与附属工程相互关系，重视准备项目、施工项目、收尾项目、竣工投产项目之间的关系，做到协调一致、配套建设。

3. 科学合理安排施工顺序

坚持科学的施工程序和合理的施工顺序，采用流水施工和网络计划等方法，科学配置资源，合理布置现场，采取季节性施工措施，实现均衡施工，达到合理的经济技术指标。

施工活动的展开由其特点所决定，在同一场地上不同工种交叉作业，其施工的先后顺序反映了客观要求，而平行交叉作业则反映了人们争取时间的主观努力。

施工顺序的科学合理，能够使施工过程在时间上、空间上得到合理安排，尽管施工顺序随工程性质、施工条件不同而变化，但经过合理安排还是可以找到其可供遵循的共同规律。例如：先准备、后施工；先下后上，先外后内；先土建、后安装；工种工作在空间的流水、搭接和平行施工等。

合理安排施工顺序，有利于保证工程质量，缩短工期。

4. 注重工程质量，确保施工安全

工程的质量优劣直接影响其寿命和使用效果，也关系到建筑企业的信誉，应严格按设计要求组织施工，严格按施工规程进行操作，严格按各专业施工质量验收标准进行检查把关，确保工程质量。

安全是施工顺利开展的前提和保障，只有不造成劳动者的伤亡和不危害劳动者的身体健康，才有施工质量的保证，才有进度的保证，也才不会造成财产损失。

“质量第一”、“安全为先”是施工项目管理的重要理念，确保质量和安全是组织施工的基本目标。

5. 尽量采用先进技术，提高建筑工业化程度

技术是第一生产力，正确使用技术是保证质量、缩短工期、降低成本的前提条件。采用可靠、适用的施工技术，科学地确定施工方案，自觉贯彻执行工程建设强制性标准。积极采用新材料、新工艺、新设备。在目前的市场经济条件下，企业应当积极利用工程特点，组织开发、创新施工技术和施工工艺。

建筑技术进步的重要标志之一是建筑工业化，而建筑工业化主要体现在认真执行工厂预制和现场预制相结合的方针，提高预制装配速度，不断提升施工机械化水平；改善劳动条件，减轻劳动强度，提高劳动生产率。

6. 恰当地安排冬、雨期施工项目

由于建筑产品露天作业的特点，施工必然受气候和季节的影响。冬季的严寒和夏季的多雨，都不利于建筑施工的进行，应恰当安排冬雨季施工项目。

对于那些进入冬雨期施工的工程，应落实季节性施工措施，这样可以增加全年的施工日数，提高施工的连续性和均衡性。

7. 尽量减少暂设工程，合理布置施工现场，努力提高文明施工水平

尽量利用正式工程、原有或就近已有设施，以减少各种暂设工程；尽量利用当地资源，合理安排运输、装卸及储存作业，减少物资运输量，避免二次搬运，在保证正常供应的前提下，储备物资数额要尽可能减少，以减少仓库与堆场的面积；精心规划布置场地，节约施工用地；做好现场文明施工和环境保护工作。

8. 采取技术和管理措施，推广建筑节能和绿色施工

建筑物的节能是探讨如何提高建筑物使用过程中的能源效率问题，幕墙、门窗、屋面等节能分项工程的施工质量好坏，都会直接影响建筑运行过程中的能耗水平。“绿色”并非一般意义上的立体绿化、屋顶花园，而是对环境无害的一种标志，本质是资源的首尾相接、无废无污、可持续发展的良性循环。绿色施工是要为施工者提供生机盎然、自然气息较浓、比较舒适并节约能源、没有污染的施工环境。

9. 与质量、环境和职业健康安全三个管理体系有效结合

为保证持续满足过程能力和质量保证的要求，国家鼓励企业进行质量、环境和职业健康安全管理体系的认证制度，且目前该三个管理体系的认证在我国建筑行业中已较普及，并且建立了企业内部管理体系文件，编制施工组织设计时，不应违背上述管理体系文件的要求。

10. 采用科学规范的管理方法

先进施工技术水平的发挥离不开先进的管理方法，要求实行项目经理责任制；要求实行目标管理，施工管理的最终目的就是实现“项目管理目标责任书”中约定的工期、质量、成本等目标；要求实行全过程、全面的、动态的管理；采用流水施工方法和网络计划

等先进技术，科学地组织施工，保证人财物充分发挥作用。

1.4.3 施工程序

施工程序是拟建工程在整个施工过程中各项工作必须遵循的先后顺序。施工程序包括承揽施工任务、施工准备、全面施工、竣工验收、回访与保修五个阶段。

（1）承接施工任务。

施工单位承接任务的方式一般有两种：通过投标或议标承接。不论是哪种承接任务，施工单位都要检查该工程项目是否有批准的正式文件，是否列入基本建设年度计划，是否落实投资等。

建筑业企业见到投标公告或邀请函后，从做出投标决策至中标签约，实际上就是竞争承揽工程任务。本阶段最终目标就是签订工程承包合同，中标后应根据投标文件和招标文件签订施工合同。合同明确了工程的范围、双方的权利与义务等，以后的施工就是一个履行合同的过程。

（2）施工准备。

施工准备是保证按计划完成施工任务的关键和前提，其基本任务是为工程施工建立必要的组织、技术和物质条件，使工程能够按时开工，并在开工之后能连续施工。

首先调查收集有关资料，进行现场勘察，熟悉图纸，编制施工组织总设计。然后根据批准后的施工组织总设计，施工单位应与建设单位密切配合，抓紧落实各项施工准备工作，如会审图纸，编制单位工程施工组织设计，落实劳动力、材料、构件、施工机具及现场“三通一平”等。具备开工条件后，提出开工报告并经审查批准，即可正式开工。

（3）全面施工。

这是一个开工至竣工的实施过程，要完成约定的全部施工任务。这是一个综合合理使用技术、人力、材料、机械、资金等生产要素的过程。一方面，应从施工现场的全局出发，加强各个单位、各部门的配合与协作，协调解决各方面问题，使施工活动顺利开展。另一方面，应加强技术、材料、质量、安全、进度等各项管理工作，落实施工单位内部责任制度，全面做好各项经济核算与管理工作，严格执行各项技术、质量检验制度。

应有计划、有组织、有节奏地进行施工，以期达到工期短、质量高、成本低的最佳效果。

（4）竣工验收、交付使用。

竣工验收是一项法律制度，是全面考察工程质量，保证项目符合生产和使用要求的重要一环。正式验收前，施工项目部应先进行自验收，通过自验收对技术资料和工程实体质量进行全面彻底地清查和评定，对不符合要求的和遗漏的子项及时处理。在通过监理预验后，申请发包人组织正式验收。工程验收合格方可交付使用。

（5）回访与保修。

《建设工程质量管理条例》规定了建设工程实行保修制度，这就将施工企业的责任延续到工程使用阶段。工程交付使用后，应在保修期内，及时做好质量回访、保修等工作。

施工程序受制于基本建设程序，必须服从基建程序的安排，但也影响着基本建设程序，它们之间是局部与全局的关系。它们在工作内容、实施的过程、涉及的单位与部门、各阶段的目标与任务等方面均不相同。

建设工作的客观规律，新中国成立几十年正反两方面的经验与教训都要求我们在工程建设中必须遵守基本建设程序和施工程序。

思考题

1. 简述建筑施工的特点。
2. 试述施工组织设计的作用与类别。
3. 简述基本建设程序。
4. 何谓施工程序？
5. 试述建设项目的组成。

第2章 建筑施工准备工作

本章要点

本章主要讲述了建筑工程施工准备工作的意义、内容以及每项准备工作的内容和方法。通过本章的学习，了解施工准备工作的意义及作用；熟悉和掌握施工准备工作的内容和方法。

2.1 概 述

施工准备工作就是指工程施工前所做的一切工作。它不仅在开工前要做，开工后也要做，它是有组织、有计划、有步骤分阶段地贯穿于整个工程建设的始终。

2.1.1 施工准备工作的任务和意义

"运筹于帷幄之中，决胜于千里之外"，这是人们对战略准备与战术决胜的科学概括。建筑施工也不例外，由于建筑产品（工程）的固定性、单件性，资源消耗巨大、种类繁多，工艺复杂、专业要求高、所处环境复杂等因素的影响，使得施工准备的好坏直接影响建筑产品生产全过程。实践证明：凡是重视施工准备工作，积极为拟建工程建造创造所需施工条件的，其施工就会顺利地进行；凡是不重视施工准备工作的，就会给工程施工带来麻烦、损失甚至灾难，其后果不堪设想。认真细致地做好施工准备工作，对充分发挥各方面的积极因素，合理利用资源，加快施工速度，提高工程质量，确保施工安全，降低工程成本及获得较好经济效益都起着重要作用。

施工准备工作的基本任务是：掌握工程的特点、进度要求、摸清施工的客观条件，合理部署施工力量，从技术、资源、现场、组织等方面为建筑安装施工创造一切必要的条件。

2.1.2 施工准备工作的内容和要求

施工准备工作的内容一般包括：调查研究收集资料、技术资料准备、物资准备、施工现场准备、施工人员准备、冬雨季施工准备、资金准备等。

（1）施工准备工作不仅施工单位要做好，其他有关单位也要做好。

建设单位在初步设计（或扩大初步设计）批准后，应做好各种主要设备的订货、拆迁等工作。

设计单位在初步设计和总概算批准后，应做好工程施工图及相应的预算等工作。

施工单位承接工程后应做好整个建设项目的施工部署，原始资料的调查分析，编制施工预算，编制施工组织设计等工作。

（2）施工准备工作应分阶段、有组织、有计划、有步骤地进行。

施工准备工作不仅要在开工前进行，而且在开工以后也要进行。随着工程的不断深入，在每个施工阶段开始之前，都要不间断地做好施工准备工作，为顺利进行各阶段的施工创造条件。

（3）施工准备工作应有严格的保证措施。

1）建立施工准备工作责任制。按施工准备工作计划将责任落实到有关部门和人，同时明确各级技术负责人在施工准备工作中应负的责任。

2）建立施工准备工作检查制度。施工准备工作要有计划和分工，而且实施中要有检查，这样有利于发现问题及时解决。

2.2 原始资料的调查分析

2.2.1 原始资料的调查分析的目的和方法

原始资料调查分析的目的是为编制拟建工程施工组织设计提供全面、系统和科学的依据。

建筑产品生产的流动性决定了建设地区自然条件、技术经济条件对建设项目的影响和制约。因此，在编制施工组织设计时，应以建设地区自然条件和技术经济条件、地理环境等实际情况为依据。编制人若不熟悉这些原始资料，将给以后施工造成一定的损失，因此，必须进行原始资料调查分析。

在调查工作开始之前，应拟定详细的调查提纲，以便调查研究工作有目的、有计划地进行。

调查时，首先向建设单位、勘察设计单位收集有关计划任务书、工程地址选择报告、地质勘察报告、初步设计、施工图等相关资料；向当地有关部门收集现行的有关规定、该工程的有关文件、协议以及类似工程的施工经验资料等；了解各种建筑材料、构件、制品的加工能力和供应情况；能源、交通运输和生活状况；参加施工单位的施工能力和管理状况等。对于缺少的资料应予以补充，对有疑点的资料不仅要进行核实，还要到施工现场进行实地勘测调查。

2.2.2 原始资料的调查分析的内容

1. 建设地区自然条件调查

主要内容包括：建设地点的气象、地形、地貌、工程地质、水文地质、场地周围环境、地上障碍物和地下隐蔽物等，如表 2－1 所示。这些资料来源于当地气象台、勘察设计单位和施工单位进行现场勘测的结果，用作确定施工方法和技术措施，并作为编制施工进度计划和施工平面布置的依据。

表 2－1　自然条件调查

序号	项目		调查内容	调查目的
1	气象	气温	1. 年平均最高、最低、最冷、最热月的逐月平均温度，结冰期，解冻期 2. 冬、夏季室外计算温度 3. ≤－3℃、0℃、5℃的天数，起止时间	1. 确定防暑降温的措施 2. 确定冬期施工措施 3. 估计混凝土、砂浆的强度
		雨雪	1. 雨季起止时间 2. 月平均降雨（雪）量、最大降雨（雪）量、一昼夜最大降雨（雪）量 3. 全年雷暴日数	1. 确定雨季施工措施 2. 确定工地排、防洪方案 3. 确定防雷设施
		风	1. 主导风向及频率 2. ≤8 级风全年天数、时间	1. 确定临时设施的布置方案 2. 确定高空作业及吊装技术安全措施

续表

序号	项目		调查内容	调查目的
2	工程地质、地形	地形	1. 区域地形图：1/10000～1/25000 2. 工程位置地形图：1/1000～1/2000 3. 该地区城市规划图 4. 坐标桩、水准点的位置	1. 选择施工用地 2. 布置施工总平面图 3. 计算场地平整及土方量 4. 掌握障碍物及其数量
		地质	1. 钻孔布置图 2. 地质剖面图：土层类别、厚度 3. 物理力学指标：天然含水率、孔隙比、塑性指数、渗透系数、压缩试验及地基土强度 4. 地层的稳定性：断层滑块、流砂 5. 最大冻结深度 6. 地基土破坏情况：枯井、古墓、防空洞及地下构筑物	1. 选择土方施工方法 2. 确定地基处理方法 3. 制定基础施工方法 4. 复核地基基础设计 5. 拟定障碍物拆除计划
		地震	地震等级、烈度大小	确定对基础的影响、注意事项
3	工程水文地质	地下水	1. 最高、最低水位及时间 2. 流向、流速及流量 3. 水质分析 4. 扬水试验	1. 选择基础施工方案 2. 确定是否降低地下水位及降水办法 3. 拟定防止侵蚀性介质的措施
		地面水	1. 附近江河湖泊距工地的距离 2. 洪水、枯水时期 3. 水质分析	1. 临时给水 2. 施工防洪措施

2. 给水供电资料的调查

给水供电等能源资料可向当地城建、电力、电讯和建设单位等进行调查，主要用作选择施工临时供水供电的方式，提供经济分析比较的依据，如表 2-2 所示。

表 2-2　　水、电、气条件调查

序号	项目	调查内容	调查目的
1	给排水	1. 工地用水与当地现有水源连接的可能性，可供水量、管线敷设地点、管径、材料、埋深、水压、水质及水费；水源至工地距离，沿途地形地物状况 2. 自选临时江河水源的水质、水量、取水方式，至工地距离，沿途地形地物状况；自选临时水井的位置、深度、管径、出水量和水质 3. 利用永久性排水设施的可能性，施工排水的去向、距离和坡度；有无洪水影响，防洪设施状况	1. 确定生活、生产供水方案 2. 确定工地排水方案和防洪设施 3. 拟定供排水设施的施工进度计划
2	供电	1. 当地电源位置，引入的可能性，可供电的容量、电压、导线截面和电费；引入方向，接线地点及其至工地距离，沿途地形地物状况 2. 建设单位和施工单位自有的发、变电设备的型号、台数和容量 3. 利用邻近电讯设施的可能性，至工地距离，可能增设电讯设备、线路的情况	1. 确定供电方案 2. 确定通讯方案 3. 拟定供电、通讯设施的施工进度计划

续表

序号	项目	调 查 内 容	调 查 目 的
3	蒸汽	1. 蒸汽来源、价格，可供蒸汽量，接管地点、管径、埋深，至工地距离，沿途地形地物状况 2. 建设、施工单位自有锅炉的型号、台数和能力，所需燃料及水质标准 3. 当地或建设单位可能提供的氧气、压缩空气的能力，至工地距离	1. 确定生产、生活用气的方案 2. 确定压缩空气、氧气的供应计划

3. 交通运输资料的调查

交通运输方式一般有铁路、公路、水路等。交通运输资料可向当地铁路、公路运输和航运管理部门进行调查，主要用作组织施工运输业务，选择运输方式的依据，如表 2-3 所示。

表 2-3　　交通运输条件调查

序号	项目	调 查 内 容	调 查 目 的
1	铁路	1. 邻近铁路专用线、车站至工地的距离及沿途运输条件 2. 站场卸货线长度，起重能力和储存能力 3. 装载单个货物的最大尺寸、重量的限制	1. 选择运输方式 2. 拟定运输计划
2	公路	1. 主要材料产地至工地的公路等级、路面构造、路宽及完成情况，允许最大载重量；途经桥涵等级、允许最大尺寸、最大载重量 2. 当地专业运输机构及附近村镇能提供的装卸、运输能力，汽车、畜力、人力车的数量及运输效率，运费、装卸费 3. 当地有无汽车修配厂、修配能力和至工地距离	
3	航运	1. 货源、工地至邻近河流渡口、码头的距离，道路情况 2. 洪水、平水、枯水期时，通航的最大船舶吨位，取得船只的可能性 3. 码头装卸能力、最大起重量，增设码头的可能性 4. 渡口的渡船能力；同时可载车辆数、每日次数，能为施工提供的运载能力 5. 运费、渡口费、装卸费	

4. 机械设备与建筑材料的调查

机械设备是指施工项目的主要工艺设备，建筑材料是指水泥、钢材、木材、砂、石、砖、预制构件等，是确定供应计划、加工方式、储存和堆放场地以及建造临时设施的依据，如表 2-4 所示。

表 2-4　　机械设备与建筑材料条件调查

序号	项　目	调 查 内 容	调 查 目 的
1	三材	1. 本省或本地区钢材生产情况，质量、规格、钢号、供应能力等 2. 本省或本地区木材供应情况，规格、等级、数量等 3. 本省或本地区水泥厂有多少家，质量、品种、标号、供应能力	1. 确定临时设施和堆放场地 2. 确定木材加工计划 3. 确定水泥储存方式

续表

序号	项目	调查内容	调查目的
2	特殊材料	1. 需要的品种、规格、数量 2. 试制、加工和供应情况	1. 制定供应计划 2. 确定储存方式
3	主要设备	1. 主要工艺设备名称、规格、数量和供货单位 2. 供应时间：分批和全部到货时间	1. 确定临时设施和堆放场地 2. 拟定防雨措施
4	地材	1. 本省或本地区砂子供应情况，规格、等级、数量等 2. 本省或本地区石子供应情况，规格、等级、数量等 3. 本省或本地区砌筑材料供应情况，规格、等级、数量等	1. 制定供应计划 2. 确定堆放场地

5. 劳动力与生活条件的调查

可以向当地劳动、卫生、教育等部门进行调查，主要用作拟定劳动力安排计划、建立职工生活基地、确定临时设施面积的依据，如表 2-5 所示。

表 2-5　劳动力与生活条件调查

序号	项目	调查内容	调查目的
1	社会劳动力	1. 少数民族地区的风俗习惯 2. 当地能支援的劳动力人数、技术水平和来源 3. 上述人员的生活安排	1. 拟定劳动力计划 2. 安排临时设施
2	房屋设施	1. 必须在工地居住的单身人数和职工户数 2. 能作为施工用的现有的房屋栋数，每栋面积、结构特征、总面积、位置，以及水、暖、电、卫设备状况 3. 上述建筑物的适宜用途：作宿舍、食堂、办公室的可能性	1. 确定原有房屋为施工服务的可能性 2. 安排临时设施
3	生活服务	1. 文化教育、消防治安等机构为施工提供的支援能力 2. 邻近医疗单位至工地的距离，可能就医的情况 3. 周围是否存在有害气体，污染情况，有无地方病	安排职工生活基地，解除后顾之忧

2.3 技术准备

技术准备是施工准备工作的核心。由于任何技术的差错都可能引起人身安全和质量事故，造成人员伤亡和财产损失，因此必须认真做好技术准备工作，其内容有：熟悉和审查施工图纸、编制施工预算、编制施工组织设计等。

2.3.1 熟悉与会审图纸

1. 熟悉与审查施工图纸的依据

(1) 建设单位和设计单位提供的初步设计、施工图设计、城市规划等资料文件。

(2) 对所调查的原始资料的分析。

(3) 施工质量验收规范、施工操作规程和有关技术标准等。

2. 熟悉与审查施工图纸的目的

（1）领会设计意图，掌握建筑、结构特点，建造出“符合”设计要求的产品。

（2）保证在拟建工程开工之前，使技术人员了解施工图纸的技术要求。

（3）通过审查发现施工图纸中存在的错误，在工程开工之前加以改正，以保证工程顺利进行。

3. 熟悉与审查施工图纸的内容

（1）建设地点、建筑总平面图是否符合城市规划要求。

（2）施工图纸是否完整、齐全，与说明书内容是否一致以及各图纸之间是否有矛盾。

（3）地上与地下、土建与安装、结构与装修施工之间是否有矛盾。

（4）地基处理与基础设计是否与建设地点的工程地质水文条件相一致。

（5）主要承重结构的强度、刚度和稳定性是否满足要求。

（6）采用新技术、新结构、新材料、新工艺的是否有可靠的技术保证措施。

4. 熟悉与审查施工图纸的程序

（1）施工图纸的阅读与内审。

当施工单位收到施工图纸后，应尽快组织技术人员熟悉和预审图纸，对施工图纸的错误和建议按图标写出记录。

一般阅读步骤大致如下。

1）先了解工程名称、建设地点、建设单位，建筑物的类型、特点，建筑面积大小，由哪个设计部门设计，图纸共有多少张，即对这份图纸的建筑内容有初步的了解。

2）按照图纸目录清点各类图纸是否齐全，图纸编号与图名是否符合，采用的标准图是国标还是省标、院标。要把这些选用的标准图准备在手边，以便查看。

3）先看设计总说明，了解建筑总体概况、技术要求等，然后按图号顺序看图纸，如先看建筑总平面布置图，以了解建筑物的地理位置、高程、朝向，以及周围的建筑情况或地貌地形。看了总平面图之后，就得进一步考虑施工时的施工平面图如何适当布置等问题。

4）看施工图的方法是一般先看建筑图（平面、立面、剖面图），了解房屋的长度、宽度、轴线组成和相关的尺寸。在对建筑图有了总体了解之后，可以从基础图开始一步步深入地看图。一般按基础—结构—建筑（包括节点样图）施工程序细看整套土建图纸。在看基础图时，有时还要结合看地质勘探图，了解土质情况和土层构造，以便施工采取相应的技术措施，验槽时核对土质。

5）在看图中还应对照检查图纸有无矛盾，构造上施工是否能够实施等。除详细了解建筑物的构造外，对关键的内容一定要牢记，可采用记笔记的办法，把轴线尺寸、开间尺寸、层高、主要的梁柱断面尺寸、混凝土强度等级、砂浆强度等级等内容记录下来，防止弄错，避免重大问题的发生。

分专业熟悉图纸后，由项目技术负责人召集各专业技术负责人和相关技术人员，对图纸进行一次全面的内部审查。问题和建议要以书面形式整理出来，为参加外审做好准备。

（2）施工图纸的外审。

施工图纸的会审由建设单位、设计单位、施工单位、监理单位、用户等参加进行，一般由建设单位召集并主持。首先由设计单位进行设计交底，然后各方提出问题和建议，经过协商形成图纸会审纪要，由建设单位正式行文；参加会议的各单位盖章，可作为与施工图纸具有同等法律效力的技术文件使用。需要变化图纸内容的会后完成设计变更工作。

2.3.2 施工预算

1. 编制施工图预算

施工图预算是施工单位先按照施工图计算工程量，然后套用有关的单价及其取费标准编制的建筑安装工程造价的经济文件。它是施工单位签订承包合同、工程结算和进行成本核算的依据。

2. 编制施工预算

施工预算是施工单位根据施工图预算、施工图纸、施工组织设计、施工定额等文件进行编制的。它是施工单位竞标报价、内部控制成本支出、考核用工、两算对比，以及基层部门进行经济核算的依据。

目前许多企业并没有建立本企业的施工定额，在开展投标报价等工作时仍使用预算定额。在竞争的建筑市场（通过招投标承揽施工任务），在工程量清单计价的新形势下，大中型建筑业企业应尽快建立自己的企业定额，以管理出效益。

2.3.3 技术交底

技术、安全交底的目的是把拟建工程的设计内容、施工计划、施工技术要点和安全等要求，按分项内容或按阶段向施工队、班组交代清楚。技术交底的时间在拟建工程开工前或各施工阶段开工前进行，以保证工程按施工组织设计（方案）、安全操作规程和施工规范等要求进行施工。技术交底就是交任务、交技术、交措施、交标准，主要内容有工程施工进度计划、施工组织设计、质量标准、技术、安全和节约措施等要求；采用新结构、新材料、新工艺、新技术的保证措施；有关图纸设计变更和技术核定等事项。

2.4 物资准备

建筑材料、构件、制品、机具设备是保证施工顺利进行的物资基础，这些物资准备必须在各阶段开工之前完成。根据各种物资的需要量计划，分别落实货源，安排运输和储备，使其满足连续施工的需要。

2.4.1 建筑材料的准备

根据施工预算进行供料分析，依施工进度计划要求，按材料名称、规格、使用时间、材料定额和消耗定额进行汇总，编制出材料需要量计划，为组织备料、签订供货合同、确定仓库、堆场面积和运输等提供依据。

建筑材料进场应按施工进度要求分期分批进行，减少二次搬运，不能混放，做好防水、防潮的保护工作。

不得使用无出厂合格证或质量保证书的原材料，并应做好建筑材料的试验、检验工作。

2.4.2 施工机具的准备

根据所采用的施工方案和施工进度计划，确定施工机械的类型、数量、进场时间、供应方法，进场后的安装或存放地点，编制建筑机械的需要量计划，为组织运输、确定堆场面积等提供依据。

2.4.3 周转性材料的准备

脚手架和模板是建筑施工中的周转性材料。进场后应按施工平面团的布置位置进行堆放，同规格放在一起，不能混放，做好防水、防潮措施，拆下的脚手架和模板应注意维修和保养。

2.5 施工现场准备

2.5.1 清除障碍物

清除障碍物一般由建设单位完成，但有时委托施工单位完成。清除时，一定要了解现场实际情况，原有建筑物情况复杂、原始资料不全时，应采取相应的措施，防止发生事故。对于原有电力、通信、给排水、煤气、供热网、树木等设施的拆除和清理，要与有关部门联系并办好手续后方可进行，一般由专业公司来处理。房屋只有在水、电、气切断后才能进行拆除。

2.5.2 现场“三通一平”

现在所讲的“三通一平”实际已不再是狭义的概念而是一个广义的概念。大型工业项目实际为“五通一平”即水通、电通、铁路通、公路通、通讯通、场地平整。随着地域的不同和生活要求的不断提高，还有蒸汽、煤气等的畅通，使“三通一平”工作更完善。

1. 水通

水是施工现场的生产、生活和消防不可缺少的。拟建工程开工之前，必须按照施工平面图的要求，接通施工用水和生活用水的管线，尽可能与永久性的给水系统结合，管线敷设尽量短。要做好施工现场的排水工作，如排水不畅，会影响施工和运输计划的顺利进行。

2. 电通

电是施工现场的主要动力来源。拟建工程开工之前，要按照施工组织设计的要求，接通电力、电讯设施，确保施工现场动力设备和通讯设备的正常运行。

3. 路通

道路是组织物资运输的动脉。拟建工程开工之前，按照施工平面图的要求，修好施工现场永久性道路和临时性道路，形成完整的运输网络。应尽可能利用原有道路，为使施工时不损坏路面，可先修路基或在路基上铺简易路面，施工完毕后、再铺永久性路面。

4. 场地平整

按照建筑平面图的要求，首先拆除障碍物，然后根据建筑总平面图规定的标高，计算挖、填土方量，进行土方调配，确定场地平整的施工方案，进行场地平整工作。

如果施工中需要通热气、煤气等，应按施工组织设计的要求事先完成。

2.5.3 测量放线

施工测量是把设计图上的建筑，通过测量手段“搬”到地面上去。并用各种标志表现出来作为施工依据。施工测量在建造房屋中具有十分重要的地位，同时它又是一项精确细致的工作，必须保证精度。测量控制网的建立主要是为了确定拟建工程的平面位置及标高。这一工作的好坏直接影响到施工测量中的精度，故应正确搜集勘测部门建立的国家或城市平面与高程控制网资料，测量控制点的标志情况，从而确定拟建建筑物的定位方式（方格网和原有建筑物定位）。

建筑物的定位是由施工单位实施，建设单位核检签字，并将定位放线记录交给城市规划部门。由城市规划部门验线（防止建筑物超、压红线），验线后方能破土动工。

为了做好测量放线工作，施工人员应做到以下几点。

1. 对测量仪器的正确使用和校正

熟悉所使用的测量仪器和工具，并经常对它们进行维修、保养。只有爱护仪器工具，保持其精度和清洁干净才能满足正常使用。凡在使用中发现仪器不准确或有损伤，应立即送计量检测及维修单位进行检修，从而保证仪器的精度。

2. 熟悉施工图并进行校核

认真熟悉施工图纸，弄懂设计总图和图纸反映的建筑构造，并对图纸进行校对和审核。进行图纸审核的目的是为了先在图纸上解决掉测量中可能会遇到的问题。

3. 校核红线位置和水准点

施工测量定位时，必须先了解规定的红线位置，然后才能进行定位。经过测试，规划部门验核后，才能破土动工。

水准测量是为确定地面上点的高程或建筑物上点的标高所进行的测量工作。在房屋建造时确定的绝对标高，是根据该地区由国家大地测量引测确定的水准基点，再将该水准基点引测到工地定点，也称水准点。

红线位置和水准点经校核发现的问题，应提交建设单位处理。

4. 制定测量、放线方案

根据设计图纸的要求和施工方案，制定切实可行的测量、放线方案，主要包括平面控制、标高控制、±0.000 以下施测、±0.000 以上施测、沉降观测和竣工测量等项目。建筑物定位放线是确定整个工程平面位置的关键环节，施测中必须保证精度，杜绝错误，否则其后果将难以处理。建筑物的定位、放线，一般通过设计图中平面控制轴线来确定建筑物的四廓位置，测定并经自检合格后，提交有关部门和甲方（或监理人员）验线，以保证定位的正确性。

2.5.4 搭建临时设施

施工现场临时设施应按照施工总平面图的布置来建造，报请规划、市政、消防、环保等部门批准。各种生产、生活临时设施均应按批准的施工组织设计规定的数量、标准、面积等要求修建。应尽量利用原有建筑物，以便节省投资。为了施工方便和安全，应用围墙将施工用地围护起来。围墙的形式、材料和高度应符合市政部门的有关规定和要求，在主要出入口设置标牌，标明工地名称、施工单位、负责人等。

2.6 施工队伍准备

建设项目管理班子的建立应根据拟建工程项目的规模、结构特点和复杂程度，确定拟建工程项目部规模和项目部经理及组成人员。施工班组的调集要考虑专业、工种的配合，技工、普工的比例要合理，满足流水施工组织方式的要求，施工班组要精干。按照开工日期和劳动力的需要量计划，组织劳动力进场。

2.6.1 项目管理机构

1. 组织机构设置的目的和原则

一个施工企业接到项目之前就应考虑，对该项目管理设一个什么组织机构才能充分发挥其管理效用，应考虑以下几点。

(1) 组织机构设置的目的。

组织机构设置的目的是为了充分发挥项目管理功能，为项目管理服务，提高项目管理整体效率，以达到项目管理的最终目标。因此，企业在施工项目中合理设置项目管理组织机构是一个至关重要的问题。高效率项目管理体系和组织机构的建立是施工项目管理成功的组织保证。

(2) 项目管理组织机构设置的原则。

1) 高效精干的原则。项目管理组织机构在保证履行必要职能的前提下，要尽量简化机构、减少层次，从严控制二、三线人员，做到人员精干、一专多能、一人多职。

2) 管理跨度与管理分层统一的原则。项目管理组织机构设置、人员编制是否得当合理，关键是根据项目大小确定管理跨度的科学性。同时，大型项目经理部的设置，要注意适当划分几个管理层次，使每一个层次都能保持适当的工作跨度，以便各级领导在其职责范围内实施有效的管理。

3) 业务系统化管理和协作一致的原则。项目管理组织的系统化原则是由其自身的系统性所决定的。项目管理作为一种整体，是由众多小系统组成的；各子系统之间，在系统内部各单位之间存在着大量的“结合部”，这就要求项目组织又必须是个完整的组织结构系统，也就是说各业务科室的职能之间要形成一个封闭的相互制约、相互联系的有机整体，在职责和行动上相互配合。

4) 因事设岗、按岗定人、以责授权的原则。

5) 项目组织弹性、流动的原则。

2. 项目部的主要模式

(1) 直线制式项目组织（如图 2-1 所示）。

机构中各职位都按直线排列，项目经理直接进行单线垂直领导。适用于中小型项目。优点是人员相对稳定，接受任务快，信息传递迅捷，人事关系容易协调；缺点是专业分工差，横向联系困难。

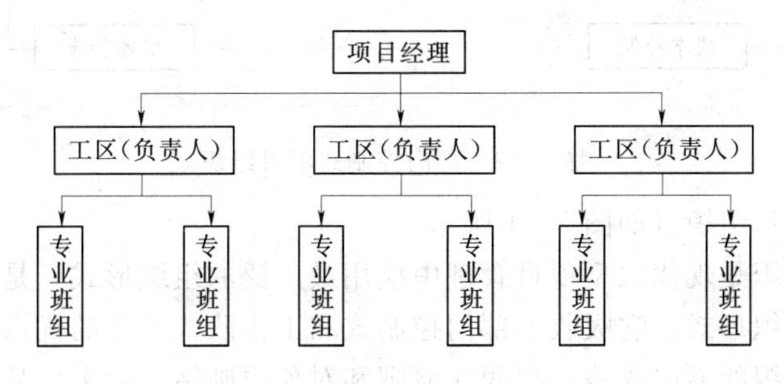

图 2-1 直线制式项目组织

(2) 工作队式项目组织（如图 2-2 所示）。

工作队式项目组织是完全按照对象原则的项目管理机构，企业职能部门处于服务地位。适用于中小型项目。优点是人员相对稳定，接受任务快，信息传递迅捷，人事关系容易协调；缺点是专业分工差，横向联系困难。

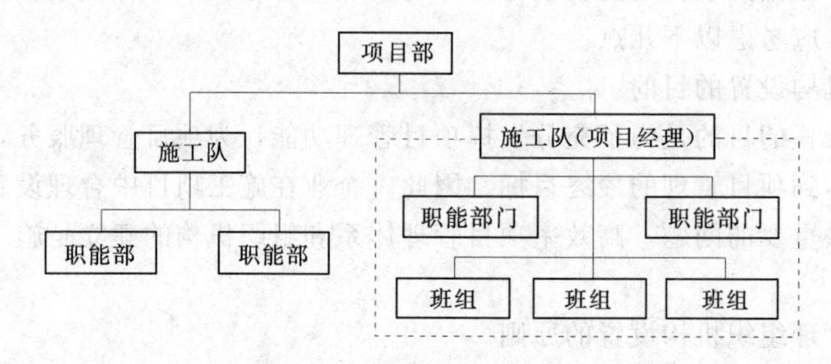

图 2-2　工作队式项目组织

(3) 部门控制式项目组织（如图 2-3 所示）。

部门控制式项目组织是按照职能原则建立的项目组织，是在不打乱企业现行建制的条件下，把项目委托给企业内某一专业部门或施工队，由单一的领导负责组织项目实施的项目组织形式。适用于小型的、专业性强、不需涉及众多部门的施工项目。例如电话、电缆铺设等项目只涉及到少量技术工种。优点是机构启动快，职能明确，关系简单容易协调；缺点是人员固定，不利于精简机构，不能适应大型复杂项目或涉及各个部门的项目，因而局限性较大。

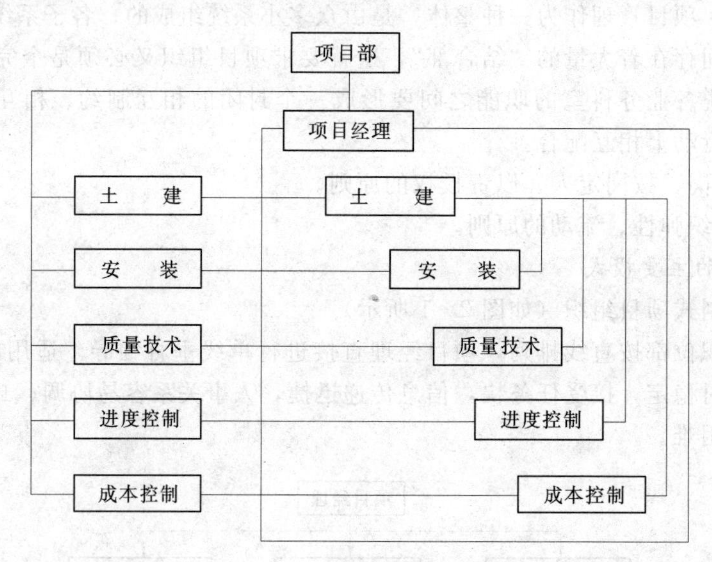

图 2-3　部门控制式项目组织

(4) 矩阵式项目组织（如图 2-4 所示）。

矩阵式项目组织是现代大型项目管理中应用最广泛的组织形式，是目前推行项目法施工的一种较好的组织形式。它吸收了部门控制式和工作队式两者的优点，发挥职能部门的纵向优势和项目组织的横向优势，把职能原则和对象原则结合起来。从组织职能上看，矩阵式组织将企业职能和项目职能有机地结合在一起，形成了一种纵向职能机构和横向项目机构相交叉的“矩阵”型组织形式。适用于同时承担多个项目管理的企业，大型、复杂的施工项目。优点是兼有部门控制式和工作队式两者的优点，解决了企业组织和项目组织的矛盾，能以尽可能少的人力实现多个项目管理的高效率；缺点是双重领导造成的矛盾，身兼多职造成管理上顾此失彼。

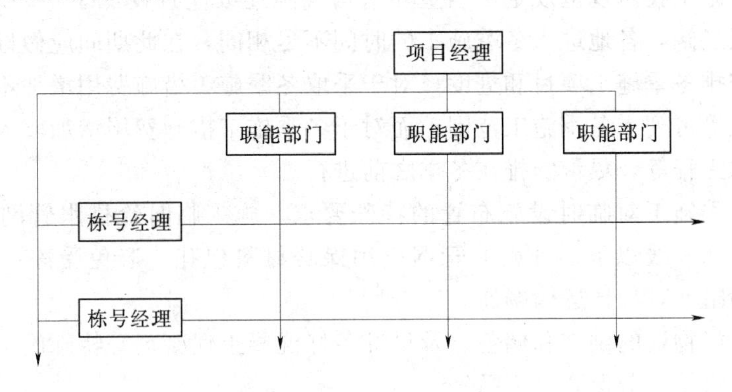

图 2-4 矩阵式项目组织

2.6.2 专业施工队伍

1. 劳动力来源

专业施工队伍组成人员一般由施工企业内部的固定工和建筑劳务市场招聘的合同制工人组成。

1）施工企业内部的固定工，他们一般技术水平较高、文化素质较好，是施工现场上的操作技术骨干。

2）合同制工人是在工程开工前由项目经理负责，根据基本劳动力的情况而招聘的专业班组和辅助劳力。这些人的数量及专业是根据拟建工程的性质而定的，工作期限则根据施工进度计划来确定，临时劳力在进场前要办妥各项手续并签订用工合同，在工作期间必须服从统一的调配，遵守国家的政策、法令和施工现场的各种规章制度。

2. 专业施工队伍的配置

1）尽量做到优化配置。不管是施工企业内部的固定工还是合同制工人，都会存在参差不齐的状况，因此应按每个人的不同优势与劣势合理搭配，使其取长补短，达到充分发挥整体效能的目的。

2）尽量使专业施工队伍相对稳定，防止频繁调动。当现场的劳动组织不适应任务要求时，应及时进行专业施工队伍调整。

3）专业施工队伍的技工与普工比例要适当、配套，使技术工人和普通工人能够密切配合，以保证工程质量。

2.7 冬雨季施工准备

建筑行业由于其产品的体积庞大性和固定性，不可能在室内进行生产，而且受外界气候的影响，冬雨期气候的特殊性给我们劳动力的安排、原材料构配件的运输、成品保护及施工安全都带来了很大的麻烦。所以，我们应在特殊的季节里采取一系列措施以保证工程顺利进行，即在天气好时尽可能安排一些室外工作，而在天气差时安排一些室内工作，以减少窝工现象，保证工程施工的连续性，并采取一系列有效防范措施保证工程顺利进行。

2.7.1 冬季施工准备的要点

冬期施工按施工技术规范规定，当室外平均气温连续 5 昼夜低于 +5℃ 时即进入冬期施工。我国地域辽阔，各地进入冬季施工的时间不尽相同，在此期间应做好以下工作。

(1) 合理安排冬季施工项目和进度。对于采取冬季施工措施费用增加不大的项目，如吊装、打桩工程等可列入冬季施工范围；而对于冬季施工措施费用增加较大的项目，如土方、基础、防水工程等，尽量安排在冬季之前进行。

(2) 重视冬季施工对临时设施布置的特殊要求。施工临时给排水管网应采取防冻措施，尽量埋设在冰冻线以下，外露的管网应用保暖材料包扎，避免受冻；注意道路的清理，防止积雪的阻塞，保证运输畅通。

(3) 及早做好物资的供应和储备。及早准备好混凝土促凝剂等特殊施工材料和保温材料以及锅炉、蒸汽管、劳保防寒用品等。

(4) 做好暂停施工部位的安排和检查。

(5) 加强冬季防火保安措施，及时检查消防器材和装备的性能。

2.7.2 雨季施工准备的要点

雨期中由于降水量大、延续时间长、地下水位高，并伴有雷电、道路泥泞、渗漏现象。在多雨地区，认真做好雨季施工准备，对于提高施工的连续性、均衡性，增加全年施工天数具有重要作用。

(1) 首先在施工进度安排上，注意晴雨结合。晴天多进行室外工作，为雨天创造工作面。不宜在雨天施工的项目，应安排在雨季之前或之后进行。

(2) 做好施工现场排水防洪准备工作。经常疏通排水管沟，防止堵塞。

(3) 注意道路防滑措施，保证施工现场内外的交通畅通。

(4) 加强施工物资的保管，注意防水和控制工程质量。

(5) 采取有效措施，以防雷、防电、防渗漏，搞好安全教育及检查工作。

? 思考题

1. 简述施工准备工作的意义。
2. 施工准备工作的基本内容有哪些？
3. 原始资料的调查包括哪些方面？
4. 技术准备工作包括哪几方面？
5. 熟悉与审查施工图纸分几个阶段？
6. 现场准备工作包括哪些内容？
7. 试述“三通一平”的概念。
8. 物资准备工作应如何进行？
9. 冬季施工准备工作应如何进行？

第3章　建筑工程流水施工

本章要点

本章介绍了建筑工程施工组织的方式，主要阐述了不同流水施工组织方式的组织原理。通过本章的学习，要求学生掌握流水施工的组织原理、流水施工参数含义与确定、正确编制施工横道进度计划。

1913年，美国福特汽车公司的创始人亨利·福特创造了全世界第一条汽车装配流水线，开创了工业生产的“流水作业法”。这种方法使产品生产的速度大大地提高了，被广泛地运用于各个生产领域中，是一种组织产品生产的理想方法。

建筑工程的“流水施工”来源于工业生产中的“流水作业”，实践证明它也是建筑安装工程施工中的有效科学组织方法。由于建筑施工的技术经济特点以及建筑产品本身的特点不同，流水施工的概念、特点、效果和组织方式与其他产品的流水作业有所不同。主要区别在于，一般工业生产是工人和机械设备固定，产品流动，而建筑施工是产品固定，工人连同所使用的机械设备流动。

本章主要介绍建筑工程流水施工的基本概念、组织方法以及具体应用。

3.1　概　　述

一幢房屋工程，按其建筑或结构要求，可以划分为若干个分部工程。不同结构体系的房屋，视其特点，其分部工程的划分，可以各不相同。例如，砖混结构的房屋工程，可以划分为基础、主体、楼地面、屋面、内外装修等分部工程；装配式钢筋混凝土单层工业厂房，可以划分为基础、预制、吊装、围护结构、屋面、装修、设备安装等分部工程。各种新结构体系的建筑工程，也可根据其不同的结构特点，划分为若干个分部工程。每个分部工程，又可以按照所包括的内容范围、建筑构造结构特点及施工的要求等，划分为若干个施工过程（或施工工序）。例如砖混结构宿舍的基础工程，可以划分为开挖基槽、做垫层、砌砖、回填土等。这样划分的目的是为了便于组织和安排施工。一般来说，每个施工过程应组织一个独立的施工班组完成施工任务。

3.1.1　组织施工的基本方式

当建造一个建筑物的时候，在具备了劳动力、材料、机械等基本生产要素的条件下，如何根据施工工艺的技术要求组织各施工过程按某种方式展开作业，是组织和完成施工任务的一项非常重要的工作，它将直接影响到工程的进度、资源和成本。

实践证明，完成一个工程项目的施工，考虑其施工特点、工艺流程、资源利用、平面或空间布置等要求，其组织施工的方式可以采用依次施工、平行施工和流水施工三种方式。

为了说明建筑工程中采用流水施工的特点，我们比较一下建造 m 幢相同的房屋采用依次施工、平行施工和流水施工三种不同的施工组织方法。

1. *依次施工组织方式*

依次施工也称顺序施工，是将拟建施工项目中的每一个施工对象分解成若干个施工过程，按施工工艺要求依次完成每一个施工过程；当一个施工对象完成后，再按同样的顺序完成下一个施工对象，依次类推，直至完成所有的施工对象，按照一定的施工顺序，依次开工、依次完成的一种施工组织方式。它是一种最基本的、最原始的施工方式。

采用依次施工时，是当第一幢房屋竣工后才开始第二幢房屋的施工，即按着次序一幢接一幢地进行施工。图 3-1 (a) 中有 m 幢房屋，每幢房屋施工工期为 t，则总工期为 $T=mt$。

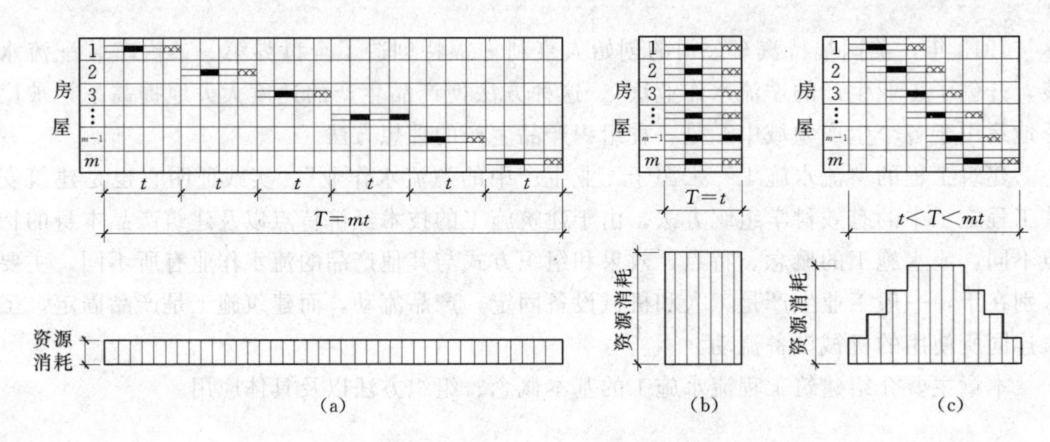

图 3-1　不同施工方法的比较

(a) 依次施工；(b) 平行施工；(c) 流水施工

可见依次施工方式具有以下特点：

1) 没有充分地利用工作面进行施工，工期长；

2) 如果按专业成立工作队，则各专业队不能连续作业，有时间间歇，劳动力及施工机具等资源无法均衡使用；

3) 如果由一个工作队完成全部施工任务，则不能实现专业化施工，不利于提高劳动生产率和工程质量；

4) 单位时间内投入的劳动力、施工机具、材料等资源量较少，有利于资源供应的组织；

5) 施工现场的组织、管理比较简单。

所以当工程规模较小，施工工作面又有限时，依次施工是适用的，也是常见的。

2. *平行施工组织方式*

平行施工是组织几个劳动组织相同的专业班组，在同一时间、不同的工作面上，按施工工艺要求完成各施工对象。

采用平行施工时。m 幢房屋同时开工、同时竣工。这样施工显然可以大大缩短工期，从图 3 - 1（b）中可见总工期 $T=t$。

平行施工组织方式具有以下特点：

1）能充分利用工作面进行施工，工期明显缩短；

2）如果每一个施工对象均按专业成立工作队，则各专业队不能连续作业，劳动力及施工机具等资源无法均衡使用；

3）如果由一个工作队完成一个施工对象的全部施工任务，则不能实现专业化施工，不利于提高劳动生产率和工程质量；

4）单位时间内投入的劳动力、施工机具、材料等资源量成倍地增加，不利于资源供应的组织安排；

5）施工现场的组织和管理都比较复杂，往往需要增加施工管理费用。

因此，平行施工一般适用于工期要求紧的工程项目。大规模的建筑群及分期分批组织施工的工程任务，只有在各方面的资源供应有保障的前提下，才能够组织平行施工。

3. 流水施工组织方式

流水施工方式是将拟建工程项目中的每一个施工对象分解成若干个施工过程，并按照施工过程成立相应的专业工作队，各专业队按照施工顺序依次完成各个施工对象的施工过程，同时保证施工在时间和空间上的连续、均衡和有节奏地进行，直到完成所有施工任务的一种施工组织方式。不同的施工过程，按照工程对象的施工工艺要求，先后相继投入施工，并且尽可能互相搭接作业。

从图 3 - 1（c）中可以看出，流水施工所需的时间比依次施工短，各施工班组的施工和物资的消耗具有连续性和均衡性，前后施工过程尽可能平行搭接施工，比较充分地利用了施工工作面；机具、材料供应均衡，少占临时设置。

流水施工方式具有以下特点：

1）尽可能地利用工作面进行施工，工期比较短；

2）各工作队实现了专业化施工，有利于提高技术水平和劳动生产率，也有利于提高工程质量；

3）专业工作队能够连续施工，同时使相邻专业队的开工时间能够最大限度地搭接；

4）单位时间内投入的劳动力、施工机具、材料等资源量较为均衡，有利于资源供应的组织；

5）为施工现场的文明施工和科学管理创造了有利条件。

流水施工最主要特点是施工过程（工序或工种）作业的连续性和均衡性。施工过程在时间上的连续性是指专业施工队在施工对象的各个部位的流转，自始至终处于连续状态，不产生明显的停顿与等待现象。流水施工要求施工过程各个环节在空间上布置合理紧凑，充分利用工作面，消除不必要的空闲时间。组织均衡施工是建立正常施工秩序和管理秩序、保证工程质量、降低消耗的前提条件，有利于最充分地利用现有资源及其各个环节的生产能力。

3.1.2 流水施工的技术经济效果

通过比较三种施工方式可以看出，流水施工方式是一种先进、科学的施工组织方式。由于在工艺过程划分、时间安排和空间布置上进行统筹安排，可以在建筑工程施工中带来良好的经济效益，体现出优越的技术经济效果。

1. 施工工期较短，可以尽早发挥投资效益

由于流水施工的节奏性、连续性，可以加快各专业队的施工进度，减少时间间隔。特别是相邻专业队在开工时间上可以最大限度地进行搭接，充分地利用工作面，做到尽可能早地开始工作，从而达到缩短工期的目的，使工程尽快交付使用或投产，尽早获得经济效益和社会效益。

2. 实现专业化生产，可以提高施工技术水平和劳动生产率

由于流水施工方式建立了合理的劳动组织，使各专业队实现了专业化生产，工人连续作业，操作熟练，便于不断改进操作方法和施工机具，可以不断地提高施工技术水平和劳动生产率。

3. 连续施工，可以充分发挥施工机械和劳动力的生产效率

由于流水施工组织合理，工人连续作业，没有窝工现象，机械闲置时间少，大大提高人工和机械的有效劳动时间，从而使施工机械和劳动力的生产效率得以充分发挥。

4. 提高工程质量，可以提高工程的使用寿命和节约工程在使用过程中的维修费用

由于流水施工实现了专业化生产，工人技术水平高，而且各专业队之间紧密地搭接作业，互相监督，可以使工程质量得到提高。因而可以延长建设工程的使用寿命，同时可以减少建设工程投入使用后的维修费用。

5. 降低工程成本，可以提高承包单位的经济效益

由于流水施工资源消耗均衡，便于组织资源供应，使得资源储存合理、利用充分，可以减少各种不必要的损失，节约材料费；由于流水施工生产效率高，可以节约人工费和机械使用费；由于流水施工降低了施工高峰人数，使材料、设备得到合理利用，可以减少临时设施工程费；由于流水施工工期较短，可以减少企业管理费。工程成本的降低，可以提高承包单位的经济效益。

3.1.3 流水施工的组织要点和条件

1. 建筑流水施工的组织要点

流水施工的实质是分工协作与成批生产。在社会化大生产的条件下，分工已经形成，由于建筑产品体形庞大，通过划分施工段就可将单件产品变成假想的多件产品。组织流水施工的条件主要有以下几点。

(1) 划分施工过程。

把建筑物的整个建造过程分解为若干施工过程，每个施工过程分别由固定的专业施工队负责实施完成。

划分施工过程是为了对施工对象的建造过程进行分解，这样才能逐一实现局部对象的施工，进而使施工对象整体得以实现。也只有这种合理的解剖，才能组织专业化施工和有效的协作。

(2) 划分施工段。

把建筑物尽可能地划分为劳动量大致相等的若干个施工段（区）。通常是单体建筑物施工分段，群体建筑施工分区。划分施工段（区）是为了把庞大的建筑物（建筑群）划分成“批量”的假定“产品”，从而形成流水作业的前提。没有批量就不可能组织流水施工，

每一个段（区）就是一个假定的“产品”。

(3) 主要施工过程的施工班组必须连续、均衡地施工。

各专业队按一定的施工工艺，配备必要的机具，依次地、连续地由一个施工段转移到另一个施工段，重复地完成各段上的同类工作。也就是说，专业化工作队要连续地对假定产品进行逐个的专业“加工”。

由于建筑产品的固定性，只能是专业队（组）在不同段上“流水”，而一般工业生产流水作业的区别是产品“流水”，而设备、人员固定不动。对于次要的施工过程，可以安排间断施工。

(4) 不同的施工过程尽可能组织平行搭接施工。

根据施工顺序，不同的施工过程，在有工作面的条件下，除必要的技术和组织间歇时间外，应尽可能组织平行搭接施工，这样可缩短工期。

2. 组织流水施工的条件

从上述组织流水施工的要点中，可以知道，划分工程量（或劳动量）相等或基本相等的若干个施工区段（流水段）；每个施工过程组织独立的施工班组；安排主要的施工过程的施工班组进行连续的、均衡的流水施工；不同的施工班组按施工工艺要求，尽可能组织平行搭接施工，这是组织流水施工并取得较好施工经济效益的必要条件。

如果一个工程规模较小，不能划分施工区段的工程任务，且没有其他工程任务可以与它组织流水施工，则该工程就不能组织流水施工。

3.1.4 流水施工的表达方式

流水施工的表达方式主要有横道图、垂直图和网络图三种。

1. 横道图

(1) 横道图的形式。

横道图是一种最直观的工期计划方法，在工程中广泛地得到应用，并受到普遍的欢迎。在国外称之为甘特（Gantt）图。某基础工程流水施工的横道图表示法如图 3-2 所示。图中用横坐标表示时间，施工过程在图的左侧纵向排列，以施工过程所对应的横道位置表示其起止时间，横道的长短表示持续时间的长短。它实质上是图和表的结合形式。n 条带有编号的水平线段表示 n 个施工过程或专业工作队的施工进度安排，其编号①、②、…表示不同的施工段。

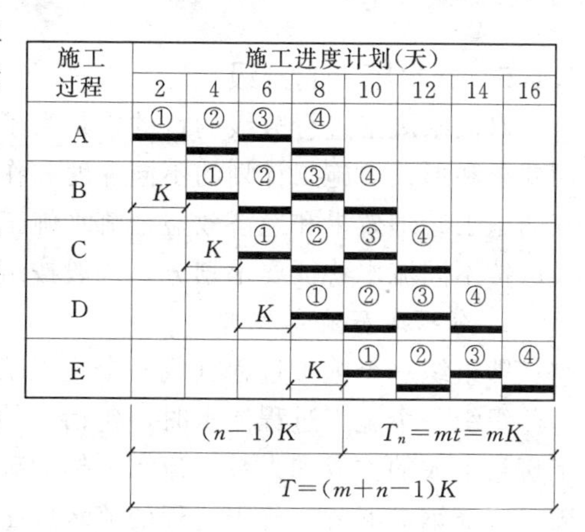

图 3-2 水平指示图表

(2) 横道图的优点。

1) 它能够清楚地表达施工过程的开始时间、结束时间和持续时间，一目了然，易于理解，并能够为各层次的人员所掌握和运用。

2) 使用方便，制作简单。

3) 不仅能够安排工期，而且可以与劳动力计划、材料计划、资金计划相结合。

(3) 横道图的缺点。

1) 很难表达施工过程之间的逻辑关系。如果一个施工过程提前或推迟、或延长持续时间，很难分析出它会影响到哪些后续的任务。

2）不能表达施工任务的重要性，如哪些活动是关键的，哪些活动有推迟或拖延的余地。

3）横道图上能表达的信息量较少。

4）不能用计算机处理，即对一个复杂的工程不能进行工期计算，更不能进行工期方案的优化。

（4）横道图的应用范围。

1）它可直接用于一些简单的小项目、分部分项工程。由于施工任务相对较少，可以直接用它排定施工组织设计中的工期计划。

2）施工组织总设计时，项目还没有进行详细的项目结构分解，即施工过程往往划分等较为粗略，此时一般都用横道图作总体计划。

3）作为网络分析的输出结构。现在几乎所有的网络分析程序都有横道图的输出功能，而且这种功能被广泛地使用。

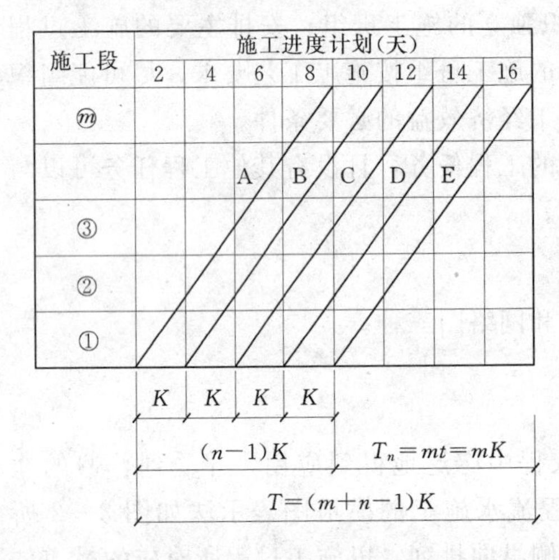

图 3-3　垂直指示图表

2. 垂直图

垂直图也称为斜线图。如图 3-3 是某基础工程流水施工的垂直图表示法。图中的横坐标表示流水施工的持续时间；纵坐标表示流水施工所处的空间位置，即施工段的编号。n 条斜向线段表示 n 个施工过程或专业工作队的施工进度。

垂直图表示法的优点是：施工过程及其先后顺序表达清楚，时间和空间状况形象直观，斜向进度线的斜率可以直观地表示出各施工过程的进展速度，但编制实际过程进度计划不如横道图方便。

3. 网络图

流水施工的网络图表示法见第 4 章。

3.1.5　流水施工的分级

对流水施工进行分级的目的，是为了根据施工对象的不同性质和规模、组织施工的不同要求和形式、施工计划的不同深度和作用，以便采用不同的流水施工组织方法，获得较好的施工管理效果和经济效益。流水施工的分级是组织流水施工的基本要求和基础，其分级可按不同流水特征要求划分。一般按组织流水施工的范围大小划分如下。

1. 分项工程流水施工

即组织一个施工过程（或一个施工工序）的流水施工，亦称细部流水。

组织一个施工过程流水时，包括它的施工内容、范围、操作要求；施工段的划分；施工班组工人的构成和人数；流水节拍的确定；流水方向等。例如：砌砖施工过程的流水施工、现浇钢筋混凝土施工过程的流水施工等。前一个施工内容要简单一些，后一个施工内容包括支设模板（木工）、绑扎钢筋（钢筋工人）、浇捣混凝土（混凝土工）、拆模板等施工内容，是由多工种构成施工班组。

一项工程任务要组织流水施工，它必须划分若干施工过程。怎样划分和如何组织一个施工过程的流水施工，显然是工程对象组织流水施工时最基本的、范围最小的一个流水组织。

2. 分部工程流水施工

即组织一个分部工程的流水施工，亦称专业流水、工艺组合流水。

组织一个分部工程流水时，包括这个分部工程划分为若干个施工过程，各施工过程先后施工的工艺顺序安排，相邻两个施工过程流水步距的确定，技术与组织间歇时间，平行搭接施工时间等。

一个单位工程组织流水施工，可以划分成若干个分部工程，例如基础工程、主体结构工程等。怎样划分和如何组织一个分部工程的流水施工，显然它必须建立在施工过程流水组织的基础上，是在若干个施工过程流水施工的工艺上组合而成的，它是组织单位工程流水施工的基础。

3. 单位工程流水施工

即对一个单位工程组织流水施工，亦称工程对象流水，或综合流水。

组织单位工程流水施工时，包括该工程对象可以划分为哪些分部工程，每个分部工程怎样划分流水段，有哪些施工过程，各分部工程先后施工工艺顺序，如何组织平行搭接流水施工等。

4. 群体工程流水施工

即多幢建筑物或构筑物组织流水施工，亦称工地工程流水，或大流水。

组织群体工程流水施工，它是单位工程流水施工的扩大，是建立在单位工程流水施工组织基础上的。

3.2 流水施工参数

由流水施工的基本概念和组织要点可知：施工过程的分解、流水段的划分、施工队组的组织、施工过程间的搭接、各流水段的作业时间五个方面的问题是流水施工中需要解决的主要问题。只有解决好这几方面的问题，使空间和时间得到合理、充分地利用，方能达到提高工程施工技术经济效果的目的。

为了说明组织拟建工程项目流水施工时，各施工过程在时间和空间的开展情况及相互依存关系，而引入的用以表达流水施工在工艺流程、空间布置和时间安排等方面的状态参数，称为流水参数。流水参数主要包括工艺参数、空间参数和时间参数三种。

3.2.1 工艺参数

工艺参数是指在组织流水施工时，用以表达流水施工在施工工艺方面进展状态的参数，通常包括施工过程数和流水强度两个参数。

1. 施工过程

组织建设工程流水施工时，根据施工组织及计划安排需要将计划任务划分成的子项称为施工过程。根据其性质和特点不同，施工过程一般分为三类，即建造类施工过程、运输类施工过程和制备类施工过程。

（1）建造类施工过程。

建造类施工过程是指在施工对象的空间上直接进行砌筑、安装与加工等，最终形成建筑产品的施工过程。它是建设工程施工中占有主导地位的施工过程，如建筑物或构筑物的地下工程、主体结构工程、装饰工程等。

（2）运输类施工过程。

运输类施工过程是指将建筑材料、各类构配件、成品、制品和设备等运输到工地仓库或施工现场使用地点的施工过程。

（3）制备类施工过程。

制备类施工过程是指为了提高建筑产品生产的工厂化、机械化程度和生产能力而形成的施工过程。如砂浆、混凝土、各类制品、门窗等的制备过程和混凝土构件的预制过程。

2. 施工过程数

施工过程数是指参与一组流水的施工过程数目，一般用符号 n（或 N）表示，它是流水施工的主要参数之一。

一幢房屋或构筑物的施工，可以根据组织施工的需要，划分成若干个施工过程，按其施工先后顺序要求去完成。施工过程划分数目的多少，直接影响工程流水施工的组织。施工过程划分的数目多少、粗细程度、合并或分解，应根据流水施工进度计划的性质、工程结构复杂程度、分部分项工程施工方案、劳动班组的组织、施工过程的内容等考虑。

施工过程数目（n）的确定，一般与下列因素有关：

（1）施工进度计划的性质与作用。

对工程施工控制性计划、长期性进度计划，其施工过程划分可粗些，综合性大些，一般划分至单位工程或分部工程。对工期不长的工程施工实施性计划，其施工过程划分可细些，具体些，一般划分至分项工程。对月度作业性计划，有些施工过程还可分解至工序，如安装模板、绑扎钢筋等。

（2）工程对象的建筑结构体系及复杂程度。

如果工程对象规模大或结构比较复杂，或者组织由若干幢房屋所组成的群体工程施工，这时划分施工过程数目时，就可以粗，例如按分部工程划分，甚至可按幢号划分；如果是一幢一般的砖混结构房屋，工期在一年以内的，需要编制工程对象施工实施性进度计划，具体指导和控制各分部分项工程施工时，则施工过程根据组织施工的需要，宜细一些。

例如砖混结构工程，一般可划分为20个左右施工过程。不同的结构体系，划分施工过程的名称和数目不一样。例如，大模板结构房屋的主体结构，可分为模板安装、混凝土浇筑、拆模清理等施工过程；砖混结构房屋的主体结构可分为砌砖、吊装梁板等施工过程。

（3）施工方案。

施工过程的划分与施工方案有很大的关系。例如厂房的柱基与设备基础挖土，如果确定是敞开式施工方案，则两者挖土可合并为一个施工过程；如果按封闭式施工，则可分别列为两个施工过程。其结构吊装施工过程划分也与结构吊装施工方案有密切联系。如果采用综合节间吊装方案，则施工过程合并为“综合节间结构吊装”一项；如果采用分件结构吊装方案，则应划分为柱、吊车梁、屋架及屋面构件等吊装施工过程。

（4）劳动班组的组织形式及劳动量大小。

施工过程的划分与施工班组的组织形式有关。如现浇钢筋混凝土结构的施工，如果是单一工种组成的施工班组，可以划分为支模板、扎钢筋、浇混凝土三个施工过程。为了组织流水施工的方便或需要，也可合并成一个施工过程，这时劳动班组的组成是多工种组织形式。施工过程的划分还与劳动量大小有关。劳动量小的施工过程，当组织流水施工有困难时，可与其他施工过程合并。如垫层劳动量较小时可与挖土合并为一个施工过程，这样可以使各个施工过程的劳动量大致相等，便于组织流水施工。

（5）施工过程内容和施工过程工作范围。

由于建造类施工过程占有施工对象的空间，直接影响工期的长短，因此，必须列入施工进度计划，并在其中大多作为主导施工过程或关键工作。运输类与制备类施工过程一般不占有施工对象的工作面，不影响工期，故不需要列入流水施工进度计划之中。只有当其占有施工对象的工作面，影响工期时，才列入施工进度计划之中。例如，对于采用装配式钢筋混凝土结构的建设工程，钢筋混凝土构件的现场预制过程就需要列入施工进度计划之中；同样，结构安装中的构件吊运施工过程也需要列入施工进度计划之中。

3. 流水强度

流水强度是指流水施工的某施工过程（专业工作队）在单位时间内完成的工程量，也称为流水能力或生产能力。例如，浇筑混凝土施工过程的流水强度是指每工作班浇筑的混凝土立方数。一般用符号 V 表示。通常分为机械施工过程的流水强度和人工施工过程的流水强度。

3.2.2 空间参数

空间参数是指在组织流水施工时，用以表达流水施工在空间布置上开展状态的参数。通常包括工作面和施工段。

1. 工作面

工作面是指供某专业工种的工人或某种施工机械进行施工的活动空间。工作面的大小，表明能安排施工人数或机械台数的多少。前一施工过程的结束就为后一个（或几个）施工过程提供了工作面。在确定一个施工过程必要的工作面时，不仅要考虑施工过程必须的工作面，还要考虑生产效率，同时应遵守安全技术和施工技术规范的规定。工作面确定的合理与否，直接影响专业工作队的生产效率，因此，必须合理确定工作面。有关主要工种的工作面可参考表 3-1。

表 3-1　主要工种工作面参考数据表

工作项目	每个技工的工作面	说明
砖基础	7.6m/人	以 1 砖半计，2 砖乘以 0.8，3 砖乘以 0.55
砌砖墙	8.5m/人	以 1 砖计，1 砖半乘以 0.71，2 砖乘以 0.57
毛石墙基	3m/人	以 60cm 计
毛石墙	3.3m/人	以 40cm 计
混凝土柱、墙基础	$8m^3$/人	机拌、机捣
混凝土设备基础	$7m^3$/人	机拌、机捣

续表

工作项目	每个技工的工作面	说　明
现浇钢筋混凝土柱	2.45m³/人	机拌、机捣
现浇钢筋混凝土梁	3.2m³/人	机拌、机捣
现浇钢筋混凝土墙	5m³/人	机拌、机捣
现浇钢筋混凝土楼板	5.3m³/人	机拌、机捣
预制钢筋混凝土柱	3.6m³/人	机拌、机捣
预制钢筋混凝土梁	3.6m³/人	机拌、机捣
预制钢筋混凝土屋架	2.7m³/人	机拌、机捣
预制钢筋混凝土平板、空心板	1.91m³/人	机拌、机捣
预制钢筋混凝土大型屋面板	2.62m³/人	机拌、机捣
混凝土地坪及面层	40m²/人	机拌、机捣
外墙抹灰	16m²/人	
内墙抹灰	18.5m²/人	
卷材屋面	18.5m²/人	
防水水泥砂浆屋面	16m²/人	
门窗安装	11m²/人	

2. 施工段和施工层数

为了有效地组织流水施工，通常把拟建工程项目在平面上划分成若干个劳动量大致相等的施工段落，这些施工段落称为施工段或流水段。施工段的数目一般用符号 m（或 M）表示，它是流水施工的主要参数之一。把建筑物在垂直方向划分的施工区段称为施工层。施工层的数目一般用符号 j 表示。

划分施工段是为了在组织工程对象的流水施工时给施工班组提供施工空间，以使不同的施工过程的作业班组在不同的流水段上各自流水施工，互不干扰。施工段的划分应根据工程对象的施工规模及组织流水施工需要而合理确定。

例如一幢 6 层楼 4 个单元组成的砖混结构家属宿舍，基础工程可以按 2 个单元划分为一个施工段，共 2 段施工；主体结构的段数是每层楼划分为 2 个施工段；屋面工程考虑防水施工的整体性，可以不划分段（即 1 段）；外粉刷以 1 层楼为 1 段，共分 6 段；内粉刷装修 1 层楼分 2 施工段施工。所以施工段的划分，在不同的分部工程中，可以采用相同或不同的划分方法。同一分部工程中最好采用统一的段数，但也不能排除特殊情况，如在单层工业厂房的预制工程中，柱和屋架的施工段划分就不一定相同。

（1）施工段划分的基本要求。

1）施工段的大小决定了该段工程量的大小，所以各施工段上的工程量（或劳动量）应尽可能相等或相差不大（一般不超过 15%），以便保证各施工过程的施工班组在每个施工段上能均衡地、有节奏地施工。

2）保证结构的整体性。例如结构上不允许留施工缝的部位不能作为划分施工段的界限。

3）施工段的划分要考虑某些施工机具的服务半径。

4）对一个分部工程内的各个施工过程来说，施工段划分应相同，以便组织整个分部工程的流水施工（称为分部工程流水组）。

5）一个施工段是给一个施工班组提供施工操作的大小范围，所以要求施工段划分的大小，必须考虑直接在施工段上施工的每个技工，有一个适当大小的工作面，以便每个技术工人能发挥最好的劳动效率，并满足安全操作的要求。

6）当组织楼层结构的流水施工时，因为上一层楼的施工必须待下一层结构完成后才能开始，所以当有楼层关系时施工段划分最小数目，应满足下式

$$m \geqslant n \tag{3-1}$$

【例 3-1】 某三层砖混结构房屋的主体工程，在组织流水施工时将主体工程划分为两个施工过程，即砌筑砖墙和安装楼板，其中安装楼板综合了现浇钢筋混凝土圈梁、楼板灌缝、弹线等。设每个施工过程在各个施工段上施工所需时间均为 3 天，现分析如下：

当 $m=n$ 即每层分两个施工段组织流水施工时，其流水示意图及进度安排如图 3-4、图 3-5 所示。

	第一施工段	第二施工段
	(16—18)	(19—21)
第三层	13—15 (10—12)	16—18 (13—15)
第二层	7—9 (4—6)	10—12 (7—9)
第一层	1—3	4—6

图 3-4 主体结构流水示意图

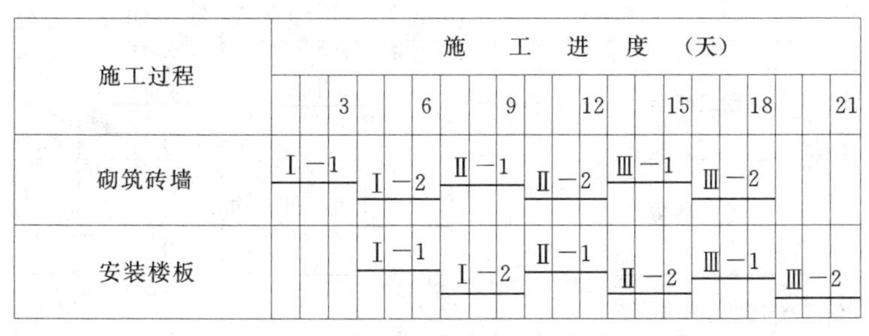

Ⅰ、Ⅱ、Ⅲ—楼层；1、2—施工段

图 3-5 $m=n$ 的进度安排

从图 3-5 可以看出，各施工班组均能保持连续施工，每一施工段有施工班组，工作面能充分利用，无停歇现象，也不会产生人员窝工现象，这是比较理想的。

当 $m>n$，若每层分三个施工段组织流水施工时，其进度安排如图 3-6 所示。

从图 3-6 可以看出：施工班组的施工仍是连续的，但安装楼板后不能立即投入上一层的砌筑砖墙，显然工作面未被充分利用，有轮流停歇的现象。这时，工作面的停歇并不

一定有害，有时还是必要的，可以利用停歇的时间做养护、备料、弹线等工作。但当施工段数目过多，必然使工作面减小，从而减少施工班组的人数，势必延长工期。

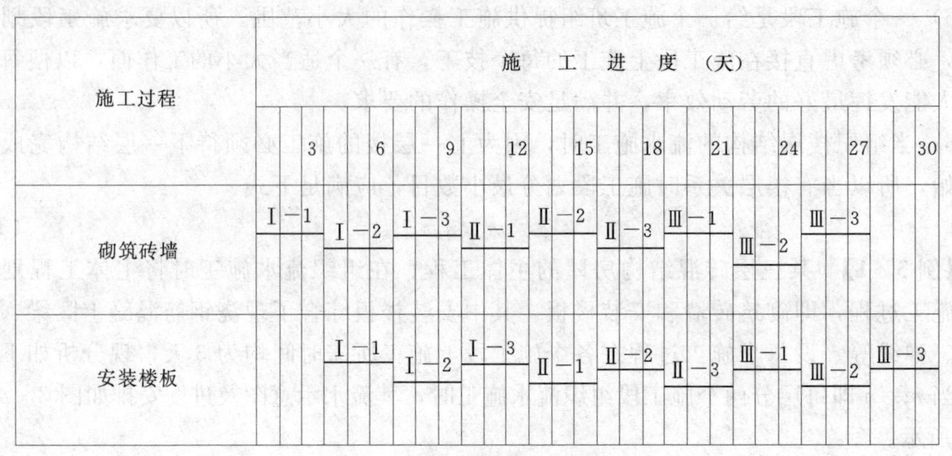

Ⅰ、Ⅱ、Ⅲ—楼层；1、2—施工段

图 3-6　$m>n$ 的进度安排

当 $m<n$ 时，若每层为一个施工段，其进度安排如图 3-7 所示。

从图 3-7 可看出，第一层砌筑砖墙完成后不能马上进行第二层的砌筑，砌墙的施工班组产生窝工，同样安装楼板也是如此。两个施工班组均无法保持连续施工，轮流出现窝工现象。这对一个建筑物组织流水施工是不适宜的。但有若干幢同类型建筑物时，以一个建筑物为一个施工段，可组织幢号大流水施工。

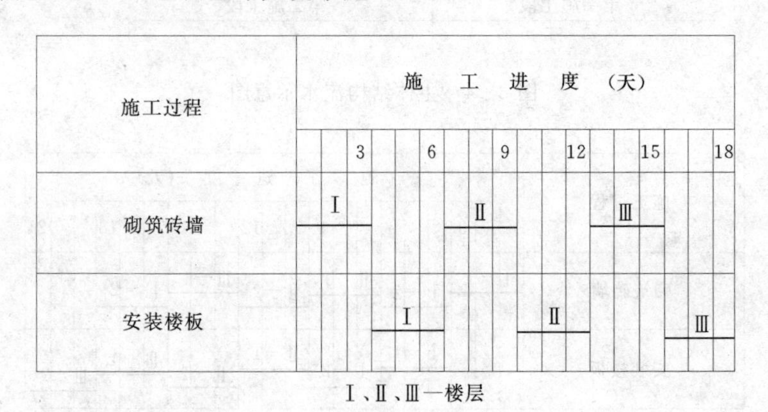

Ⅰ、Ⅱ、Ⅲ—楼层

图 3-7　$m<n$ 的进度安排

可见当组织流水施工的工程对象有层间关系时：

$m=n$，每个施工过程的劳动班组（一个施工过程组织一个班组）均能实现连续的流水施工，每个施工段上均有一个施工班组投入施工，施工段、工作面没有停歇现象，这是比较理想的。

$m>n$，每个施工过程的劳动班组仍能实现连续的流水施工，但施工段、工作面有轮流停歇的现象。有时这种现象是必需的，例如混凝土养护、楼层引测弹线、上一层楼施工前准备等工作。

$m<n$，则每个劳动班组必然出现轮流窝工，这在组织一个建筑物流水施工时是不允许的，否则不能称为流水施工。

但应当指出，当无层间关系或无施工层（如某些单层建筑物、基础工程等）时，施工段数不受式（3-1）的限制。

（2）施工段划分的一般部位。

在满足施工段划分基本要求的前提下，下述几种情况通常可作为划分施工段的界限：

1）设置有伸缩缝、沉降缝的建筑工程，可以缝为界划分施工段；

2）单元式的住宅工程，可按单元为界分段；

3）道路、管线等线性长度延伸的工程，可按一定长度作为一个施工段；

4）多幢同类型建筑，可以一幢房屋作为一个施工段。

（3）施工层。

施工层是指为受制于竖向操作限制或为满足竖向流水施工的需要，在建筑物垂直方向上划分的施工区段。施工层的划分视工程对象的具体情况而定，一般以建筑物的结构层作为施工层。

【例3-2】 一个18层的全现浇剪力墙结构的房屋，其结构层数就是施工层数。如果该房屋每层划分为三个施工段，那么其总的施工段数：

$$m=18\text{层}\times 3\text{段/层}=54\text{段}$$

3.2.3 时间参数

在组织流水施工时，用以表达流水施工在时间排列上所处状态的参数，称之为时间参数。包括流水节拍、流水步距、平行搭接时间、技术组织间歇时间及工期。

1. 流水节拍

流水节拍指在组织流水施工时，每个专业施工班组在各个施工段上完成各自的施工任务所必需的持续时间，用符号 t_i 表示（$i=1, 2, \cdots$）。

在流水施工组织中，一个施工过程的流水节拍（以下简称节拍）大小（时间长短），关系着投入的劳动人数、机械、材料等组织供应强度（工程量已定，节拍越小，单位时间内资源消耗量越大），它也决定了工程施工的速度、节奏性和工期的长短。因此，每个施工过程节拍值的确定具有很重要的意义，在流水施工组织中，这是一个最重要的时间参数。

（1）确定流水节拍的基本要求。

1）施工班组人数应符合该施工过程最少劳动组合人数的要求。例如现浇钢筋混凝土等施工过程，它们包括上料、搅拌、运输、浇捣混凝土等各环节施工操作，如果班组人数太少，是无法组织施工的。

2）考虑工作面的大小或某种条件的限制，施工班组人数也不能很多，否则不能发挥正常的施工效率或者不安全。

3）考虑机械台班效率（吊装次数）或机械台班产量大小。例如要完成一层楼的砌砖、吊装梁板等施工任务，如果按施工班组人数及工效计算，5天可以完成。该层楼要吊运大量砖、砂浆、梁、板、混凝土、模板、钢筋等材料，以及构件、半成品、脚手架等，但只有1台机具。5天时间（如果每天按一班制计算）能否完成吊运提升任务，必须计算复查机械效率。如果一班制工作不够，则应改为两班制工作或增加机械数量。

4）考虑各种材料、构件等施工现场堆放量、供应能力及其他有关条件的制约。

5）考虑施工技术条件的要求。例如不能留施工缝必须连续浇捣的钢筋混凝土工程，要按三班制的条件决定节拍，以确保质量及工程技术要求；又如道路改修及铺设地下管道，希望尽可能缩短施工工期，尽早畅通，节拍值也应尽可能缩短。

6）确定一个分部工程各施工过程节拍时，首先应考虑主要的、工程量大的施工过程的节拍，它的节拍值最大，对工期有重大影响，其次确定其他施工过程节拍值。

7）为了避免浪费工时，流水节拍值一般取整数，必要时可保留0.5天（台班）的小数值。

（2）流水节拍的确定方法。

流水节拍的确定方法一般有定额计算法、经验估算法和工期计算法三种方法。

1）定额计算法。定额计算法就是根据各施工段的工程量和现有能够投入的资源量（劳动力、机械台数和材料量等），按式（3-2）进行计算

$$t_i=\frac{Q_i}{S_iR_iN_i}=\frac{P_i}{R_iN_i} \tag{3-2}$$

式中 t_i——某施工过程在某施工段上的流水节拍；

Q_i——某施工过程在某施工段上的工程量；

S_i——某一工日（或台班）的计划产量定额；

R_i——某施工过程的施工队（组）人数或机械台数；

N_i——某施工过程的每天工作班数；

P_i——某施工段所需要的劳动量（或机械台班量）。

【例3-3】 某人工挖运土方工程，$Q=24500\text{m}^3$，$S=24.5\text{m}^3$/工日，$R=20$人，采用一班制，求流水节拍。

【解】 $P=24500/24.5=1000$ 工日

则流水节拍 $t=1000/20=50$ 天

2）经验估算法。经验估算法是根据以往的施工经验进行估算。一般是为了提高其准确程度，往往先估算出该流水节拍的最长（最悲观）、最短（最乐观）和最可能三种时间，然后据此求出期望时间作为某施工队（组）在某施工段上的流水节拍。这种方法也叫三时估算法。一般根据式（3-3）进行计算

$$t_i=\frac{a+4c+b}{6} \tag{3-3}$$

式中 t_i——某施工过程在某施工段上的流水节拍；

a——某施工过程在某施工段上的最长估算时间；

b——某施工过程在某施工段上的最短估算时间；

c——某施工过程在某施工段上的最可能估算时间。

这种方法一般用于采用新工艺、新方法和新材料的等没有定额可循的工程。

3）工期计算法。也叫倒排进度法。对于某些施工任务在规定日期内必须完成的工程项目，一般先根据工期要求确定出流水节拍 t_i，然后应用式（3-2）反算求出所需的施工队组人数或机械台班数。但在这种情况下，必须检查劳动力、材料和机械供应的可能性，

工作面是否足够等。

2. 流水步距

流水步距是指施工工艺上前后两个相邻的施工过程（班组），先后投入同一流水段开始施工的最小时间间隔（不包括技术与组织间歇时间），用符号 $K_{i,i+1}$ 表示（i 表示前一个施工过程；$i+1$ 表示后一个施工过程）。

流水步距的大小，对工期的长短有较大的影响。一般来说，在施工段不变的条件下，流水步距越大，工期越长；流水步距越小，工期就越短。流水步距的大小，与前后二个相邻施工过程流水节拍的大小、施工工艺技术要求、是否需要有技术与组织间歇时间、流水段数目、流水施工的组织方式等有关。

（1）确定流水步距的基本要求。

1）主要施工队（组）连续施工的需要。流水步距的最小长度，必须使主要施工队组进场以后不发生停工、窝工的现象。

2）工艺、技术和组织间歇的需要。为保证工程质量、满足安全生产和成品保护的需要，有些施工过程完成后，后续施工过程不能立即投入作业，必须有足够的时间间歇，这个间歇时间应尽量安排在专业队进场之前，不然便不能保证专业工作的连续。

3）最大限度搭接的要求。流水步距要保证相邻两个专业队在开工时间上最大限度地、合理地搭接，但是应保证每个施工段的施工作业程序不乱，不发生前一施工过程尚未全部完成，而后一施工过程便开始施工的现象。有时为了缩短时间，某些次要的专业队可以提前插入，但必须在技术上可行，而且不影响前一个专业队的正常工作。

（2）流水步距的确定。

流水步距的确定方法有很多，简捷实用的方法主要有图上分析计算法、公式法和潘氏法（潘特考夫斯基法）。公式法见下一节的相关内容，这里重点介绍一下潘氏法。

潘氏法是由前苏联专家潘特考夫斯基提出的，又叫累加数列错位相减取大差法。

基本步骤如下。

1）对每一个施工过程在各施工段上的流水节拍依次累加，求得各施工过程流水节拍的累加数列。

2）将相邻施工过程流水节拍累加数列中的后者错后一位，相减后求得一个差数列。

3）在差数列中取最大值，即为这两个相邻施工过程的流水步距。

潘氏法适用于各种形式的流水施工的流水步距的确定，且较为简捷、准确。

【例 3-4】 某工程各施工过程在各施工段上持续时间即流水节拍见表 3-2，试求该工程的流水步距。

表 3-2　各施工过程在各施工段的流水节拍　　单位：天

施工过程	施工段					
	一	二	三	四	五	六
A	3	3	2	2	2	2
B	4	2	3	2	2	3
C	2	2	2	3	3	2

【解】 按照潘氏方法求解。

第一步：将各施工过程在每个施工段上的持续时间填入表格（表 3-3 第 1 行至第 3 行）。为便于计算，增加一列零施工段。

表 3-3　　流水步距计算表

步骤		行序	施工过程	施工段编号							第四步
				零	一	二	三	四	五	六	最大时间间隔
第一步	施工过程在各施工段上的持续时间（d）	1	A	0	3	3	2	2	2	2	
		2	B	0	4	2	3	2	2	3	
		3	C	0	2	2	3	3	3	2	
第二步	施工过程由加入流水起到完成该段工作为止的总的持续时间（d）	4	A	0	3	6	8	10	12	14	
		5	B	0	4	6	9	11	13	16	
		6	C	0	2	4	7	10	13	15	
第三步	两相邻施工过程的流水步距（d）	7	A、B		3	2	2	1	1	1	3
		8	B、C		4	4	5	4	3	3	5

第二步：计算各个施工过程由加入流水起到完成某段工作止的施工时间总和（即数列累加），填入表格，例如第一施工过程（第 1 行）各流水节拍累加后得到第 4 行的结果。

第三步：从前一个施工过程由加入流水起，到完成该工作止的持续时间和，减去后一个施工过程由加入流水起，到完成前一施工段的累加持续时间和（即相邻斜减），得到一组差数，例如：由第一施工过程到各施工段的累加持续时间（第 4 行）减去第二施工过程到相应前一施工段的累加持续时间（第 5 行）得到第 7 行的一组差数。

第四步：找出上一步斜减差数中的最大值，这个值就是这两个相邻施工过程之间的流水步距 K。

于是，得到 $K_{A,B}=3$，$K_{B,C}=5$。

3. 平行搭接时间

在组织流水施工时，有时为了缩短工期，在工作面允许的条件下，如果前一个专业工作队完成施工任务后，能够提前为后一个专业工作队提供工作面，使后者提前进入前一个施工段，两者在同一施工段上平行搭接施工，这个搭接的时间称为平行搭接时间，通常用 $C_{i,i+1}$ 表示。

4. 工艺、技术间隙时间

根据施工过程的工艺性质，在流水施工中除了考虑两个相邻施工过程之间的流水步距外，还需考虑增加一定的工艺或技术间隙时间。如楼板混凝土浇筑后，需要一定的养护时间才能进行后道工序的施工；又如屋面找平层完成后，需等待一定时间，使其彻底干燥，才能进行屋面防水层施工等。这些由于工艺、技术等原因引起的等待时间，称为工艺、技术间隙时间。用符号 $Z1_{i,i+1}$ 表示。

5. 组织间隙时间

由于组织因素要求两个相邻的施工过程在规定的流水步距以外增加必要的间隙时间，如质量验收、安全检查等，这种间歇时间称为组织间歇时间。用符号 $Z2_{i,i+1}$ 表示。

上述两种间歇时间在组织流水施工时，可根据间歇时间的发生阶段或一并考虑、或分别考虑，以灵活应用工艺间歇和组织间歇的时间参数特点，简化流水施工组织。

6．工期

工期是指完成一项工程任务或一个流水组施工所需要的时间，一般可采用式（3－4）计算

$$T=\sum K_{i,i+1}+T_n+\sum Z_{i,i+1}-\sum C_{i,i+1} \tag{3-4}$$

式中　T——流水施工工期；

$K_{i,i+1}$——流水施工中第 i 个施工过程与第 $i+1$ 个施工过程之间的流水步距；

T_n——流水施工中最后一个施工过程的持续时间；

$Z_{i,i+1}$——流水施工中第 i 个施工过程与第 $i+1$ 个施工过程之间的工艺技术和组织间歇时间；

$C_{i,i+1}$——流水施工中第 i 个施工过程与第 $i+1$ 个施工过程之间的平行搭接时间。

3.3　流水施工基本方式

建筑工程的流水施工要求有一定的节拍，才能步调和谐，配合得当，有节拍决定了有节奏。由于建筑工程的多样性，各分部分项的工程量差异较大，要使所有流水施工都组织统一流水节拍是很困难的，在大多数情况下，各施工过程的流水节拍不一定相等，甚至一个施工过程本身在各个施工段上的流水节拍也不相等。因此形成了不同节奏特征的流水施工。

根据流水施工节奏特征的不同，流水施工的基本方式分为有节奏流水施工和无节奏流水施工两大类。有节奏流水根据节拍是否相同分为等节奏流水与异节奏流水。等节奏流水与异节奏流水又根据步距是否相同分为等步距流水（等节拍等步距流水，异节拍等步距流水也叫成倍节拍流水）与异步距流水（等节拍异步距流水，异节拍异步距流水）。如图3－8所示。

- 流水施工
  - 有节奏流水
    - 等节奏（节拍）流水
      - 等步距流水
      - 异步距流水
    - 异节奏（节拍）流水
      - 成倍节拍流水（等步距）
      - 不等节拍流水（异步距）
  - 无节奏流水

图3－8　流水施工基本组织方式

3.3.1　有节奏流水施工

有节奏流水是指在组织流水施工时，同一施工过程在各施工段上的流水节拍都相等的一种流水施工方式。当各施工段劳动量大致相等时，即可组织有节奏流水施工。根据不同施工过程之间的流水节拍是否相等，有节奏流水又可分为等节奏（节拍）流水和异节奏（节拍）流水。

1．等节奏流水施工

等节奏流水是指同一施工过程在各个施工段上的流水节拍都相等，并且不同施工过程之间的流水节拍也相等的一种流水施工组织方式，即各个施工过程的流水节拍均相等，是

个常数，因此也称全等节拍流水或固定节拍流水。

根据步距是否相等，等节奏流水施工又分为等节拍等步距流水施工和等节拍异步距流水施工。

（1）等节拍等步距流水施工。

即各流水节拍均相等，各流水步距均相等（无工艺技术组织间歇）且等于流水节拍的流水组织方式。

【例 3-5】 某分部工程可以划分为 A、B、C、D 四个施工过程，每个施工过程可以划分为三个施工段，流水节拍均为 3 天，试组织等节奏流水。要求：绘制横道图并计算工期。

【解】 该分部工程等节拍等步距流水施工进度安排如图 3-9（横道图）。

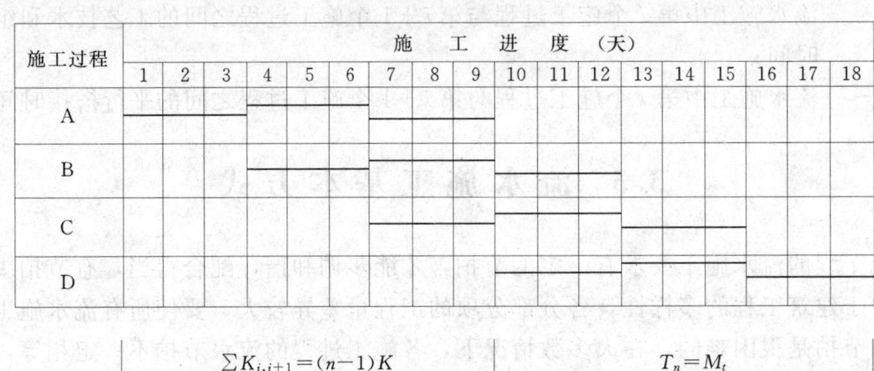

图 3-9 某分部工程等节拍等步距流水施工横道图

如图所示，其工期计算如下

$$T=(n+m-1)t=(4+3-1)\times3=18\text{ 天}$$

可见等节拍等步距流水施工工期 T 可按式（3-5）计算

$$T=(n+m-1)t \tag{3-5}$$

式中 n——施工过程数；

m——施工段数；

t——流水节拍。

（2）等节拍异步距流水。

等节拍异步距流水即各施工过程的流水节拍全部相等，但各流水步距不相等（有的步距等于节拍，有的步距不等于节拍）。这是由各施工过程之间需要有工艺技术与组织间歇时间，有的安排搭接施工所致。

【例 3-6】 某分部工程可以划分为 A、B、C、D 四个施工过程，每个施工过程可以划分为三个施工段，流水节拍均为 3 天，其中，施工过程 A 与 B 之间有 2 天的间歇时间，施工过程 D 与 C 搭接 1 天。试组织等节奏流水。要求：绘制横道图并计算工期。

【解】 该工程等节拍不等步距流水施工进度（横道图）如图 3-10 所示，其工期计算如下

$$T=(n+m-1)t+\sum Z-\sum C=(4+3-1)\times3+2-1=19\text{ 天}$$

可见等节拍异步距流水施工工期 T 可按式（3－6）计算

$$T=(n+m-1)t+\sum Z-\sum C \tag{3-6}$$

式中　Z——施工间歇时间；

　　　C——施工平行搭接时间。

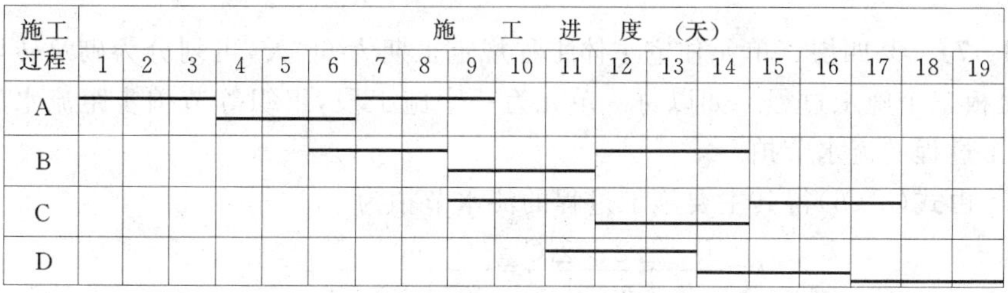

施工过程	施　工　进　度　（天）																		
	1	2	3	4	5	6	7	8	9	10	11	12	13	14	15	16	17	18	19
A																			
B																			
C																			
D																			

图 3－10　某分部工程等节拍异步距流水施工横道图

(3)施工段数目(m)的确定。

上一节我们讲过，如果没有层间关系，施工段数(m)按划分施工段的基本要求确定即可，若有层间关系，则需满足 $m \geqslant n$。此时，每层施工段空闲数为 $m-n$ 个，每个施工段的时间都是 t，则每层的空闲时间为：$(m-n)t$。

为保证施工队能够连续施工，最小的段数要满足空闲时间等于一个楼层的工艺技术和组织间歇时间与层间间歇时间之和。若一个楼层内各施工过程间的工艺技术、组织间歇时间之和为 $\sum Z_1$、搭接时间之和为 $\sum C_1$，楼层间工艺技术、组织间歇时间为 $Z_{1,2}$。

如果每层的 $\sum Z_1$ 均相等，各楼层间 $Z_{1,2}$ 也相等，则有

$$(m-n)t=\sum Z_1+Z_{1,2}$$

$$m=n+\frac{\sum Z_1}{t}-\frac{\sum C_1}{t}+\frac{Z_{1,2}}{t} \tag{3-7}$$

如果每层的 $\sum Z_1$、$\sum C_1$ 不完全相等，$Z_{1,2}$ 也不完全相等，应取各层中最大的 $\sum Z_1$、$Z_{1,2}$ 和最小的 $\sum C_1$ 代替式（3－7）中的 $\sum Z_1$、$Z_{1,2}$ 和 $\sum C_1$。

（4）工期计算。

1）工程项目不分层时，按照式（3－5）、式（3－6）进行计算。

2）工程项目分层时，可以按照下式进行计算

$$T=(mj+n-1)K+\sum Z_1-\sum C_1 \tag{3-8}$$

式中　j——施工层数；

$\sum Z_1$——一施工层中工艺技术与组织间歇时间之和；

$\sum C_1$——一施工层中平行搭接时间之和。

注意式(3－6)的应用，其他各层的间歇、搭接和全部各层间的间歇已考虑在 m、j、k 参数中了。

(5)有节奏流水施工的组织。

全等节拍流水的主要特征就是所有流水节拍都相等，因此组织流水施工比较简单，一般适用于工程规模较小、建筑结构比较简单、施工过程不多的房屋或某些构筑物。常用于组织一个分部工程的流水施工。

全等节拍流水施工的组织方法是：首先划分施工过程，应将劳动量小的施工过程合并到相邻施工过程中去，以使各流水节拍相等；其次确定主要施工过程的施工班组人数，计算其流水节拍；最后根据已定的流水节拍，确定其他施工过程的施工班组人数及其组成。

在组织全等节拍流水施工时，如工期已规定，则主要施工过程的流水节拍可按式(3－6)反算确定。

【例 3－7】 某四层三单元住宅主体工程规定工期为 60 天，可划分为砌筑砖墙、浇筑圈梁、吊装楼板三个施工过程。如以每一单元为一个施工段，组织等节拍步距流水施工，试确定主要施工过程的流水节拍。

【解】 由式(3－6)得其主要施工过程的流水节拍为

$$t=\frac{T-\sum Z+\sum C}{n+m-1}=\frac{60}{3+4\times3-1}=5\text{ 天}$$

【例 3－8】 某工程有 A、B、C 三个施工过程组成，划分成两个施工层组织流水施工，各施工过程的流水节拍均为 2 天，其中，施工过程 B 和 C 之间有 2 天的技术间歇时间，层间间歇时间为 2 天。为保证施工队连续作业，试确定施工段数、计算工期并绘制流水施工进度横道图。

【解】 第一步：确定流水步距；$K=2$ 天

第二步：确定施工段数，本工程分两个施工层，由式（3－7）确定

$$m=3+\frac{2}{2}+\frac{2}{2}=5\text{ 段}$$

第三步：计算工期，$T=(5\times2+3-1)\times2+2-0=26$ 天；

第四步：绘制流水施工进度横道图如图 3－11、图 3－12 所示。

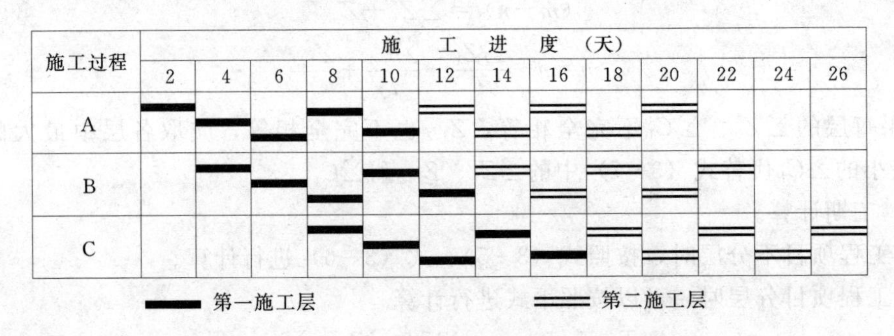

图 3－11 某工程等节奏流水施工进度横道图（两层横向排列）

施工层	施工过程	2	4	6	8	10	12	14	16	18	20	22	24	26
1	A													
	B													
	C													
2	A													
	B													
	C													

图 3－12 某工程等节奏流水施工进度横道图（两层竖向排列）

2. 异节奏流水施工

异节奏流水是指同一施工过程在各施工段上的流水节拍都相等，但不同施工过程之间的流水节拍不完全相等的一种流水施工方式。异节奏流水又可分为异节拍等步距流水和异节拍异步距流水。

(1) 异节拍等步距流水。

异节拍等步距流水也称为成倍节拍流水，是指同一施工过程在各个施工段的流水节拍相等，不同施工过程之间的流水节拍不完全相等，但各施工过程的流水节拍之间存在整数倍（或公约数）关系的流水施工方式。为充分利用工作面，加快流水施工进度，按最大公约数的倍数组建每个施工过程的施工队（组），即流水节拍大的施工过程应相应增加班组数，以形成类似于等节奏流水的等步距异节拍的流水施工方式。因此也称为加快流水施工组织方式。

1) 特征。

① 同一施工过程在各个施工段上的流水节拍都彼此相等，不同施工过程在同一施工段上的流水节拍之间存在一个整数倍（或公约数）关系。

② 流水步距彼此相等，等于各个流水节拍的最大公约数。该流水步距在数值上应小于最大的流水节拍并要大于1；只有最大公约数等于1时，该流水步距才等于1。

③ 每个专业工作队都能够连续作业，施工段都没有空闲。

④ 专业工作队数目（n_1）大于施工过程数目（n），即 $n_1>n$。

2) 流水步距的确定

$$K_{i,i+1}=K_b \tag{3-9}$$

式中 K_b——成倍节拍流水步距，取流水节拍的最大公约数。

3) 施工队组数的确定

$$b_i=\frac{t_i}{K_b} \tag{3-10}$$

$$n_1=\sum b_i \tag{3-11}$$

式中 b_i——某施工过程所需要的施工队组数；

n_1——专业施工队组总数目。

4) 施工段数目（m）的确定。无层间关系时，可按划分施工段的基本要求确定，一般取 $m=n_1$；有层间关系时，由上一节分析可知需要满足 $m\geqslant n_1$，每层最少施工段数可以按照式（3-12）确定

$$m=n_1+\frac{\sum Z_1}{K_b}-\frac{\sum C_1}{K_b}+\frac{Z_{1,2}}{K_b} \tag{3-12}$$

5) 施工工期的计算同等节奏流水施工。

【例 3-9】 某工程划分为A、B、C三个施工过程，两个施工层，其流水节拍分别为2天、6天和4天，其中，B和C之间有1天的技术间歇，层间间歇为1天，试组织流水施工。

【解】 分析，该题中三种节拍都是常数2的倍数，可以组织成倍节拍流水，则2就是这个流水施工的流水步距。于是，可以通过增加工作队的办法，把它组织为类似于等节奏流水的成倍节拍流水。

流水步距：$K=2$ 天

施工队组数：根据式（3-10）、式（3-11）

$$n_1=2/2+6/2+4/2=6\text{ 个}$$

施工段数：根据式（3-12）

$$m=6+1/2+1/2=7\text{ 段}$$

工期：根据式（3-8）

$$T=(7\times2+6-1)\times2+1=39\text{ 天}$$

绘制流水施工横道图如图 3-13 所示。

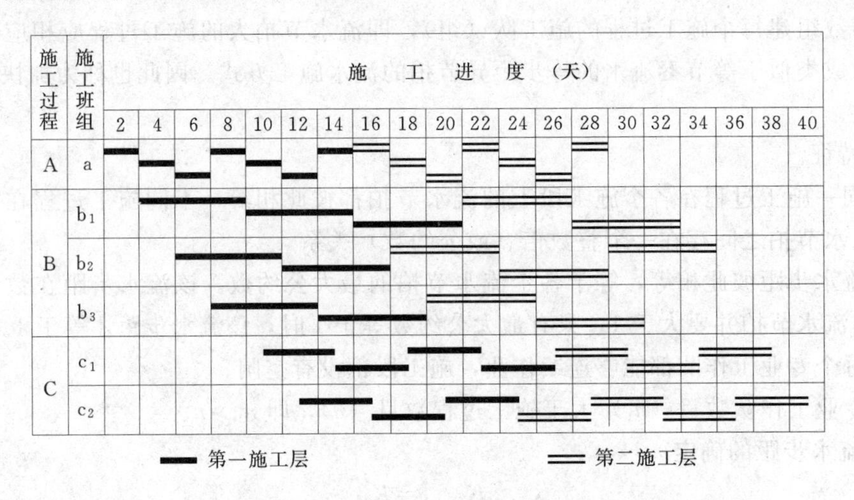

图 3-13 某工程成倍节拍流水施工进度横道图（两层横向排列）

（2）异节拍异步距流水。

异节拍异步距流水也叫不等节拍流水，就是同一施工过程在各个施工段的流水节拍相等，不同施工过程之间的流水节拍既不相等也不成倍的流水施工方式。

1）特征。

① 同一施工过程在各个施工段上的流水节拍都彼此相等，不同施工过程在同一施工段上的流水节拍不一定相等；

② 各个施工过程间的流水步距不一定相等；

③ 每个专业工作队都能够连续作业，但有的施工段可都有空闲；

④ 专业工作队数目（n_1）等于施工过程数目（n）。

2）流水步距的确定。

可以根据潘氏法确定，也可以根据下面公式确定

$$K_{i,i+1}=\begin{cases}t_i & （当\ t_i\leqslant t_{i+1}时）\\ mt_i-(m-1)\ t_{i+1} & （当\ t_i>t_{i+1}时）\end{cases} \tag{3-13}$$

3）工期 T。

工期 T 可按下面公式确定

$$T=\sum K_{i,i+1}+T_n+\sum Z_{i,i+1}-\sum C_{i,i+1} \tag{3-14}$$

式中 T_n——最后一个施工过程的持续时间。

【例 3-10】 已知某工程可以划分为A、B、C、D四个施工过程，三个施工段，各过程的流水节拍分别为 $t_A=2$ 天，$t_B=3$ 天，$t_C=2$ 天，$t_D=4$ 天，试组织流水施工，并绘制流水施工进度计划表。

【解】 确定流水步距。

根据式（3-13），因为 $t_A<t_B$，所以 $K_{A,B}=t_A=2$ 天；

同理，求得 $K_{B,C}=5$ 天

$$K_{C,D}=2\text{ 天}$$

工期 $$T=(2+5+2)+3\times4=21\text{ 天}$$

绘制流水施工进度横道图如图 3-14 所示。

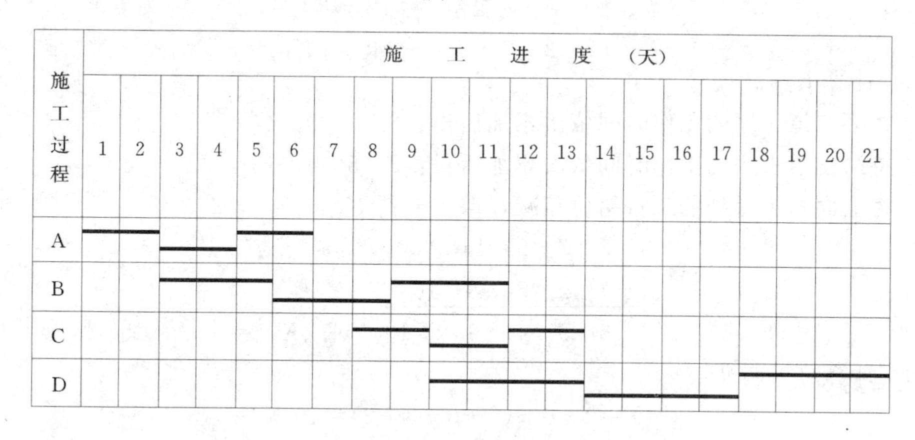

图 3-14 某工程不等节拍流水施工进度横道图

3.3.2 无节奏流水施工

无节奏流水施工是指同一施工过程在各个施工段上的流水节拍不完全相等的一种流水施工方式。在实际工程中，无节奏流水施工是流水施工的普遍形式。通常每个施工过程在各个施工段上的工程量彼此不相等，各专业施工队的工作效率也相差较大，大多数的流水节拍是彼此不等的，因此不能组织有节奏流水施工。

1. 特征

1）每个施工过程在各个施工段上的流水节拍不尽相等；

2）各个施工过程间的流水步距不一定相等；

3）每个专业工作队都能够连续作业，但有的施工段可都有空闲；

4）专业工作队数目（n_1）等于施工过程数目（n）。

2. 确定流水步距

无节奏流水施工的流水步距通常采用潘氏法确定。

3. 工期

无节奏流水施工的工期通常可按式（3-15）确定。

$$T=\sum K_{i,i+1}+T_n+\sum Z_{i,i+1}-\sum C_{i,i+1} \tag{3-15}$$

【例 3-11】 现有一工程分ⅰ、ⅱ、ⅲ、ⅳ四个施工段，每个施工段又分为立模、扎筋、浇混凝土三道工序、各工序工作时间如下表 3-4。确定流水步距，求总工期，绘制其施工进度图。

【解】 (1) 计算 $K_{1,2}$。

① 将第一道工序的工作时间依次累加后得：2　5　9　12

② 将第二道工序的工作时间依次累加后得：3　7　9　14

③ 将上面两步得到的二行错位相减，取大差得 $K_{1,2}$

表 3-4　某工程流水节拍

工序 \ 施工段	ⅰ	ⅱ	ⅲ	ⅳ
1. 立模	2	3	4	3
2. 扎筋	3	4	2	5
3. 浇混凝土	2	3	3	2

$$\begin{array}{rrrrrr} & 2 & 5 & 9 & 12 & \\ -) & & 3 & 7 & 9 & 14 \\ \hline & 2 & 2 & 2 & 3 & -14 \end{array} \qquad K_{1,2}=3$$

(2) 计算 $K_{2,3}$。

① 将第二道工序的工作时间依次累加后得：3　7　9　14

② 将第三道工序的工作时间依次累加后得：2　5　8　10

③ 将上面两步得到的二行错位相减，取大差得 $K_{2,3}$

$$\begin{array}{rrrrrr} & 3 & 7 & 9 & 14 & \\ -) & & 2 & 5 & 8 & 10 \\ \hline & 3 & 5 & 4 & 6 & -10 \end{array} \qquad K_{2,3}=6$$

(3) 计算总工期 T

$$T=3+6+(2+3+3+2)=19 \text{ 天}$$

(4) 绘制施工进度如图 3-15 所示。

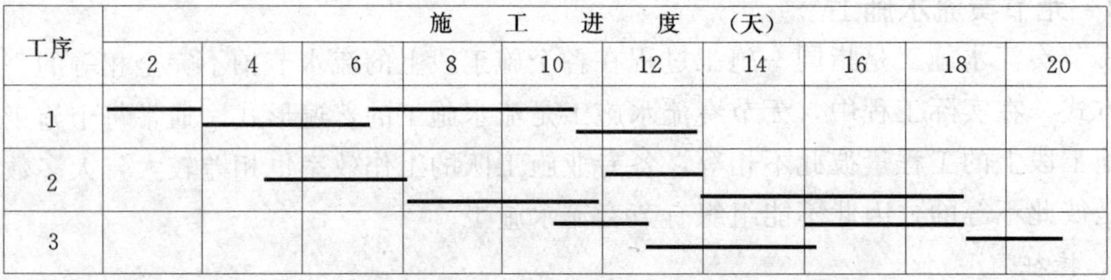

工序	施工进度（天）									
	2	4	6	8	10	12	14	16	18	20
1										
2										
3										

图 3-15　某工程无节奏流水施工进度横道图

无节奏流水不像有节奏流水那样有一定的时间约束，在进度安排上比较灵活、自由。适用于各种不同结构性质和规模的工程施工组织，实际应用比较广泛。

在上述各种流水施工的基本方式中，全等节拍和成倍节拍流水通常在一个分部或分项工程中比较容易做到。即比较适用于组织专业流水或细部流水。但对一个单位工程，特别是一个大型的建筑群来说，要求所划分的各分部、分项工程都采用相同的流水参数（施工过程数、施工段数、流水节拍和流水步距等）组织流水施工，往往十分困难，也不容易达到。

因此，到底采用哪一种流水施工的组织形式，除了分析流水节拍的特点，还要考虑工期要求和项目经理部自身的具体施工条件。

任何一种流水施工的组织形式，仅仅是一种组织管理手段，其最终目的是要实现企业目标，工程质量好、工期短、效益高和安全施工。

3.4 流水施工应用实例

流水施工是一种科学组织施工的方法，编制施工进度计划时应尽量采用流水施工方法，以保证施工有较为鲜明的节奏性、均衡性和连续性。下面用两个工程施工实例来阐述流水施工的具体应用。

3.4.1 砖混结构房屋流水施工

【例 3-12】 某五层三单元砖混结构，房屋的剖面示意图见图 3-16，平面示意图见图 3-17，建筑面积为 3075m²。钢筋混凝土条形基础，上砌基础（内含防潮层）。主体工程为砖墙、预制空心楼板。预制楼梯；为增加结构的整体性，每层设有现浇钢筋混凝土圈梁，钢窗、木门（阳台门为钢门）上设预制钢筋混凝土过梁。屋面工程为屋面板上作细石混凝土屋面防水层和贴一毡二油分仓缝。楼地面工程为空心楼板及地坪三合土上细石混凝土地面。外墙用水泥混合砂浆。内墙用石灰砂浆抹灰。其工程量一览表见表 3-5。

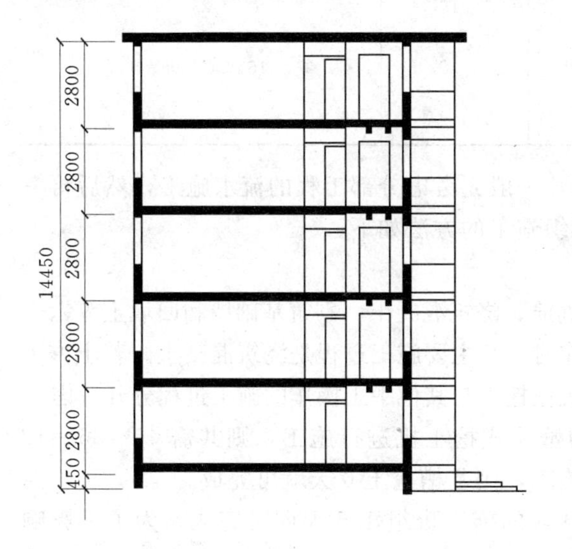

图 3-16 某五层三单元砖混结构房屋的剖面示意图

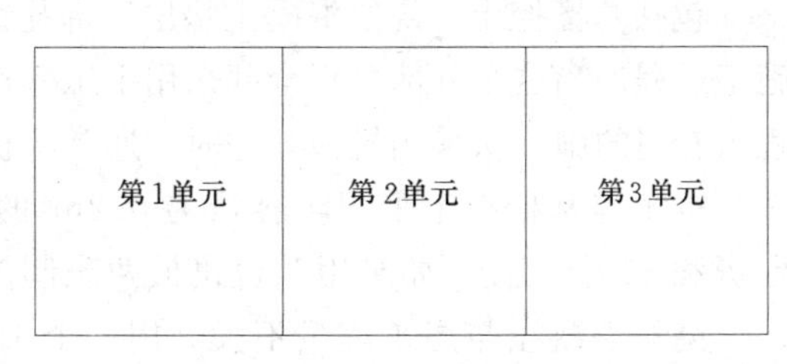

图 3-17 某五层三单元砖混结构房屋的平面示意图

表 3-5 一幢五层三单元混合结构居住房屋工程量一览表

顺序	工程名称	单位	工程量	需要的劳动量（工日）或台班
1	基础挖土	m³	432	12 台班，12×3=36 工日
2	混凝土垫层	m³	22.5	14
3	基础绑扎钢筋	kg	5475	11
4	基础混凝土	m³	109.5	70
5	砌砖基墙	m³	81.6	60
6	回填土	m³	399	76
7	砌砖墙	m³	1026	985
8	圈梁安装模板	m³	635	63
9	圈梁绑扎钢筋	kg	10000	67
10	圈梁浇混凝土	m³	78	100

续表

顺序	工程名称	单位	工程量	需要的劳动量（工日）或台班
11	安装楼板	块	1320	140.9 台班
12	安装楼梯	座	3	14.9×14＝209 工日
13	楼板灌缝	m	4200	49
14	层面第二次灌缝	m	840	10
15	细石混凝土面层	m^3	639	32
16	贴分仓缝	m	160.5	16
17	安装吊篮架子	根	54	54
18	拆除吊篮架子	根	54	32
19	安装钢门窗	m^3	318	127
20	外墙抹灰	m^3	1782	213
21	楼地面和楼梯抹灰	m^3	2500.12	128.5
22	室内地坪三合土	m^3	408	60
23	天棚抹灰	m^3	2658	325
24	内墙抹灰	m^3	3051	268
25	安装木门	扇	210	21
26	安装玻璃	m^3	318	23
27	油漆门窗	m^3	738	78
28	其他			15%（劳动量）
29	卫生设备安装工程			
30	电气安装工程			

对于砖混结构多层房屋的流水施工组织，一般先考虑分部工程的流水施工，然后再考虑各分部工程之间的相互搭接施工，例中组织施工的方法如下：

（1）基础工程。

包括基槽挖土、浇筑混凝土垫层、绑扎钢筋、浇筑混凝土、砌筑基础墙和回填土等六个施工过程。当这个分部工程全部采用手工操作时，其主要施工过程是浇筑混凝土。若土方工程由专门的施工队采用机械开挖时，通常将机械挖土与其他手工操作的施工过程分开考虑。

本工程基槽挖土采用斗容量为 0.2m^3 的蟹斗式挖土机进行施工，则共需 432/36＝12 台班和 36 个工日。如果用一台机械两班制施工，则基槽挖土 6 天就可完成。

浇筑混凝土垫层工程量不大，用一个 10 人的施工班组 1.5 天即可完成。为了不影响其他施工过程流水施工，可以将其紧接在挖土过程完成之后施工，工作一天后，再插入其他施工过程。

基础工程中其余四个施工过程（$n_1=4$）组织全等节拍流水。根据划分施工段的原则和其结构特点，以房屋的一个单元作为一个施工段，即在房屋平面上划分成三个施工段（$m_1=3$）。主导施工过程是浇筑基础混凝土，共需 70 工日，采用一个 12 人的施工班组一班制施工，则每一施工段浇筑混凝土这一施工过程持续时间为 70/（3×1×12）＝2 天。为使各施工过程能相互紧凑搭接，其他施工过程在每个段的施工持续时间也采用 2 天（$t_1=2$）。则基础工程的施工持续时间计算如下式

$$t_1=6+1+(m_1+n_1-1)t_1=6+1+(3+4-1)\times 2=19\text{ 天}$$

（2）主体工程。

包括砌筑砖墙、现浇钢筋混凝土圈梁（包括支模、绑筋、浇筑混凝土）、安装楼板和楼梯、楼板灌缝五个施工过程。其中主导施工过程为砌筑砖墙。为组织主导施工过程进行

流水施工，在平面上也划分为三个施工段。每个楼层划分为两个施工层，每一施工段上每层的砌筑砖墙时间为 1 天，则每一施工段砌筑砖墙的持续时间为 2 天（$t_2=2$）。由于现浇钢筋混凝土圈梁工程量较小，故组织混合施工班组进行施工，安装模板、绑扎钢筋、浇筑混凝土共 1 天，第二天为圈梁养护。这样，现浇圈梁在每一施工段上的持续时间仍为 2 天（$t_2=2$）。安装一个施工段的楼板和楼梯所需时间为一个台班（即 1 天），第二天进行灌缝，这样两者合并为一个施工过程，它在每一施工段上的持续时间仍为 2 天（$t_2=2$）。因此主体工程的施工持续时间可计算如下式

$$t_2=(m_2+n_2-1)t_2=(5\times3+3-1)\times2=34\text{ 天}$$

（3）屋面工程。

包括屋面板第二次灌缝、细石混凝土屋面防水层、贴分仓缝。由于屋面工程通常耗费劳动量较少，且其顺序与装修工程相互制约，因此考虑工艺要求，与装修工程平行施工即可。

（4）装修工程。

包括安装门窗、室内外抹灰、门窗油漆、楼地面抹灰等十一个施工过程。其中抹灰是主导施工过程。由于安装木门和安装玻璃可以同时进行，安装和拆除吊篮架子、施工地坪三合土三个施工过程可与其他施工过程平行施工，不占绝对工期。因此，在计算装修工程的施工持续时间时，施工过程数 $n_4=11-1-3=7$。

装修工程采用自上而下的施工顺序。结合装修的特点，把房屋的每层作为一个施工段（$m_4=5$）。考虑到内部抹灰工艺的要求，在每一施工段上的持续时间最少需 3～5 天，本例中，取 $t_4=3$。考虑装修工程的内部各工程搭配所需的间歇时间为 9 天，则装修工程的施工队持续时间为：

$$t_4=(m_4+n_4-1)t_4+\sum T_j=(5+7-1)\times3+9=42\text{ 天}$$

本例中，主体砌筑砖墙是在基础工程的回填土为其创造了足够的工作面后才开始，即在第一施工段上土方回填后开始砌筑砖墙。因此基础工程与主体工程两个分部工程相互搭接 4 天。同样，装修工程与主体工程两个分部工程考虑 2 天搭接时间。屋面工程与装修工程平行施工，不占工期。因此，总工期可用下式计算

$$t=t_1+t_2+t_4-\sum T_d=19+34+42-(4+2)=89\text{ 天}$$

3.4.2 框架结构房屋流水施工

【例 3-13】 某三层现浇钢筋混凝土框架，柱距 6m×6m，长 15m×6m，宽 3m×6m，30m 一道变形缝，按变形缝划分为三个施工段，模板工程量较大，以其为主导，混凝土浇筑必需三班制 24 小时连续工作。

第一层施工过程、工程量及根据定额计算得到的工人人数见表 3-6。

表 3-6　第一层施工过程、工程量及流水节拍和工人人数

施工层	施工过程	工程量		时间定额	劳动量	流水节拍	工人人数
		单位	数量		工日		
1	绑柱筋	t	11.0	2.4	26.4	1	11.0
	支模板	m^2	3240	0.069	223.6	4	18
	绑梁板筋	t	33	3.4	112.2	3	11.0
	浇注混凝土	m^3	414	1.0	414	2	68

组织流水施工如图 3－18 所示。

从图中可以看出，并不是所有的施工过程都连续。实际上，为了充分利用工作面，可使绑钢筋等施工班组做间断安排，但在一个分部工程若干个施工过程的流水施工组织中，只要安排好主要的施工过程，即工程量大、作业持续时间较长者（本例为支模板），组织它们连续、均衡地流水施工；而非主要的施工过程，在有利于缩短工期的情况下，可安排其间断施工，这种组织方式仍认为是流水施工的组织方式。实践证明这样安排工期更短、更合理。

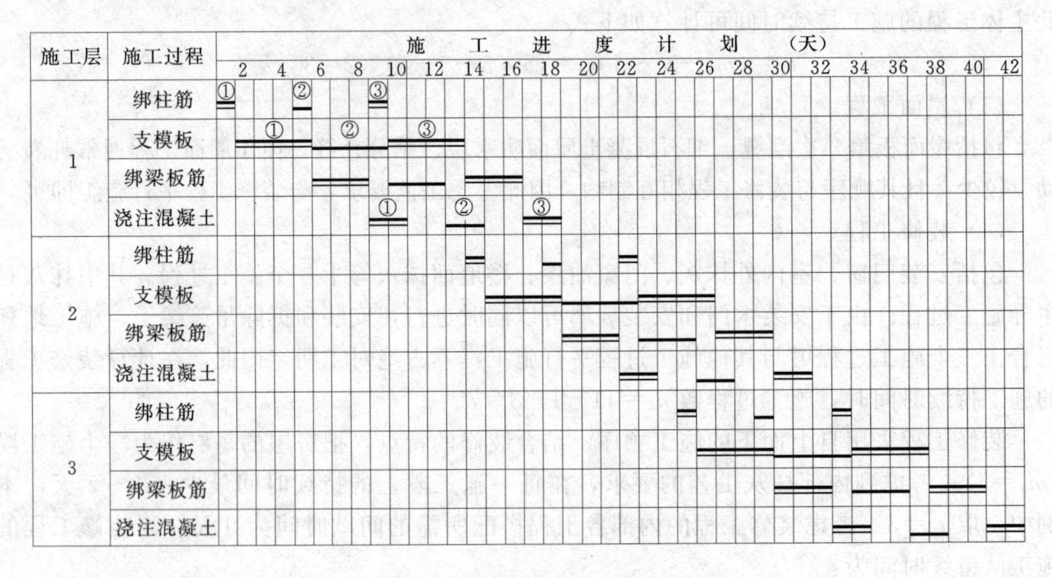

图 3－18　流水施工进度横道图

思考题

1. 组织施工有哪几种方式？试述各自的特点。
2. 组织流水施工的要点和条件有哪些？
3. 施工过程的划分与哪些因素有关？
4. 施工段划分的基本要求是什么？如何正确划分施工段？
5. 当组织楼层结构流水施工时，施工段数与施工过程数应满足什么条件？为什么？
6. 什么叫流水节拍与流水步距？确定流水节拍时要考虑哪些因素？
7. 流水施工按节奏特征不同可分为哪几种方式？各有什么特点？
8. 如何组织全等节拍流水？如何组织成倍节拍流水？
9. 什么是无节奏流水施工？如何确定其流水步距？

练习题

1. 某工程有 A、B、C 三个施工过程，每个施工过程均划分为四个施工段。设 $t_A=2$ 天，$t_B=4$ 天，$t_C=3$ 天。试分别计算依次施工、平行施工、及流水施工的工期，并绘制出各自的施工进度计划。

2. 已知条件如下表，划分为四段流水，每段工程量如表 3－7 所示，绘制横道图计划。

表 3－7 **工 程 量 表**

工序	工程量（m^3）	时间定额	劳动量	每天人数（人）	施工天数
A	130	0.24		16	
B	38	0.82		30	
C	75	0.78		20	
D	60	0.19		10	

3. 已知某工程任务划分为五个施工过程，分五段组织流水施工，流水节拍均为 3 天。在第二个施工过程结束后有 2 天技术和组织间歇时间，试计算其工期并绘制进度计划。

4. 某工地建造六幢同类型的大板结构住宅，每幢房屋的主要施工过程及所需施工时间分别为基础工程 5 天，结构安装 15 天，粉刷装修 10 天，室外和清理工程 10 天。对这六幢住宅组织群体工程流水，试计算：

（1）成倍节拍流水施工的工期并绘制进度表。

（2）不等节拍流水施工的流水步距及工期并绘制进度表。

5. 某工程的流水节拍如表 3－8 所示，试计算流水步距和工期，绘制流水施工进度表。

表 3－8 **某 工 程 的 流 水 节 拍**

施工段 / 施工过程	Ⅰ	Ⅱ	Ⅲ	Ⅳ
A	3	4	2	3
B	3	2	3	2
C	4	1	3	2

第4章 网络计划技术

本章要点

本章主要介绍了双代号网络计划、单代号网络计划及网络计划的优化原理等网络计划技术。通过本章的学习，要求熟练掌握双代号网络计划的绘制方法、双代号网络计划时间参数的计算、关键工作和关键线路的确定，了解单代号网络计划的绘制及时间参数的概念和计算方法，掌握网络计划优化的基本原理及方法能进行简单的网络计划的优化。

4.1 概 述

网络计划技术是随着现代科学技术和工业生产的发展而产生的，是现代生产管理的科学方法。它可以运用计算机进行网络计划绘图、计算、优化、检查分析、调整控制、统计，还可以将网络计划与设计、报价、统计、成本核算及结算等形成系统，达到资源共享。网络计划技术被公认为当前最先进的计划管理方法。

这种方法在建设领域主要用于进行规划（计划）和实施控制，因此，在缩短建设周期、提高工效、降低造价以及提高生产管理水平方面有着显著的效果。

4.1.1 网络计划技术的性质和特点

网络计划技术既是一种科学的计划方法，又是一种有效的生产管理方法。网络计划技术作为一种计划的编制和表达方法与我们一般常用的横道计划法具有同样的功能。对一项工程的施工安排，用这两种计划方法中的任何一种都可以把它表达出来，成为一定形式的书面计划。但是由于表达形式不同，它们所发挥的作用也就不同。

横道计划以横向线条结合时间坐标来表示工程各工作的施工起止时间和先后顺序，整个计划由一系列的横道线段组成。而网络计划则是以加注作业持续时间的箭线（双代号表示法）和节点组成的网状图形来表示工程施工的进度。

横道计划的优点是较易编制、简单直观。因为有时间坐标，各项工作的施工起始时间、作业持续时间、工期，以及流水作业的情况等都表示得清楚明确。对人力和资源的计算也便于据图叠加。它的缺点主要是不能全面地反映出各工作相互之间的影响关系，不便进行各种时间计算，不能客观地突出工作的重点（影响工期的关键工作），也不能从图中看出计划中的潜力所在。这些缺点的存在，对改进和加强施工管理工作是不利的。

网络计划的优点是把施工过程中的各有关工作组成了一个有机的整体，因而能全面而明确地反映出各工作之间相互制约和相互依赖的关系。它可以进行各种时间计算，能在工作繁多、错综复杂的计划中找出影响工程进度的关键工作，便于管理人员集中精力解决施工中的主要矛盾，确保按期竣工，避免盲目抢工。通过利用网络计划中反映出来的各工作的机动时间，可以更好地运用和调配人力与设备，节约人力、物力，达到降低成本的目的。

在计划的执行过程中，当某一工作因故提前或拖后时，能从计划中预见到对其他工作及工期的影响程度，便于及早采取措施以充分利用有利的条件或有效地消除不利的因素。此外它还可以利用现代化的计算工具——计算机，对复杂的计划进行绘图、计算、检查、调整与优化。它的缺点是从图上很难清晰地看出流水作业的情况，也难以根据一般网络图算出人力及资源需要量的变化情况。

网络计划技术的最大特点就在于它能够提供施工管理所需的多种信息，有利于加强工程管理。所以，网络计划技术已不仅仅是一种编制计划的方法，而且还是一种科学的工程管理方法。它有助于管理人员合理地组织生产，使他们做到心中有数，知道管理的重点应放在何处，怎样缩短工期，在哪里挖掘潜力，如何降低成本。提高应用网络计划技术的水平，一定能进一步提高工程管理的水平。

4.1.2 网络计划的分类

按照不同的分类原则，可以将网络计划分成不同的类别。

1. 按性质分类

根据工作、工作之间的逻辑关系以及工作持续时间是否确定的性质，网络计划可分为肯定型网络计划和非肯定型网络计划。

1）肯定型网络计划是指工作、工作与工作之间的逻辑关系以及工作持续时间都肯定的网络计划。在这种网络计划中，各项工作的持续时间都是确定的单一的数值，整个网络计划有确定的工期。

2）非肯定型网络计划是指工作、工作与工作之间的逻辑关系和工作持续时间三者中一项或多项不肯定的网络计划。在这种网络计划中，各项工作的持续时间只能按概率方法确定出三个值，整个网络计划无确定的计划工期。计划评审技术和图示评审技术就属于非肯定型网络计划。

2. 按表示方法分类

按绘制网络图的代号不同，网络计划可分为双代号网络计划和单代号网络计划。

1）单代号网络计划。即以单代号表示法绘制的网络计划。网络图中，每个节点表示一项工作，箭线仅用来表示各项工作间相互制约、相互依赖关系，如图示评审技术和决策网络计划等就是采用单代号网络计划。如图 4-1 所示。

2）双代号网络计划。即以双代号表示法绘制的网络计划。网络图中，箭线用来表示工作。目前，施工企业多采用这种网络计划。如图 4-2 所示。

3. 按目标分类

按计划目标的多少，网络计划可分为单目标网络计划和多目标网络计划。

1）单目标网络计划是指只有一个终点节点的网络计划，即网络图只具有一个工期目标。如一个建筑物的网络施工进度计划大多只具有一个工期目标。如图 4-3（a）所示。

2）多目标网络计划是指终点节点不止一个的网络计划。此种网络计划具有若干个独立的工期目标。如图 4-3（b）所示。

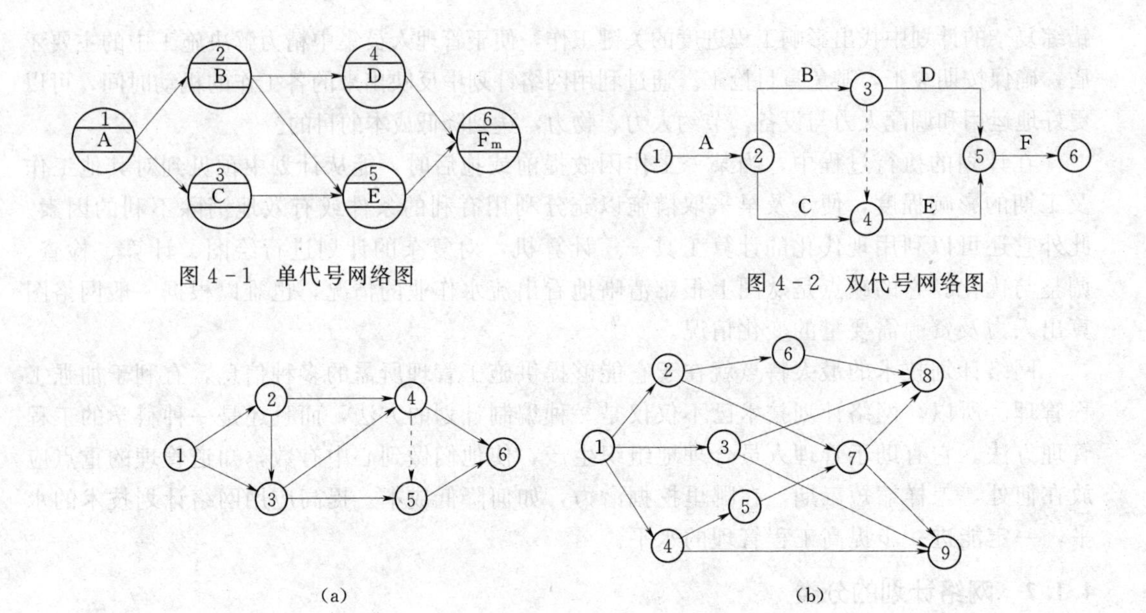

图 4-1 单代号网络图

图 4-2 双代号网络图

图 4-3 目标网络图类型

(a) 单目标网络图；(b) 多目标网络图

4. 按有无时间坐标分类

1）时标网络计划是指以时间坐标为尺度绘制的网络计划。网络图中，每项工作箭线的水平投影长度，与其持续时间成正比。如编制资源优化的网络计划即为时标网络计划。目前，时标网络计划的应用很流行。

2）非时标网络计划是指不按时间坐标绘制的网络计划。网络图中，工作箭线长度与持续时间无关，可按需要绘制。普通双代号、单代号网络计划都是非时标网络计划。

5. 按层次分类

1）综合网络计划是指以整个计划任务为对象编制的网络计划，如群体网络计划或单项工程网络计划。

2）单位工程网络计划是指以一个单位工程或单体工程为对象编制的网络计划。

3）局部网络计划是指以计划任务的某一部分为对象编制的网络计划，如分部工程网络图。

4.1.3 网络计划技术的基本原理

1. 网络图的绘制程序

1）划分工作（或施工过程）。根据网络计划的管理要求和编制需要，确定项目分解的粗细程度，将项目分解为网络计划的基本组成单元——工作。

2）确定逻辑关系。分析逻辑关系，确定各项工作之间的顺序、相互依赖和相互制约的关系。这是绘制网络图的基础。

在逻辑关系分析时，主要应分析清楚工艺关系和组织关系两类逻辑关系，列出各工作间逻辑关系表。

3）绘制网络图。根据所选定的网络计划类型以及工作间逻辑关系，进行网络图的绘制，检查逻辑关系有无错误，是否符合绘图原则，有无多余的节点等。若无误，则按规则编节点号，得到初步网络计划。

2. 时间参数计算

在所绘网络图的计算各项时间参数，并确定出关键线路。

3. 检查与调整

检查：工期是否符合要求；资源配置是否符合资源供应条件；成本控制是否符合要求。如果不满足要求，则应进行调整优化。

4. 绘制可行网络计划

根据调整优化后的网络图和时间参数，重新绘制网络计划——可行网络性计划。

4.2 双代号网络计划

所谓双代号网络计划，是用双代号网络图表达任务构成、工作顺序，并加注工作时间参数的进度计划。双代号网络图是由若干个表示工作项目的箭线和表示事件的节点所构成的网状图形。

4.2.1 双代号网络图的组成

双代号网络图（图4-4）主要由箭线、节点和线路三个基本要素组成，各自表示如下含义。

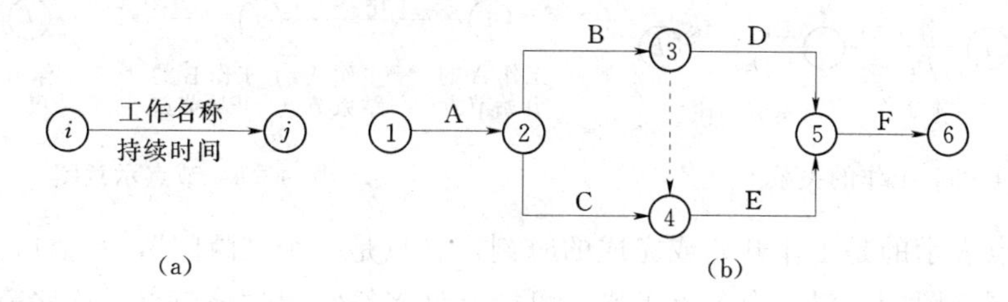

图4-4　双代号网络图

(a) 工作的表示方法；(b) 工程的表示方法

1. 箭线

(1) 在双代号网络图中，一条箭线与其两端的节点表示一项工作（又称工序、作业、活动)，如支模板、扎钢筋、浇筑混凝土、拆模板等。但所包括的工作范围可大可小，视情况而定，故也可用来表示一项分部工程，一项工程的主体结构、装修工程，甚至某一项工程的全部施工过程。如何确定一项工作的大小范围取决于所绘制的网络计划的控制性或指导性作用。

(2) 一项工作要消耗一定的时间和一定的资源（如劳动力、材料、机具设备等)。因此，凡是消耗一定时间的过程，都应作为一项工作来看待。如混凝土养护需时间。

(3) 在无时标的网络图中，箭线的长短并不反映该工作占用时间的长短。原则上讲，箭线可以用直线、折线或斜线，但是不得中断。在同一张网络图上，箭线的画法要求统一，图面要求整齐醒目，最好都画成水平直线或带水平直线的折线。

(4) 箭线所指的方向表示工作进行的方向，箭线箭尾表示该工作的开始，箭头表示该工作的结束，一条箭线表示工作的全部内容。

(5) 就某工作而言，紧靠其前面的工作称为紧前工作；紧靠其后面的工作称为紧后工作，与该工作同时进行的工作称为平行工作，则该工作本身称为本工作。两项工作前后连续进行时，代表两项工作的箭线也前后连续画下去。工程施工时还经常出现平行工作，其箭线也平行地绘制，如图 4-5 所示。

(6) 在双代号网络图中，除有表示工作的实箭线外，还有一种一端带箭头的虚箭线，称为虚工作。虚工作是一项虚拟的工作，工程实际中并不存在，因此它没有工作名称，既不消耗时间，也不消耗任何资源。它的主要作用是在双代号网络图中解决工作之间的逻辑关系问题。

2. 节点

(1) 节点在双代号网络图中是前后工作的交叉点，表示一项工作的开始、结束或连接关系。一般用圆圈表示，起到衔接前后工作的交接作用，是检验工作完成与否的标志。

(2) 箭线尾部的节点称箭尾节点，箭线头部的节点称箭头节点；箭尾节点又称开始节点，箭头节点又称结束节点或完成节点，如图 4-6 所示。

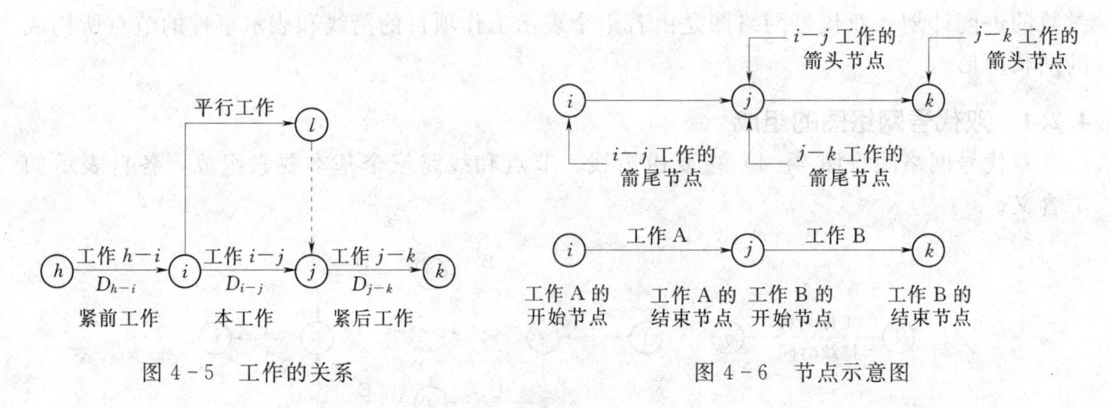

图 4-5　工作的关系　　图 4-6　节点示意图

(3) 节点表示的是工作开始或完成的时刻，它只是一个"瞬间"，承上启下。

(4) 在网络图中，对一个节点来讲，可能有许多箭线通过该节点，这些箭线就称为内向箭线；同样也可能有许多箭线从同一节点出发，这些箭线就称为外向箭线，如图 4-7 所示。

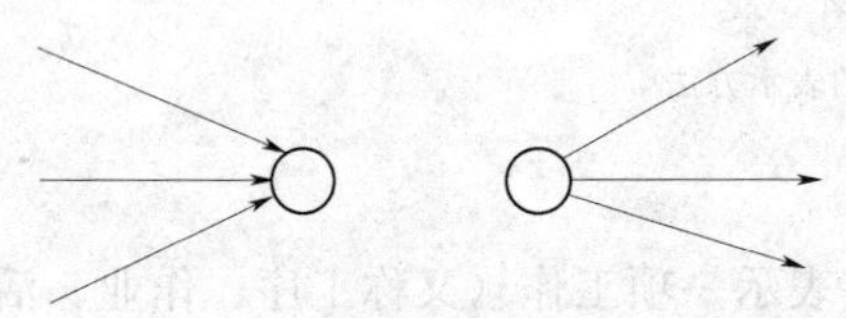

图 4-7　内向箭线和外向箭线

(5) 网络图的第一个节点称为起点节点，它标志着一项工程或任务的开始；最后一个节点称为终点节点，它意味着一项工程或任务的完成。

其余的节点均称为中间节点（事件）。事件是指双代号工作开始或完成的时间点。在双代号网络图中，事件就是节点，即网络图中箭线两端标有编号的封闭图形，它表示前面若干项工作的结束，也表示后面若干项工作的开始。一节点各内向箭线表达的工作全部结束后，各外向箭线表达的工作才能开始。

3. 节点编号

在双代号网络图中，为了检查和识别各项工作，计算各项时间参数，以及利用电子计算机，必须对每个节点进行编号，常用正整数编号，必须使箭尾节点上的编号小于箭头节点的编号，如图 4-6 中的 $i<j$。从而利用工作箭线两端节点的编号来代表工作，如图 4-4中，工作②—③表示 B 工作。

节点编号的原则：箭头节点的编号一定大于箭尾节点的编号；节点编号不能重复。

节点编号的方法，按照编号方向可分为沿水平方向编号和沿垂直方向编号两种，如图4－8、图4－9所示；按编号是否连续，分为连续编号和间断编号两种，如图4－10（沿水平方向连续编号）、图4－11（沿垂直方向间断编号）所示。

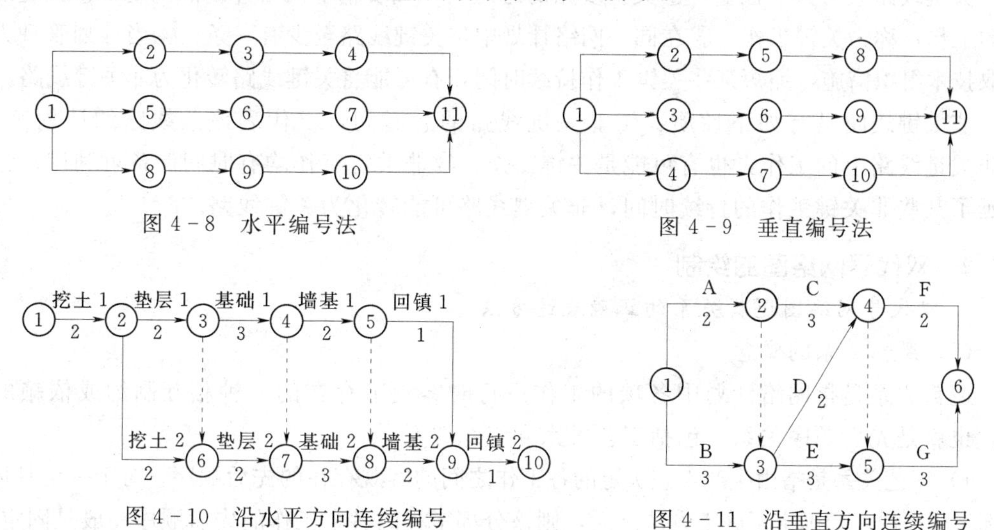

图4－8 水平编号法

图4－9 垂直编号法

图4－10 沿水平方向连续编号

图4－11 沿垂直方向连续编号

4. 线路

网络图中从起点节点开始，沿箭线方向连续通过一系列箭线与节点，最后到达终点节点所经过的通路，称为线路。对于一个网络图而言，线路的数目是确定的。完成某条线路的全部工作所必需的总持续时间，称为线路时间。最长的线路时间即为计划工期。

现以图4－11所示的网络图，分析一下其线路数目、时间、种类和性质。

第1条：①—②—④—⑥

$T_1=2+3+2=7$ 天；

第2条：①—②—③—④—⑥

$T_2=2+2+2=6$ 天；

第3条：①—②—③—④—⑤—⑥

$T_3=2+2+3=7$ 天；

第4条：①—②—③—⑤—⑥

$T_4=2+3+3=8$ 天；

第5条：①—②—④—⑤—⑥

$T_5=2+3+3=8$ 天；

第6条：①—③—⑤—⑥

$T_6=3+3+3=9$ 天；

第7条：①—③—④—⑥

$T_7=3+2+2=7$ 天；

第8条：①—③—④—⑤—⑥

$T_8=3+2+3=8$ 天。

通过计算看出，此网络图共有 8 条线路，第 6 条线路总的工作持续时间最长，即关键线路。其余线路称为非关键线路。位于关键线路上的工作称为关键工作，关键工作完成的快慢直接影响整个计划工期的实现。

关键线路具有如下性质：①关键线路的总时间，代表整个网络计划的工期；②关键线路上的工作，称为关键工作；③在同一网络计划中，关键线路至少有一条；④当计划管理人员采取技术组织措施，缩短某些关键工作持续时间，有可能将关键线路转化为非关键线路。

非关键线路具有如下性质：①非关键线路的总时间，仅代表该条线路的计划工期；②非关键线路上的工作，也有可能是关键工作；③非关键工作均有时间储备可利用；④如拖延了某些非关键工作的持续时间，非关键线路可能转化为关键线路。

4.2.2 双代号网络图的绘制

1. 双代号网络图逻辑关系的正确表达方法

（1）逻辑关系的概念。

逻辑关系是指网络计划中各项的工作进行时客观上存在的一种相互制约或依赖的关系，也就是先后顺序关系，包括工艺关系和组织关系。

1）工艺关系是指由生产工艺决定的各工作之间的客观存在的先后顺序。对于一个具体的分部工程来说，当确定了施工方法之后，则该分部工程的各个工作的先后顺序一般是固定的，是不能随意颠倒的。如砖基础工程，必须先挖基础，再做垫层，然后做基础，最后回填土。

2）组织关系是指网络计划中考虑劳动力、机具或资源、工期等影响，在各工作之间主观上安排的顺序关系。这种关系不受施工工艺的限制，不是由工艺性质决定的，而是在保证施工质量、安全和工期的情况下，可以人为安排的顺序关系。如将地基与基础工程在平面上分为三个施工段，先进行第一段还是先进行第二段，或者先进行第三段，是由组织施工的人员在制订实施方案时确定的，通常可以改变。

在表示工程施工计划的网络图中，根据施工工艺和施工组织的要求，应正确反映各项工作之间相互依赖和相互制约的关系，这也是网络图与横道图最大的不同之处。各项工作之间的逻辑关系是否正确，是网络图能否反映工程实际情况的关键。如果逻辑关系错了，网络图中各种时间参数的计算就会发生错误，关键线路和工期跟着也就发生错误。

无论工艺关系或组织关系，在网络图中均表现为工作进行的先后顺序。按照网络图中工作之间的相互关系可将工作分为以下几种类型：

① 紧前工作——紧排在本工作之前的工作。

② 紧后工作——紧排在本工作之后的工作。

③ 平行工作——可与本工作同时进行的工作。

④ 起始工作——没有紧前工作的工作。

⑤ 结束工作——没有紧后工作的工作。

⑥ 先行工作——自起始工作开始至本工作之前的所有工作。

⑦ 后续工作——本工作之后至整个工程完工为止的所有工作。

（2）逻辑关系的正确表达方法。

表 4-1 是双代号网络图中常见的各工作逻辑关系表示方法。

表 4-1　　　　网络图中常见工作逻辑关系表示方法

序号	工作之间的逻辑关系	双代号网络图中表示方法	单代号网络图中表示方法
1	A 完成后进行 B、C	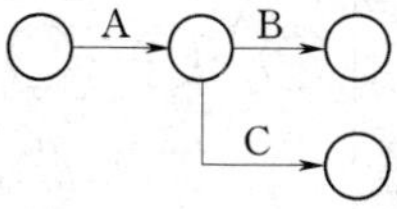	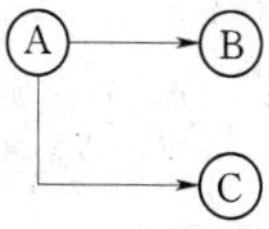
2	A、B 完成后进行 C	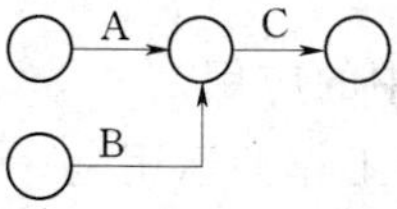	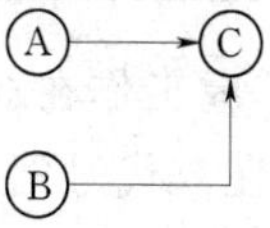
3	A、B 都完成后进行 C、D	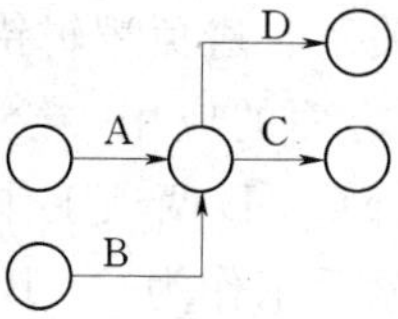	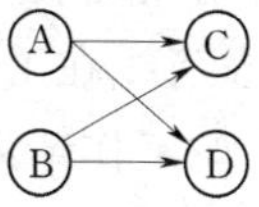
4	A 完成后进行 C，A、B 都完成后进行 D	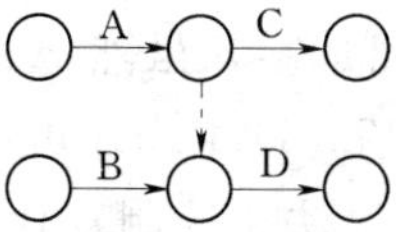	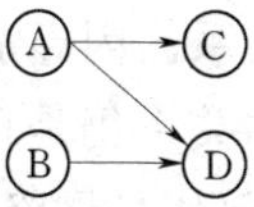
5	A、B 完成后进行 D，B、C 都完成后进行 E	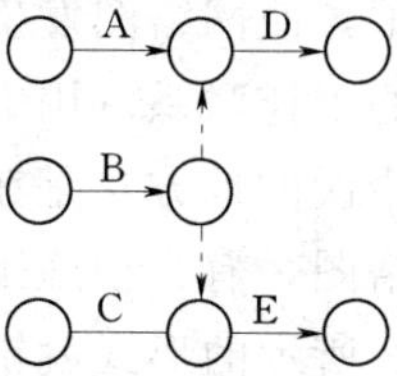	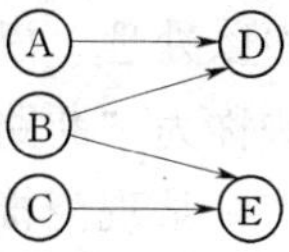
6	A、B、C 完成后进行 D，B、C 都完成后进行 E	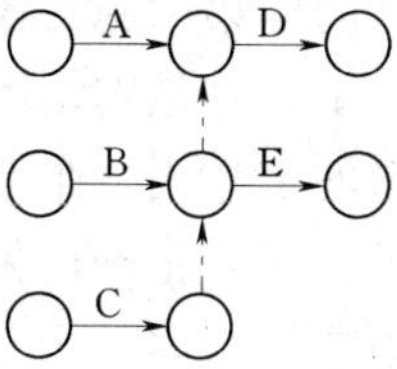	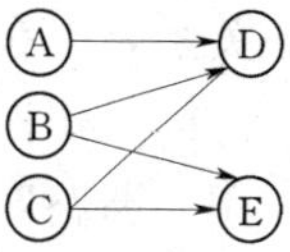
7	A 完成后进行 C，A、B 都完成后进行 D，B 完成后进行 E	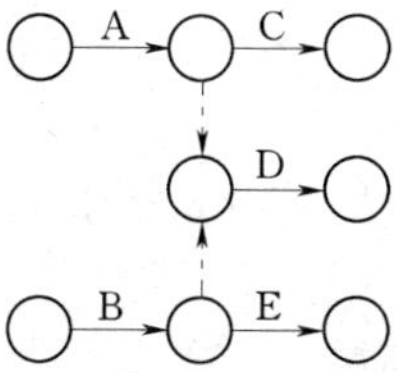	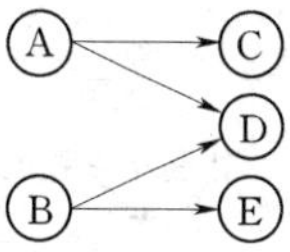
8	A、B 都均完成后进行 D，A、B、C 都完成后进行 E，D、E 都完成后进行 F	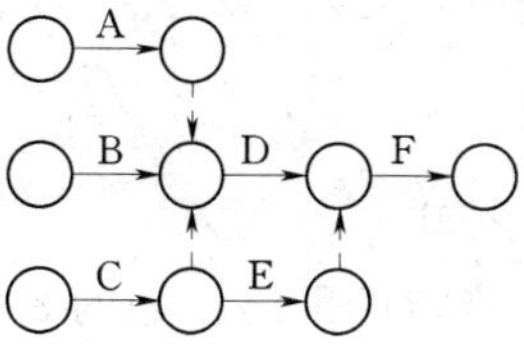	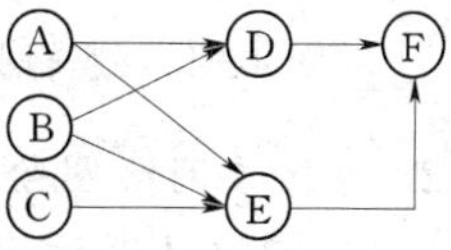

续表

序号	工作之间的逻辑关系	双代号网络图中表示方法	单代号网络图中表示方法
9	A、B两项先后进行的工作，在平面上分为三个施工段	A_1 A_2 A_3 B_1 B_2 B_3	A_1 A_2 A_3 B_1 B_2 B_3

(3) 虚工作在双代号网络图中的应用。

1) 在双代号网络图中，对虚工作的运用是一个十分重要的问题。虚工作就是虚箭线，它并不表示一项工作，而是在绘制网络图时根据逻辑关系的需要而增设的。虚箭线的作用主要是帮助正确表达各工作间的关系，避免逻辑错误。

2) 虚箭线在工作的逻辑连接方面的应用。绘制网络图时，经常会遇到上表中的第七种情况，A工作结束后可同时进行C、D两项工作。B工作结束后进行D工作。从这四项工作的逻辑关系可以看出，A的紧后工作为C，B的紧后工作为D，但D又是A的紧后工作，为了把A、D两项工作紧前紧后的关系表达出来，这时需要引入虚工序，表示工作间的逻辑关系。因虚箭线的持续时间是零，虽然A、D间隔有一条虚箭线，又有两个节点，但两者的关系仍是在A工作完成后，D工作才可以开始。

3) 双代号网络图中的“断路”法。绘制双代号网络图时，最容易产生的错误是把本来没有逻辑关系的工作联系起来了，使网络图发生逻辑上的错误。这时就必须使用虚箭线在图上加以处理，以隔断不应有的工作联系。用虚箭线隔断网络图中无逻辑关系的各项工作的方法称为“断路”法。产生错误的地方总是在同时有多条内向和外向箭线的节点处。

例如，某现浇楼板工程的网络图，有三项施工过程（支模板、扎钢筋、浇筑混凝土），分三段施工，如绘制成如图4-12所示的形式就错了。第一施工段的浇筑混凝土与第二施工段的支模板没有逻辑上的关系；同样第二施工段浇筑混凝土与第三施工段的支模板没有逻辑上的关系，但在图中却连起来了，这是网络图中原则性的错误。产生错误的原因是把前后具有不同工作性质、不同关系的工作用一个节点连接起来所致，这在流水网络图中容易发生。用“断路”法可纠正此类错误，正确的网络图应如图4-13所示。这种“断路”法在组织分段流水作业的网络图中使用很多，十分重要。

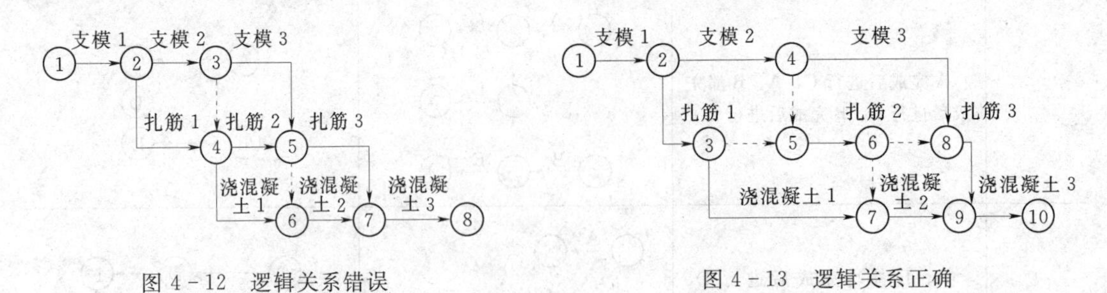

图4-12　逻辑关系错误　　图4-13　逻辑关系正确

2. 双代号网络图绘图基本规则

《工程网络计划技术规程》确定的网络计划的8条规则如下。

(1) 双代号网络图必须正确表达已定的逻辑关系。绘制网络图之前，要正确确定工作顺序，明确各工作之间的衔接关系，根据工作的先后顺序逐步把代表各项工作的箭线连接起来，绘制成网络图。

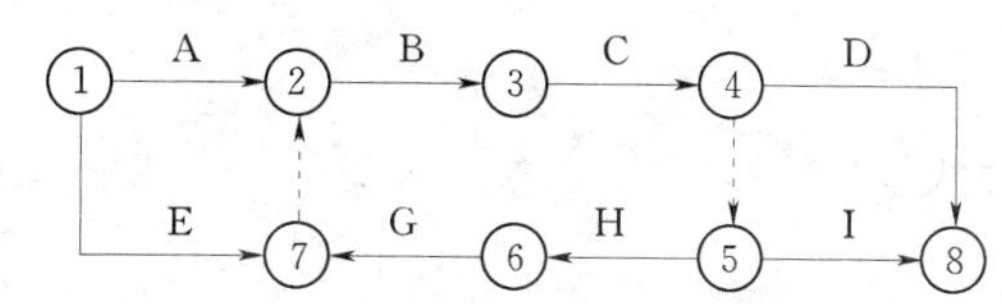

图 4-14　有循环回路的错误网络图

（2）双代号网络图中，严禁出现循环回路（或闭合回路）。即在网络图中，从一个节点出发顺着某一线路又能回到原出发点。如图 4-14 中②—③—④—⑤—⑥—⑦—②就是循环回路，它表示的逻辑关系是错误的，在工艺顺序上是相互矛盾的，应按各项工作的实际顺序予以改正。

（3）双代号网络图中，在节点之间严禁出现带双向箭头或无箭头的连线。错误的箭线画法如图 4-15 所示。

图 4-15　错误的箭线画法

（a）双向箭头的连线；（b）无箭头的连线

（4）双代号网络图中，严禁出现没有箭头节点或箭尾节点的箭线。没有箭尾和箭头节点的箭线如图 4-16 所示。

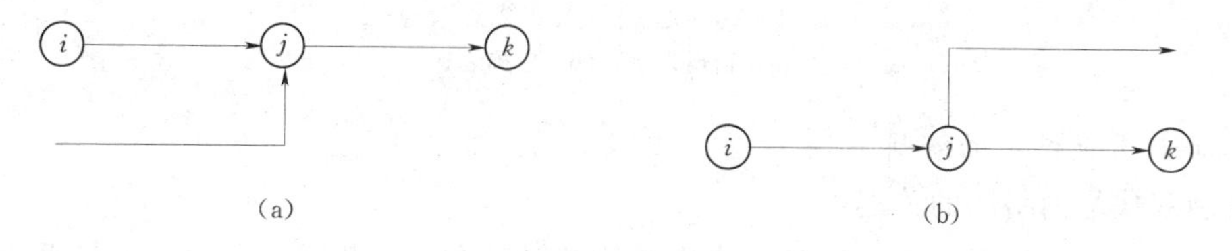

图 4-16　没有箭尾和箭头节点的箭线

（a）没有箭尾节点的箭线；（b）没有箭头节点的箭线

（5）当双代号网络图的某些节点有多条外向箭线或多条内向箭线时，在保证一项工作有唯一的一条箭线和对应有一对节点编号前提下，允许使用母线法绘图，如图 4-17 所示。

（6）绘制网络图时，箭线不宜交叉，当交叉不可避免时，通常选用断线法、过桥法或指向法，如图 4-18 所示。

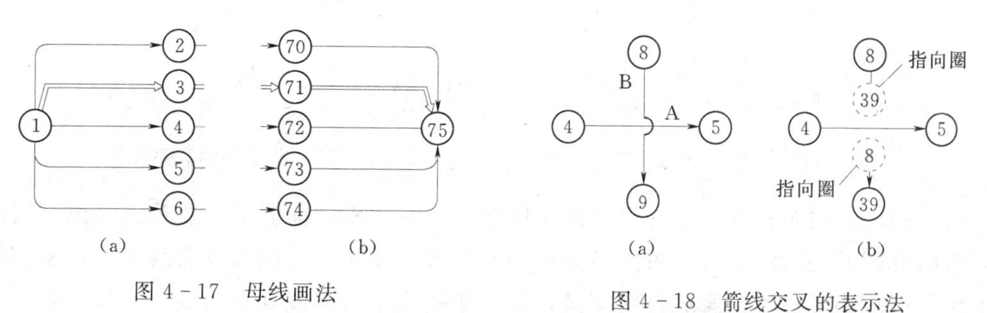

图 4-17　母线画法

图 4-18　箭线交叉的表示法

（a）过桥法；（b）指向法

（7）双代号网络图中的箭线宜保持自左向右的方向，不宜出现箭头向左的水平箭线和箭头偏向左放的斜向箭线，如图 4-19 所示。遵循这一原则绘制双代号网络图，不会出现循环回路。

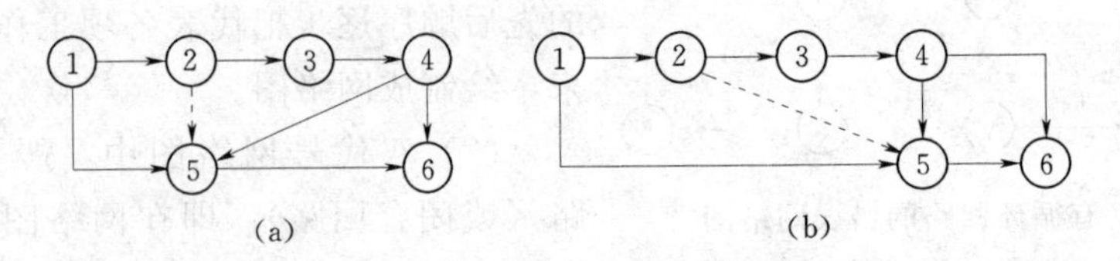

图 4-19　双代号网络图的表达

(a) 较差；(b) 较好

(8) 双代号网络图是由许多条线路组成的、环环相套的封闭图形，只允许一个起点节点（无内向箭线）；不是分期完成任务的网络图中，只允许一个终点节点（无外向箭线），而其他所有节点均是中间节点（既有内向箭线，又有外向箭线），如图 4-20 所示。

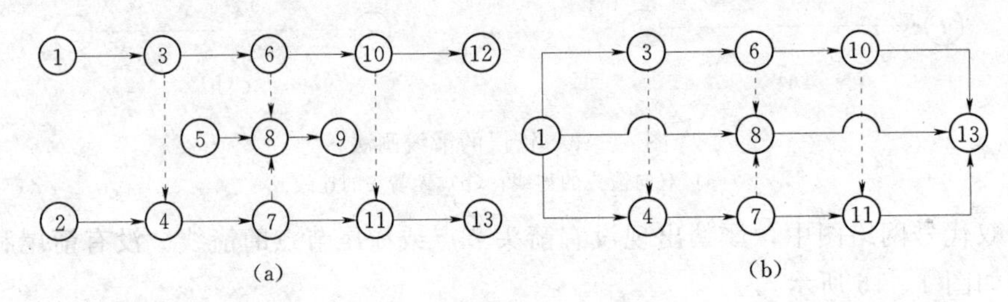

图 4-20　起点节点和终点节点

(a) 错误表达；(b) 正确表达

3. 双代号网络图的绘制

绘制双代号网络图的关键：

(1) 要正确运用虚工作，反映工作之间的逻辑关系。判断网络图的正确与否，应从网络图是否符合工艺逻辑关系要求、是否符合施工组织程序要求、是否满足空间逻辑关系要求三个方面分析。当遇到逻辑关系难以表达时，需正确应用虚工作的联系、区分和断开的作用，如图 4-21～图 4-24 所示。

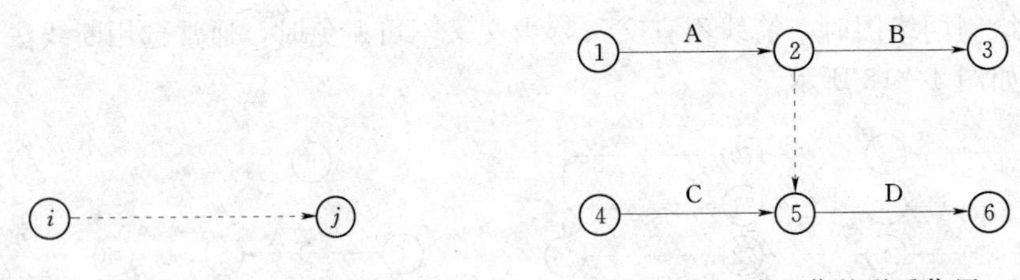

图 4-21　虚工作的表示方法

图 4-22　虚工作的联系作用

(2) 网络图的布置方法。在保证网络图逻辑关系正确的前提下，要重点突出，层次清晰，布局合理。关键线路应尽可能布置在中心位置，用粗箭线或双线箭线画出；密切相关的工作尽可能相邻布置，避免箭线交叉，尽量采用水平箭线或垂直箭线。

为了使网络计划更确切地反映建筑工程施工特点，绘图时可根据不同的工程情况、施工组织和使用要求灵活排列，以简化层次，使各个工作间在工艺上和组织上的逻辑关系更清晰，便于管理人员掌握，便于计划的计算和调整。因此，建筑工程施工进度网络计划常

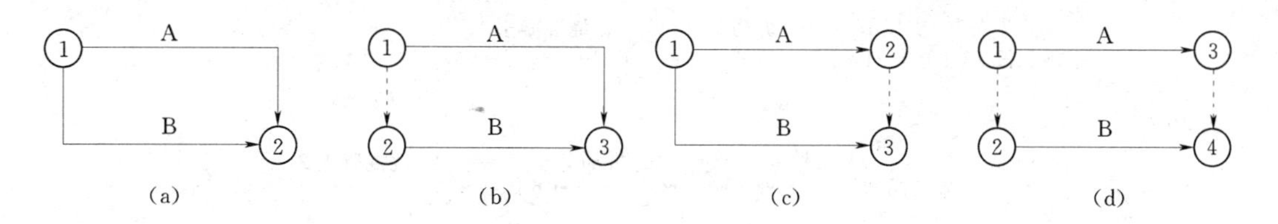

图 4-23　虚工作的区分作用

(a) 错误；(b)、(c) 正确；(d) 多余虚工作

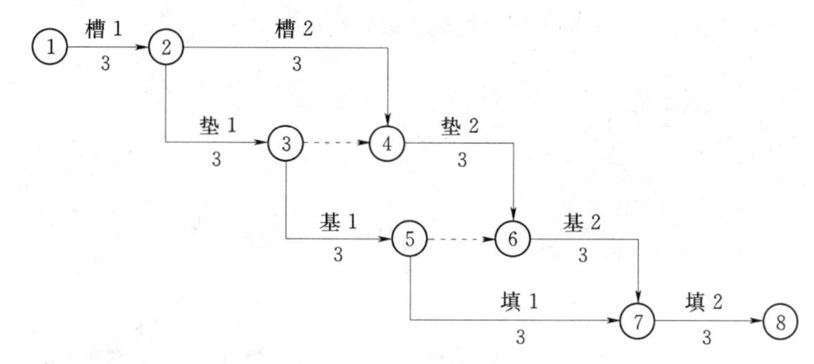

图 4-24　虚工作的断开作用

采用下列几种排列方法。

1）按工种排列法。它是将同一工种的各项工作排列在同一水平方向上的方法，如图 4-25 所示。此时网络计划突出表示工种的连续作业。

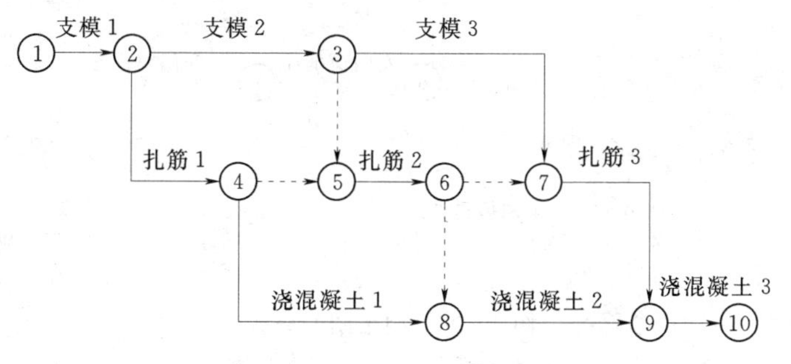

图 4-25　按工种排列的网络图

2）按施工段排列法。它是将同一施工段的各项工作排列在同一水平方向上的方法，如图 4-26 所示。此时网络计划突出表示工作面的连续作业。

3）按施工层排列法。如果在流水作业中，若干个不同工种工作，沿着建筑物的楼层展开时，可以把同一楼层的各项工作排在同一水平线上，图 4-27 是内装修工程的三项工作按楼层自上而下的施工流向进行施工的网络图。

4）其他排列方法。网络图的其他排列方法有：按施工或专业单位排列法、按栋号排列法、按分部工程排列法、混合排列法等。

当网络图的工作数目过多时，可将其分解为几块在一张或若干张图上来绘制，如图 4-28 所示。各块之间的分界点宜设在箭线和事件较少的部位，或按照施工部分、日历时间来分块。

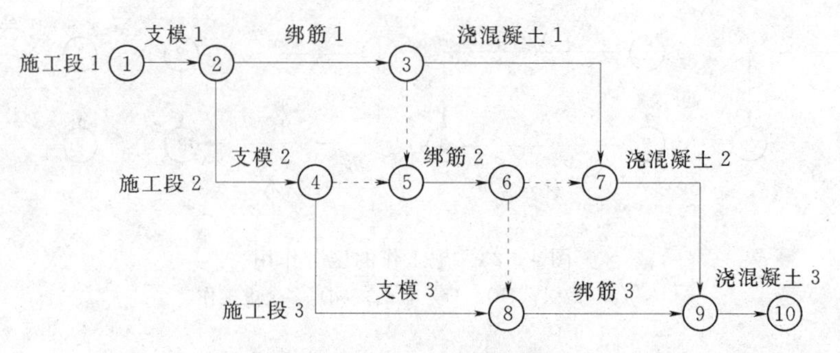

图 4-26　按施工段排列的网络图

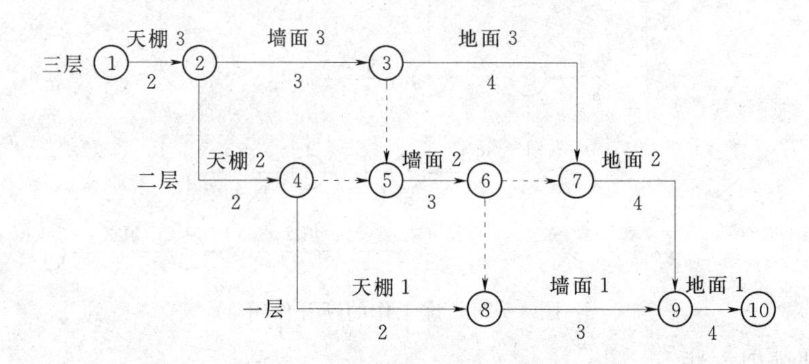

图 4-27　按施工层排列的网络图

分界点的事件编号要相同，且该事件应画成双层圆圈。如基础工程和砌筑工程可以分为相应的两块绘制网络图。

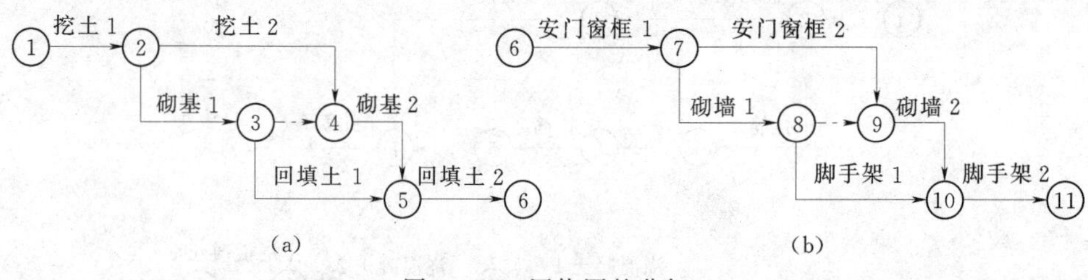

图 4-28　网络图的分解

(a) 基础工程；(b) 主体工程

4. 网络图的绘制步骤

(1) 根据已知资料，找出工作之间的逻辑关系，在已知紧前工作的前提下，找出每项工作的紧后工作。

(2) 找出起始工作，从起始工作开始，自左至右依次绘出每项工作的紧后工作，直至结束工作全部绘完为止。

在绘制过程中，只有当紧前工作全部绘制完成后才能绘制本工作。

1) 当所绘制的工作只有一个紧前工作时，则将该工作的箭线直接画在其紧前工作的完成节点之后即可。

2) 当所绘制的工作有多项紧前工作时，应按以下情况分别考虑：

① 如果在其紧前工作中存在一项只作为本工作紧前工作的工作时，则将本工作的箭

线直接画在该紧前工作结束节点之后，然后用虚箭线分别将其他紧前工作的完成节点与本工作的开始节点相连。

② 如果在其紧前工作中存在多项只作为本工作紧前工作的工作时，则将该工作的所有紧前工作的结束点以虚工作或直接合并至一个节点，再从该节点绘出该工作的箭线和结束节点。

（3）合并没有紧后工作的箭线，即为终点节点。

（4）检查工作之间的逻辑关系有无错、漏，并进行修正。

（5）按网络图绘图规则的要求完善网络图。

（6）按网络图的编号要求将节点进行编号。

【例 4－1】 已知网络图的资料见表 4－2。根据表 4－2 中各工作的逻辑关系，绘制双代号网络图。

表 4－2　　网络图的资料

工作	A	B	C	D	E	G	H
紧前工作	—	—	—	—	A、B	B、C、D	C、D

根据表 4－2 列出各项工作的逻辑关系，见工作的逻辑关系表 4－3。

表 4－3　　各工作的逻辑关系

工　作	A	B	C	D	E	G	H
紧前工作	—	—	—	—	A、B	B、C、D	C、D
紧后工作	E	E、G	G、H	G、H	—	—	—

根据工作的逻辑关系表 4－3 画出双代号网络图，见图 4－29。通常按一种工作关系绘制，按另一种关系检查。

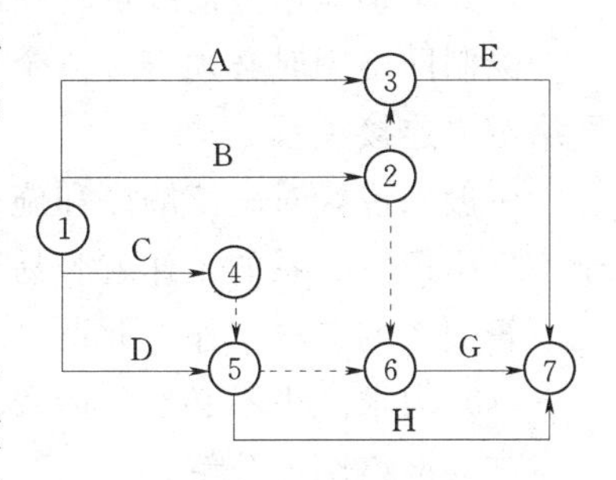

图 4－29　正式网络图

5．绘制网络图应注意的问题

（1）网络图的布局要条理清楚，重点突出。

虽然网络图主要用以反映各项工作之间的逻辑关系，但是为了便于使用，还应安排整齐，条理清楚，突出重点。尽量把关键工作和关键线路布置在中心位置，尽可能把密切相连的工作安排在一起，尽量减少斜箭线而采用水平箭线，尽可能避免交叉箭线出现，如图 4－30、图 4－31 所示。

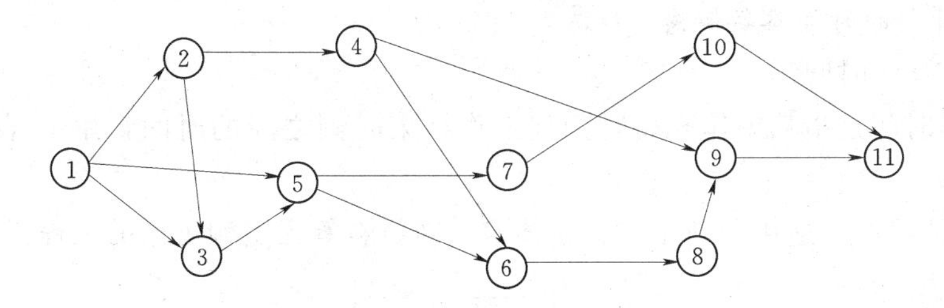

图 4－30　布置条理不清楚，重点不突出

（2）交叉箭线的画法。

当网络图中不可避免地出现交叉时，不能直接相交画出，如图 4－32（a）是错误的。

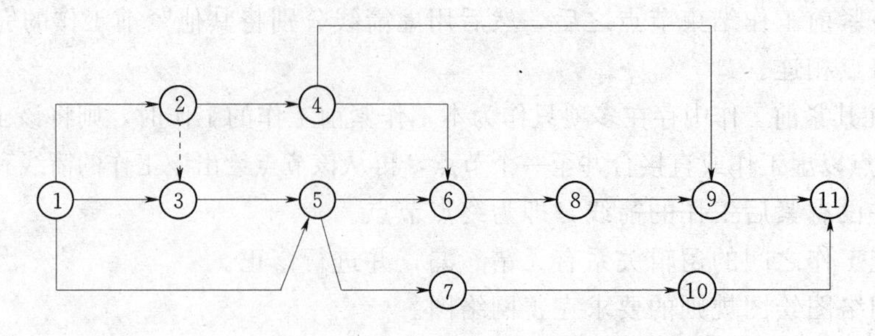

图 4-31　布置条理清楚，重点突出

目前采用两种方法来解决。一种称为“过桥法”，另一种称为“指向法”，如图 4-32(b)、(c) 所示。

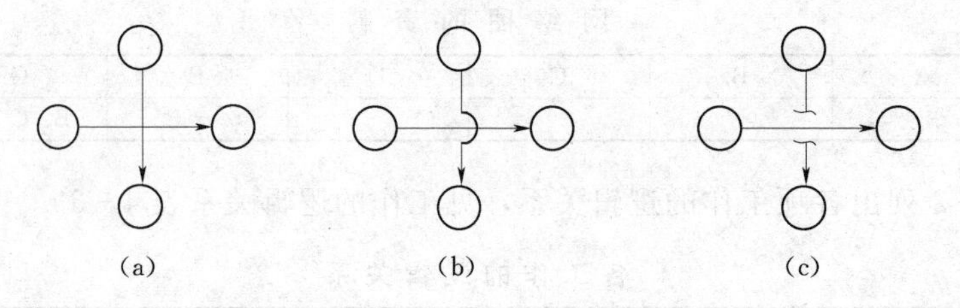

图 4-32　交叉箭线示意图

(a) 错误；(b)、(c) 正确

(3) 正确应用虚箭线进行断路。

绘制网络图时必须符合三个条件：符合施工顺序的关系；符合流水施工的要求；符合网络逻辑连接关系。

一般来说，对施工顺序和施工组织上必须衔接的工作，绘图时不易产生错误，但是对于不发生逻辑关系的工作就容易产生错误。遇到这种情况时，采用虚箭线加以处理，隔断无逻辑关系的各项工作，此谓“断路”。

(4) 力求减少不必要的箭线和节点。

(5) 网络图的分解。

当网络图中的工作任务较多时，可以把它分成几个小块来绘制。

4.2.3　双代号网络计划的时间参数及其计算

1. 网络计划的时间参数概念

(1) 工作持续时间。

工作持续时间是指从工作开始时刻到工作结束时刻之间的时间，用 D 表示。其主要的计算方法有：

1) 经验估算法。适用于新工艺、新技术、新材料等无定额可循的工程。

2) 定额法。

3) 工期倒推法。

(2) 工期。

工期是指完成全部工程所需要的时间。一般有以下三种形式：

1）要求工期。委托人要求的强制性的工期，用 T_r表示。

2）计算工期。根据时间参数，通过计算所得到的工期，用 T_C表示。

3）计划工期。在满足要求工期的前提下，施工方为实现工期目标而制定的事实目标的工期，用 T_p表示。

（3）工作的时间参数。

工作的时间参数有最早开始时间和最早完成时间、最迟开始时间和最迟完成时间以及工作的总时差和自由时差等。

1）最早开始时间和最早完成时间及其计算程序。

最早开始时间是该工作在其所有紧前工作全部完成后，本工作有可能开始的最早时刻。工作 $i-j$ 的最早开始时间用ES_{i-j}表示。

最早完成时间是该工作在其所有紧前工作全部完成后，本工作有可能完成的最早时刻。工作 $i-j$ 的最早完成用EF_{i-j}表示。

这类时间参数受起点节点的控制。其计算程序是：自起点节点开始，顺着箭线方向，先算最早开始时间，再算最早完成时间，用累加的方法计算到终点节点。即：沿线累加，逢圈取大。

2）最迟完成时间和最迟开始时间。

最迟完成时间是在不影响整个任务按期完成的条件下，本工作最迟必须完成的时刻，工作 $i-j$ 的最迟完成时间用LF_{i-j}表示。

最迟开始时间是在不影响整个任务按期完成的条件下，本工作最迟必须开始的时刻，工作 $i-j$ 的最迟开始时间用LS_{i-j}表示。

这类时间参数受终点节点（即计算工期）的控制。其计算程序是：自终点节点开始，逆着箭线方向，先算最迟完成时间，再算最迟开始时间，用累减的方法计算到起点节点。即：逆线累减，逢圈取小。

3）总时差和自由时差。

总时差是在不影响总工期的前提下，本工作可以利用的机动时间。工作 $i-j$ 的总时差用 TF_{i-j}表示。

自由时差是在不影响其紧后工作最早开始的前提下，本工作可以利用的机动时间。工作 $i-j$ 的自由时差用 FF_{i-j}表示。

（4）双代号网络计划中节点的时间参数及其计算程序。

1）节点最早时间。节点最早时间是指双代号网络计划中，以该节点为开始节点的各项工作的最早开始时间。节点 i 的最早时间用ET_i表示。

计算程序是：自起点节点开始，顺着箭线方向，用累加的方法计算到终点节点。

2）节点最迟时间的计算。节点最迟时间是指双代号网络计划中，以该节点为完成节点的各项工作的最迟完成时间。

如果有要求工期时：终点节点最迟时间 LT_n＝要求工期或合同工期。

如果无要求工期时：$LT_n=ET_n$，因为我们在制定工程计划时，总希望计划能尽早实现。

相对于终点节点，每个节点均有一个最迟时间，j 是 i 的任一紧后工作的完成节点。则

$$LT_i = \min\{LT_j - D_{i-j}\}$$

其计算程序是：节点最早时间 ET “沿线累加、逢圈取大”；节点最迟时间 LT “逆线累减，逢圈取小”。

（5）双代号网络计划常用符号。

D_{i-j}——$i-j$ 工作的持续时间；

ES_{i-j}——$i-j$ 工作的最早开始时间；

LS_{i-j}——$i-j$ 工作的最迟开始时间；

EF_{i-j}——$i-j$ 工作的最早完成时间；

LF_{i-j}——$i-j$ 工作的最迟完成时间；

TF_{i-j}——$i-j$ 工作的总时差；

FF_{i-j}——$i-j$ 工作的自由时差；

ET_i——i 节点的最早时间；

ET_j——j 节点的最早时间；

LT_i——i 节点的最迟时间；

LT_j——j 节点的最迟时间。

2. 网络图计算的目的、方法

网络图计算的目的是：确定各项工作的最早开始和最早完成时间、最迟开始和最迟完成时间以及工作的各种时差，从而确定计划的总工期，做到工程进度心中有数；确定关键路线和关键工作，便于施工中抓住重点，向关键线路要时间，为网络计划的执行、调整和优化提供依据；确定非关键工作及其在施工过程中时间上的机动性有多大，便于挖掘潜力，统筹全局，部署资源。

时间参数计算的方法有很多种，如分析计算法、节点计算法、图上计算法、表上计算法等。

3. 双代号网络计划时间参数的计算

（1）分析计算法。

分析计算法是根据各项时间参数计算公式，列式计算时间参数的方法。下面以图 4-33 为例进行分析计算。注意，虚工作亦应计算。

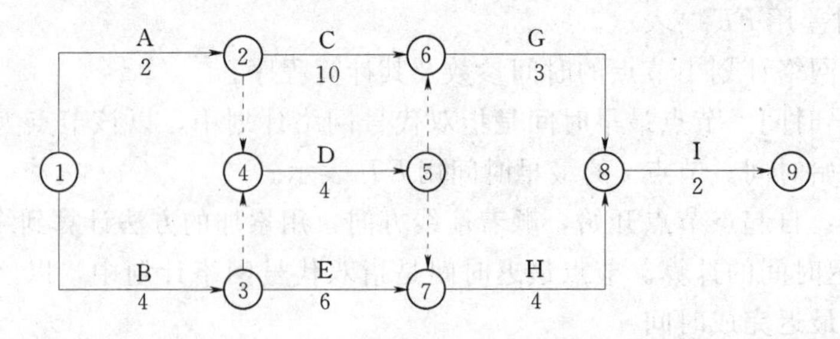

图 4-33 某工程项目网络图

1）最早开始时间和最早完成时间的计算。各项工作的最早完成时间等于其最早开始时间加上工作的持续时间，即

$$EF_{i-j} = ES_{i-j} + D_{i-j} \tag{4-1}$$

计算工作最早开始时间有以下三种情况：

①以网络计划的起点节点为开始节点的工作的最早开始时间为零或规定时间，如网络计划的起点节点的编号为1，即

$$ES_{1-j}=0 \tag{4-2}$$

②当工作只有一项紧前工作时，该工作的最早开始时间等于其紧前工作的最早完成时间，即

$$ES_{i-j}=EF_{h-i}=ES_{h-i}+D_{h-i} \tag{4-3}$$

③当工作有多项紧前工作时，其工作的最早开始时间等于其所有紧前工作的最早完成时间的最大值，即等于其所有紧前工作的最早开始时间加该紧前工作的持续时间所得之和的最大值

$$ES_{i-j}=\max\{EF_{h-i}\}=\max\{ES_{h-i}+D_{h-i}\} \tag{4-4}$$

如图4-33所示的网络图中，各工作的最早开始时间和最早完成时间的计算如下：

$$ES_A=0$$
$$EF_A=ES_A+D_A=0+2=2$$
$$ES_B=0$$
$$EF_B=ES_B+D_B=0+4=4$$
$$ES_C=EF_A=2$$
$$EF_C=ES_B+D_B=2+10=12$$
$$ES_E=EF_B=4$$
$$EF_E=ES_E+D_E=4+6=10$$
$$ES_D=\max\{EF_A, EF_B\}=\max\{2, 4\}=4$$
$$EF_D=ES_D+D_D=4+4=8$$
$$ES_G=\max\{EF_C, EF_D\}=\max\{12, 8\}=12$$
$$EF_G=ES_G+D_G=12+3=15$$
$$ES_H=\max\{EF_E, EF_D\}=\max\{10, 8\}=10$$
$$EF_H=C+D_H=10+4=14$$
$$ES_I=\max\{EF_G, EF_H\}=\max\{15, 14\}=15$$
$$EF_I=ES_I+D_I=15+2=17$$

从上面的计算可以看出，工作的最早时间计算时应特别注意以下三点：一是计算程序，即从起点节点开始顺着箭线方向，按照节点次序逐项工作计算；二是要弄清该工作的紧前工作有哪些，以便进行比较计算；三是同一节点的所有外向工作最早开始时间相同。

2）网络图计划工期的确定当规定了要求工期时，网络计划的计划工期应小于或等于要求工期，即

$$T_p \leqslant T_r \tag{4-5}$$

当规定了要求工期时，网络计划的计划工期应等于计算工期，网络计划的计算工期是根据时间参数计算得到的工期，等于以网络计划的终点节点为完成节点的工作的最早完成时间的最大值，如网络计划的终点节点的编号为 n，则网络计划的计算工期 $T_c=\max\{EF_{i-n}\}$

$$T_p=T_c=\max\{EF_{i-n}\} \tag{4-6}$$

3）工作最迟完成时间和最迟开始时间的计算。各项工作的最迟开始时间等于其最迟完成时间减去本工作的持续时间，即

$$LS_{i-j}=LF_{i-j}-D_{i-j} \tag{4-7}$$

计算工作最迟完成时间有以下三种情况：

① 当工作的完成节点为网络图的终点节点时，该工作最迟完成时间为网络计划的计划工期，即

$$LF_{i-n}=T_p \tag{4-8}$$

② 当工作只有一项紧后工作时，该工作的最迟完成时间应为其紧后工作的最迟开始时间，即

$$LF_{i-j}=LS_{j-k}=LF_{j-k}-D_{j-k} \tag{4-9}$$

③ 当工作有多项紧后工作时，该工作的最迟完成时间应为其所以紧后工作的最迟开始时间的最小值，即

$$LF_{i-j}=\min\ \{LS_{j-k}\}\ =\min\ \{LF_{j-k}-D_{j-k}\} \tag{4-10}$$

如图 4-33 所示的网络图中，各工作的最迟完成时间和最迟开始时间的计算如下：

$$LF_I=T_p=T_c=17$$
$$LS_I=LF_I-D_I=17-2=15$$
$$LF_G=LS_I=15$$
$$LS_G=LF_G-D_G=15-3=12$$
$$LF_H=LS_I=15$$
$$LS_H=LF_H-D_H=15-4=11$$
$$LF_C=LS_G=12$$
$$LS_C=LF_C-D_C=12-10=2$$
$$LF_E=LS_H=11$$
$$LS_E=LF_E-D_E=11-6=5$$
$$LF_D=\min\ \{LS_G,\ LS_H\}\ =\min\ \{12,\ 11\}\ =11$$
$$LS_D=LF_D-D_D=11-4=7$$
$$LF_A=\min\ \{LS_C,\ LS_D\}\ =\min\ \{2,\ 7\}\ =2$$
$$LS_A=LF_A-D_A=2-2=0$$
$$LF_B=\min\ \{LS_D,\ LS_E\}\ =\min\ \{7,\ 5\}\ =5$$
$$LS_B=LF_B-D_B=5-4=1$$

从上面的计算可以看出，工作的最迟时间计算时应特别注意以下三点：①计算程序，即从终点节点开始逆着箭线方向，按照节点次序逐项工作计算；②要弄清该工作的紧后工作有哪些，以便进行比较计算；③同一节点的所有内向工作最迟完成时间相同。

4）工作时差的计算。

① 总时差的计算。工作总时差等于工作最迟开始时间减去最早开始时间，或工作最迟完成时间减去最早完成时间。

如图 4-33 所示的网络图中，各工作的总时差计算如下：

$$TF_A=LS_A-ES_A=0-0=0$$

$$TF_B=LS_B-ES_B=1-0=1$$

$$TF_C=LS_C-ES_C=2-2=0$$

$$TF_D=LS_D-ES_D=7-4=3$$

$$TF_E=LS_E-ES_E=5-4=1$$

$$TF_G=LS_G-ES_G=12-12=0$$

$$TF_H=LS_H-ES_H=11-10=1$$

$$TF_I=LS_I-ES_I=15-15=0$$

从上面的计算可以看出，工作的总时差有以下特性：

第一，凡是总时差为最小的工作就是关键工作；由关键工作自始至终连接形成的线路为关键线路，关键线路上各工作时间之和即为总工期。如图 4－33 所示，工作 A、C、G、I 为关键工作，线路①—②—⑥—⑧—⑨为关键线路。

第二，当计划工期等于计算工期时，关键工作的总时差为零，凡是总时差大于零的为非关键工作，凡是具有非关键工作的线路即为非关键线路。

第三，总时差的使用具有双重性，它既可以被该工作使用，但又属于某非关键线路所共有。当某项工作使用了全部或部分总时差时，则将引起通过该工作的线路上所有工作总时差重新分配。例如图 4－33 中，非关键线路①—②—④—⑤—⑦—⑧—⑨中，$TF_D=3$ 天，$TF_H=1$ 天，如果工作 D 使用了 3 天机动时间，则工作 H 就没有总时差可以利用；反之若工作 H 使用了 1 天机动时间，则工作 D 就只有 23 天机动时间可以利用了。

② 自由时差的计算。计算工作自由时差有以下三种情况：

第一种，当工作只有一项紧后工作时，工作自由时差等于该工作的紧后工作的最早开始时间减去本工作最早结束时间的值。即

$$FF_{i-j}=ES_{j-k}-EF_{i-j} \tag{4-11}$$

或

$$FF_{i-j}=ES_{j-k}-ES_{i-j}-D_{i-j} \tag{4-12}$$

第二种，当工作有多项紧后工作时，工作自由时差等于该工作的所有紧后工作的最早开始时间的最小值减去本工作最早结束时间的值。即

$$FF_{i-j}=\min\{ES_{j-k}\}-EF_{i-j} \tag{4-13}$$

或

$$FF_{i-j}=\min\{ES_{j-k}\}-ES_{i-j}-D_{i-j} \tag{4-14}$$

第三种，当以终点节点（$j=n$）为完成节点的工作，其自由时差应按网络计划的计划工期 T_p 确定，即

$$FF_{i-n}=T_p-EF_{i-n} \tag{4-15}$$

或

$$FF_{i-n}=T_p-ES_{i-n}-D_{i-n} \tag{4-16}$$

如图 4－33 所示的网络图中，各工作的总时差计算如下：

$$FF_A=\min\{ES_C,\ ES_D\}-EF_A=\min\{2,\ 4\}-2=2-2=0$$

$$FF_B=\min\{ES_E,\ ES_D\}-EF_B=\min\{4,\ 4\}-4=4-4=0$$

$$FF_C=ES_G-EF_C=12-12=0$$

$$FF_D=\min\{ES_G,\ ES_H\}-EF_D=\min\{12,\ 10\}-8=10-8=2$$

$$FF_E=ES_H-EF_E=10-10=0$$

$$FF_G = ES_I - EF_G = 15-15=0$$

$$FF_H = ES_I - EF_H = 15-14=1$$

$$FF_I = T_p - EF_I = 17-17=0$$

从上面的计算可以看出，工作的自由时差有以下特性：

第一，自由时差为某非关键工作独立使用的机动时间，利用自由时差，不会影响其紧后工作的最早开始时间。如图4-33所示，工作D有2天自由时差，如果使用2天的机动时间，也不影响其紧后工作G和工作H的最早开始时间。

第二，非关键工作的自由时差一定小于或等于其总时差。

③ 工作的相关（干扰）时差。工作的相关时差是指可以与紧后工作共同利用的机动时间。具体地说，它是在工作总时差中，除自由时差外，剩余的那部分时差。工作 $i-j$ 的相关时差用 IF_{i-j} 表示，其计算公式如下

$$IF_{i-j} = TF_{i-j} - FF_{i-j} = LT_j - ET_j \tag{4-17}$$

④ 工作的独立时差。工作的独立时差是指为本工作所独有而其前后工作不可能利用的时差。即在不影响紧后工作按照尽最早开始时间开工的前提下，允许该工作推迟其最迟开始时间或延长其持续时间的幅度，工作 $i-j$ 的独立时差用 DF_{i-j} 表示，其计算公式如下

$$DF_{i-j} = ET_j - LT_i - D_{i-j} = FF_{i-j} - IF_{h-i} \tag{4-18}$$

式中 IF_{h-i}——工作 $i-j$ 的紧前工作 $h-i$ 的相关时差。

5）节点时间参数的计算。

① 节点最早时间 ET 的计算。节点最早时间是指该节点所有紧后工作的最早可能开始时刻，即以该节点为完成节点的所有工作最早完成时间的最大值。i 是 j 的任一紧前工作的开始节点，其计算有三种情况：

第一种，起点节点（$i=1$）代表整个网络计划的开始，如没规定最早时间，为计算简便，可假定其值为零，即

$$ET_1 = 0 \tag{4-19}$$

实际应用时，可将其换算为日历时间。如一项计划任务开始的日历时间为5月5日，则第1天就代表5月5日。

第二种，当节点 j 只有一条内向箭线时，最早时间应为

$$ET_j = ET_i + D_{i-j} \tag{4-20}$$

第三种，当节点 j 有多条内向箭线时，最早时间应为

$$ET_j = \max\{ET_i + D_{i-j}\} \tag{4-21}$$

终点节点 n 的最早时间为网络计划的计算工期，即

$$ET_n = T_c \tag{4-22}$$

如图4-33所示的网络图中，各节点的最早时间计算如下：

$$ET_1 = 0$$

$$ET_2 = ET_1 + D_{1-2} = 0+2=2$$

$$ET_3 = ET_1 + D_{1-3} = 0+4=4$$

$$ET_4 = \max\{ET_2 + D_{2-4}，ET_3 + D_{3-4}\} = \max\{2+0，4+0\} = 4$$

$$ET_5 = ET_4 + D_{4-5} = 4+4=8$$

$$ET_6 = \max\{ET_2 + D_{2-6}, ET_5 + D_{5-6}\} = \max\{2+10, 8+0\} = 12$$

$$ET_7 = \max\{ET_3 + D_{3-7}, ET_5 + D_{5-7}\} = \max\{4+6, 8+0\} = 10$$

$$ET_8 = \max\{ET_6 + D_{6-8}, ET_7 + D_{7-8}\} = \max\{12+3, 10+4\} = 15$$

$$ET_9 = ET_8 + D_{8-9} = 15 + 2 = 17$$

综上所述，节点最早时间应从起点节点开始计算，假定 $ET_1 = 0$，然后顺着箭线，按节点编号递增的顺序进行，沿线累加、逢圈取大，直至终点节点为止。

② 节点最迟时间 LT 的计算。节点最迟时间是指该节点所有紧前工作最迟必须结束的时刻，即以该节点为完成节点的所有工作最迟必须结束的时刻。若迟于这个时刻，紧后工作就要推迟开始，整个网络计划的工期就要延误。其计算有三种情况：

第一种，终点节点 n 的最迟时间应等于网络计划的计划工期，即

$$LT_n = T_p \tag{4-23}$$

第二种，当节点 i 只有一条外向箭线时，最迟时间应为

$$LT_i = LT_j - D_{i-j} \tag{4-24}$$

第三种，当节点 j 有多条外向箭线时，最迟时间应为

$$LT_i = \min\{LT_j - D_{i-j}\} \tag{4-25}$$

如图 4-33 所示的网络图中，各节点的最迟时间计算如下：

$$LT_9 = T_p = T_C = 17$$

$$LT_8 = LT_9 - D_{8-9} = 17 - 2 = 15$$

$$LT_7 = LT_8 - D_{7-8} = 15 - 4 = 11$$

$$LT_6 = LT_8 - D_{6-8} = 15 - 3 = 12$$

$$LT_5 = \min\{LT_6 - D_{5-6}, LT_7 - D_{5-7}\} = \min\{12-0, 11-0\} = 11$$

$$LT_4 = LT_5 - D_{4-5} = 11 - 4 = 7$$

$$LT_3 = \min\{LT_4 - D_{3-4}, LT_7 - D_{3-7}\} = \min\{7-0, 11-6\} = 5$$

$$LT_2 = \min\{LT_4 - D_{2-4}, LT_6 - D_{2-6}\} = \min\{7-0, 12-10\} = 2$$

$$LT_1 = \min\{LT_2 - D_{1-2}, LT_3 - D_{1-3}\} = \min\{2-2, 5-4\} = 0$$

综上所述，节点最迟时间的计算是从终点节点开始，首先确定 TL_n，然后逆着箭线，按照节点编号递减的顺序进行，逆线累减，逢圈取小，直到起点节点为止。

(2) 图上计算法。

图算法是按照各项时间参数计算公式的程序，直接在网络图上计算时间参数的方法。图算法的计算方法与顺序同公式计算法相同。由于计算过程在图上直接进行，不需列计算式，既快又不易出差错，计算结果直接标在网络图上，一目了然，同时也便于检查和修改，因此比较常用，如图 4-34 所示。

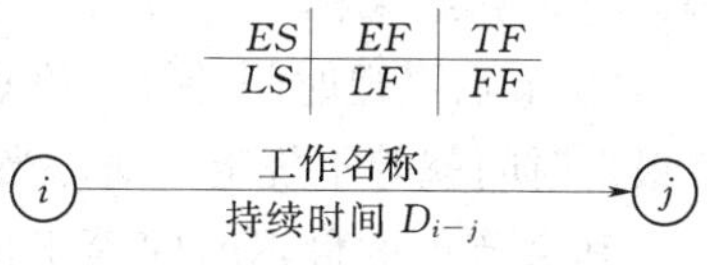

ES	EF	TF
LS	LF	FF

(i) —— 工作名称 / 持续时间 D_{i-j} ——→ (j)

图 4-34　工作时间参数标注法

1) 最早开始时间和最早完成时间的计算。以起点节点为开始节点的工作，其最早开始时间一般记为 0，如图 4-33 所示的工作 A 和工作 B。

其余工作的最早开始时间可以采用“沿线累加，逢圈取大”的方法算得。即从网络图的起点节点开始，沿每一条线路将各工作的持续时间累加起来，在每一个圆圈（节点）处，取到达

该圆圈的各条线路累加时间的最大值，就是以该节点为开始节点的各工作的最早开始时间。

工作的最早完成时间等于该工作最早开始时间加上本工作持续时间。

将计算结果直接标注在箭线上方对应的位置上，如图 4-35 所示。

2）工作最迟完成时间和最迟开始时间的计算。以终点节点为完成节点的工作，其最迟完成时间等于计划工期，如图 4-35 所示的工作Ⅰ。

其余工作的最迟完成时间可以采用“逆线累减，逢圈取小”的方法算得。即从网络图的终点节点开始，逆着每一条线路将计划工期依次减去各工作的持续时间，在每一个圆圈（节点）处，取后续线路累加时间的最小值，就是以该节点为完成节点的各工作的最迟完成时间。

工作的最迟开始时间等于该工作最迟完成时间减去本工作持续时间。

将计算结果直接标注在箭线上方对应的位置上，如图 4-35 所示。

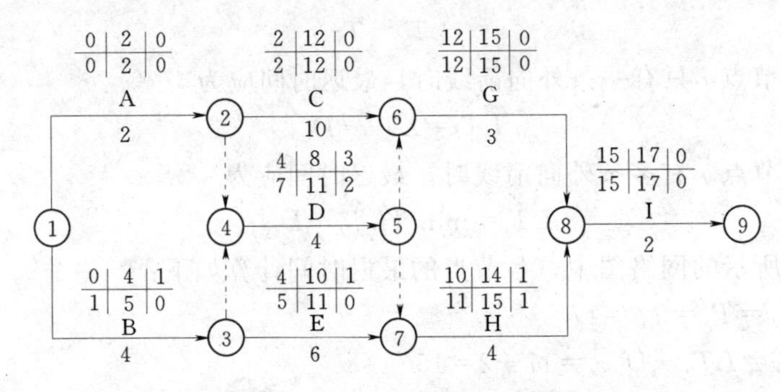

图 4-35　六时标图上计算

3）工作时差的计算。工作的总时差可采用“迟早相减，所得之差”的方法求得。即工作总时差等于工作最迟开始时间减去最早开始时间，或工作最迟完成时间减去最早完成时间。将计算结果标注在箭线上方对应的位置上，见图 4-35，工作自由时差等于该工作的所有紧后工作的最早开始时间的最小值减去本工作最早结束时间的值。可在图上相应位置直接相减得到，并将计算结果标注在箭线上方对应的位置上，如图 4-35 所示。

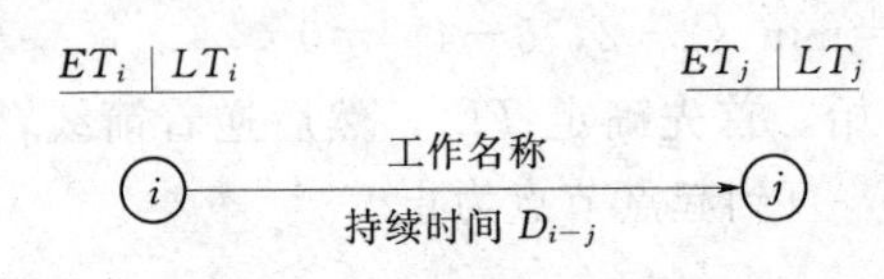

图 4-36　节点时间参数法

4）节点时间的图上计算。节点时间参数通常标注在节点的上方或下方，如图 4-36 所示。

① 节点最早时间计算。起点节点的最早时间一般记为 0，图 4-35 所示的①节点；其余节点的最早时间也可以采用“沿线累加，逢圈取大”的方法算得；将计算结果标注在节点上方对应的位置上，如图 4-37 所示。

② 节点最迟时间计算。终点节点的最迟时间等于计划工期。当网络计划有规定工期时，其最迟时间就等于规定工期；当没有规定工期时，其最迟时间就等于终点节点的最早时间。

其余节点的最迟时间等于也可以采用“逆线累减，逢圈取小”的方法算得。

将计算结果标注在节点上方对应的位置上，如图 4-37 所示。

（3）表上计算法。

表上计算法是依据分析计算法所求出的时间关系式，用表格形式进行计算的一种方法。在表上应列出拟计算的工作名称，各项工作的持续时间以及所求的各项时间参数。表算法的计算表格有多种形式，表 4-4 所示为常用的一种。

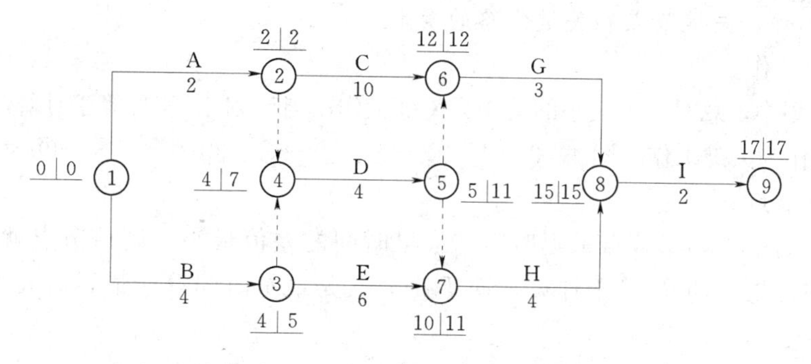

图 4-37　节点时间参数图上计算

表 4-4

网络计划时间参数计算表

工作一览表			工作时间参数						节点时间参数		备注
(1)	(2)	(3)	(4)	(5)	(6)	(7)	(8)	(9)	(10)	(11)	(12)
节点	工作名称	持续时间	ES_{i-j}	EF_{i-j}	LS_{i-j}	LF_{i-j}	TF_{i-j}	FF_{i-j}	ET_i	LT_i	
①	1—2A	2	0	2	0	2	0	0	0	0	关键工作
	1—3B	4	0	4	1	5	1	0			
②	2—6C	10	2	12	2	12	0	0	2	2	
	2—4	0									
③	3—7E	6	4	10	5	11	1	0	4	5	
	3—4	0									
④	4—5D	4	4	8	7	11	3	2	4	7	关键工作
⑤	5—6	0							5	11	
	5—7	0									
⑥	6—8G	3	12	15	12	15	0	0	12	12	关键工作
⑦	7—8H	4	10	14	11	15	1	1	10	11	
⑧	8—9I	2	15	17	15	17	0	0	15	15	关键工作
⑨									17	17	

下面仍以图 4-35 所示网络图为例，说明表上计算法的计算方法和步骤。

1）将工作的节点编号、工作（代号）名称、工作持续时间填入表格的第（1）、（2）、（3）栏。

2）从起点节点开始，顺着箭线计算各工作的最早开始时间 ES_{i-j} 和最早完成时间 EF_{i-j}，分别填入表格的第（4）、（5）栏。

3）从终点节点开始，逆着箭线计算各工作的最迟完成时间 LF_{i-j} 和最迟开始时间 LS_{i-j}，分别填入表格的第（6）、（7）栏。

4）计算工作的总时差 TF_{i-j} 和自由时差 FF_{i-j}，分别填入表格的第（8）、（9）栏。

5）自上而下计算各节点的最早时间 ET_i，分别填入表格的第（10）栏。

6）自下而上计算各节点的最迟时间 LT_i，分别填入表格的第（11）栏。

4. 关键工作、关键节点和关键线路的确定

（1）关键工作。

在网络计划中，总时差为最小的工作为关键工作；当计划工期 T_p 等于计算工期 T_c 时，总时差为零的工作为关键工作。图 4-37 中，①—②、②—⑥、⑥—⑧、⑧—⑨为关键工作。

（2）关键节点。

在网络计划中，如果节点最迟时间与最早时间的差值最小，则该节点就是关键节点。当网络计划的计划工期 T_p 等于计算工期 T_c 时，凡是最早时间等于最迟时间的节点就是关键节点。图 4-37 中，①、②、⑥、⑧、⑨。

关键工作两端的节点称为关键节点，关键节点具有如下规律。

1）网络计划的起始节点和终点节点必为关键节点。

2）关键工作两端的节点必为关键节点，但两关键节点之间的工作不一定是关键工作。

3）以关键节点为完成节点的工作，当 $T_p=T_c$ 时，其总时差和自由时差必然相等。其他非关键工作的自由时差小于总时差。

（3）关键线路的确定方法。

1）关键工作判断法。网络计划中，自始至终全部由关键工作（必要时经过一些虚工作）组成的线路，或线路上总的工作持续时间最长的线路为关键线路。如图 4-37 所示，线路①—②—⑥—⑧—⑨为关键线路。

2）关键节点判断法。由关键节点的特性可知，在网络计划中，关键节点必然处在关键线路上。图 4-37 中，节点①、②、⑥、⑧、⑨必然处在关键线路上。

3）网络破圈判断法。从网络计划的起点到终点顺着箭线方向，对每个节点进行考察，凡遇到节点有两个及以上的内向箭线时，都可以在该圈内按线路段工作时间长短，采取留长去短的方法而破圈，从而得到关键线路。如图 4-38（a）所示，通过考察节点③、④、⑤、⑥，去掉每个节点内向箭线所在线路段工作时间之和较短的工作，余下的工作即为关键工作，如图 4-38（b）中双线所示。

4）标号判断法。标号判断法是一种快速寻求网络计划计算工期和关键线路的方法。它利用节点计算法的基本原理，对网络计算计划中的每一个节点进行标号，然后利用标号值确定网络计划的计算工期和关键线路。

下面以图 4-38（a）所示双代号网络计划为例，说明标号法的计算过程，计算结果如图 4-38（b）所示。

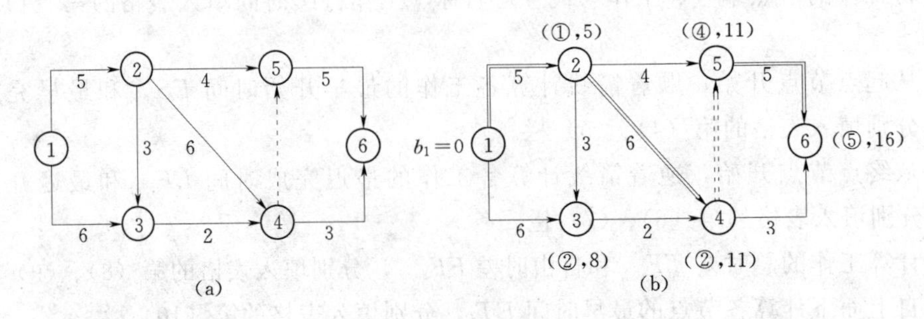

图 4-38　标号法图上计算

第一步，设起点节点①的标号值为零，即

$$b_1=0 \tag{4-26}$$

第二步，其他节点的标号值应根据式（4-27）按节点编号从小到大的顺序逐个进行计算

$$b_j=\max\{b_i+D_{i-j}\} \tag{4-27}$$

式中 b_j——工作 $i-j$ 的完成节点 j 的标号值；

b_i——工作 $i-j$ 的开始节点 i 的标号值；

D_{i-j}——工作 $i-j$ 的持续时间。

例如本例中

$$b_2=b_1+D_{1-2}=0+5=5$$

$$b_3=\max\{b_1+D_{1-3},\ b_2+D_{2-3}\}=\max\{0+6,\ 5+3\}=8$$

当计算出节点的标号值后，应该用其标号值及其源节点对该节点进行双标号。所谓源节点，就是用来确定本节点标号值的节点。例如在本例中，节点③的标号值8是由节点②所确定，故节点③的源节点就是节点②。

第三步，网络计划的计算工期就是网络计划终点节点的标号值。如在本例中，其计算工期就等于终点节点⑥的标号值16，$T_c=16$。

第四步，关键线路应从网络计划的终点节点开始，逆着箭线方向按源节点确定。例如在本例中，从终点节点⑥开始，逆向溯源可以找出关键线路为①→②→④→⑤→⑥。

4.3 双代号时标网络计划

时间坐标网络计划，简称时标网络计划，是以时间坐标为尺度编制的双代号网络计划。时标的时间单位应根据需要在编制网络计划之前确定，可以是天、周、月或季等。时标网络计划的工作以实箭线表示，自由时差以波形线表示，虚工作以虚箭线表示。

在上述的普通双代号网络计划中，箭线的长短并不表明时间的长短，而在双代号时标网络图中，箭线的长短及节点位置表示工作的时间进程，这是它与一般网络计划的主要区别。

时标网络计划既具有网络计划的优点，又具有横道计划直观易懂的优点，它将网络计划的时间参数直观地表达出来，是一种得到广泛应用的计划形式。

4.3.1 双代号时标网络计划的特点与适用范围

1. 双代号时标网络计划的主要特点

1）兼有横道计划的优点，能够清楚地表明计划的时间进程。

2）时标网络计划能在图上直接显示各项工作的开始与完成时间、自由时差及关键线路。

3）时标网络计划在绘制中受到时间坐标的限制，不易产生循环回路之类的逻辑错误。

4）可以利用时标网络计划直接统计资源的需要量，以便进行资源优化和调整。

5）因为箭线受时标的约束，故绘图不易，修改也较困难，往往要重新绘图，不过在使用计算机以后，这一问题已较易解决。

2. 双代号时标网络计划的适用范围

双代号时标网络计划适用于以下几种情况：

1）工作项目较少及工艺过程比较简单的工程。

2）局部网络计划。

3）作业性网络计划。

4）使用实际进度前峰线进行进度控制的网络计划。

4.3.2 双代号时标网络计划的编制

1. 绘制的基本要求

1）时间长度是以所有符号在时标表上的水平位置及其水平投影长度表示的，与其所代表的时间值相对应。

2）节点的中心必须对准时标的刻度线。

3）虚工作必须以垂直虚箭线表示。

4）工作有时差时加波形线表示。

5）时标网络计划宜按最早时间编制，不宜按最迟时间编制。

6）时标网络计划编制前，必须先绘制无时标网络计划。

2. 时标网络计划图的绘制步骤

（1）直接绘制法。

所谓直接绘制法，是指不计算时间参数，直接根据无时标网络计划在时标表上进行绘制时标网络计划的方法。其绘制步骤和方法如下。

1）确定坐标线。

2）将起点节点定位于时标表的起始刻度线上。

3）按工作持续时间在时标表上绘制起点节点的外向箭线。

4）工作的箭头节点必须在其所有内向箭线绘出以后，定位在这些内向箭线中最迟完成的实箭线箭头处。某些内向实箭线长度不足以到达该箭头节点时，可用波形线补足，波形线长度就是自由时差的大小。

5）虚工作绘垂直虚箭线，时差用波形线表示。

6）自始至终无波形线的为关键线路，关键工作用双线或粗线表示。

（2）间接绘制法。

所谓间接绘图法，是先计算网络计划各项工作的时间参数，再根据时间参数在时间坐标上进行绘制网络图的方法。

其绘制的步骤和方法如下：

1）绘制非时标网络计划草图，计算工作（或节点）最早时间。

2）根据需要确定时间单位并绘制时标。时间坐标可标注在时标网络图的顶部，也可标注在底部或上下均标注，时标的长度单位必须注明。必要时可加注日历时间。中部的竖向刻度线宜为细线，为使图面清楚，竖线可少画或不画。

3）根据网络图中各节点的最早时间或各工作的最早开始时间，从起点节点开始将各节点或各工作的开始节点逐个定位在时间坐标的纵轴上。

4）依次在各节点间绘出箭线长度及时差。若计算已确定了关键工作，则宜先画关键工作、关键线路，再画非关键工作。

箭线最好画成水平或由水平线和竖直线组成的折箭线，以直接表示其持续时间。如箭线画成斜线，则以其水平投影长度为其持续时间。如箭线长度不够与该工作的结束节点直接相连，则用波形线从箭线端部画至结束节点处。波形线的水平投影长度，即为该工作的时差。

5）用虚箭线连接各有关节点，将各有关的施工过程连接起来。

6）把从起点节点到终点节点无波形线的线路上的工作用双线或粗线表示，即形成时标网络计划的关键线路。

例如：已知双代号网络图（图 4－39），绘制出时标网络图（图 4－40）。

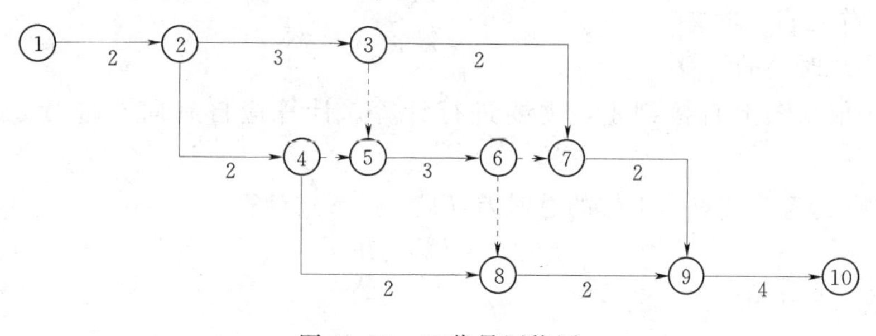

图 4－39　双代号网络图

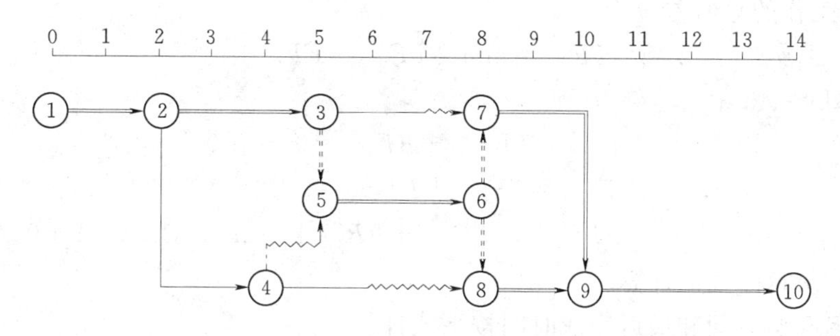

图 4－40　双代号时标网络计划

4.3.3　时标网络计划的关键线路和时间参数的确定

1. 关键线路的确定

时标网络计划中的关键线路可以从网络计划的终点节点开始，逆着箭线方向进行判定。凡自始至终不出现波形线的线路即为关键线路。因为不出现波形线，就说明在这条线路上相邻两项工作之间的时间间隔全部为零，也就是在计算工期等于计划工期的前提下，这些工作的总时差和自由时差全部为零。例如图 4－40 所示时标网络计划中，①→②→③→⑤→⑥→⑦→⑨→⑩及①→②→③→⑤→⑥→⑧→⑨→⑩为关键线路。

2. 时间参数的确定

（1）计算工期的确定。

时标网络计划的计算工期应等于终点节点与起点节点所在位置的时标值之差。如图 4－40所示的时标网络计划的计算工期是 14－0＝14。如果时标原点为零的话，由终点节点所处位置，直接可知计算工期。

（2）工作最早时间的确定。

工作箭线左端节点所对应的时标值为该工作的最早开始时间。当工作箭线中不存的波形线时，其右端节点所对应的时标值为该工作的最早完成时间；当工作箭线中存在波形线时，工作箭线实线部分右端点所对应的时标值为该工作的最早完成时间。例如图 4-40 中工作②—③和工作④—⑧的最早开始时间分别为 2 和 4，而它们的最早完成时间分别为 5 和 6。

（3）工作自由时差的确定。

时标网络计划中，工作自由时差等于其波形线在坐标轴上水平投影的长度。例如图 4-40中工作③—⑦的自由时差为 1，工作④—⑤的自由时差为 1，工作④—⑧的自由时差为 2，其他工作无自由时差。

（4）工作总时差的计算。

总时差不能从图上直接判定，需要进行计算。计算应自右向左进行，且符合下列规定：

1）以终点为箭头节点的工作的总时差 TF_{i-n} 按下式计算

$$TF_{i-n}=T_P-EF_{i-n} \tag{4-28}$$

例如在图 4-40 中

$$TF_{9-10}=T_P-EF_{9-10}=14-14=0$$

2）其他工作的总时差应为

$$TF_{i-j}=\min\{TF_{j-k}+FF_{i-j}\} \tag{4-29}$$

例如在图 4-40 中

$$TF_{8-9}=TF_{9-10}+FF_{8-9}=0+0=0$$

$$TF_{4-8}=TF_{8-9}+FF_{4-8}=0+2=2$$

$$TF_{2-4}=\min\{TF_{4-5}+FF_{2-4},\ TF_{4-8}+FF_{2-4}\}=\min\{1+0,\ 2+0\}=1$$

（5）工作最迟时间的计算。

工作最迟开始时间和最迟完成时间按下式计算

$$LS_{i-j}=ES_{i-j}+TE_{i-j} \tag{4-30}$$

$$LF_{i-j}=EF_{i-j}+TF_{i-j} \tag{4-31}$$

例如在图 4-40 中

$$LS_{2-4}=ES_{2-4}+TF_{2-4}=2+1=3$$

$$LF_{2-4}=EF_{2-4}+TF_{2-4}=4+1=5$$

4.4 单代号与单代号搭接网络计划

单代号网络计划是以单代号网络图为基础，经绘制、计算所形成的网络计划形式。它具有绘图简便、逻辑关系明确、易于修改等优点，应用范围在不断发展和扩大。

4.4.1 单代号网络图的组成

1. 节点及其编号

在单代号网络图中，一项工作必须用唯一的节点及其相应的一个编号表示，节点宜用圆圈或方框表示。工作名称、工作

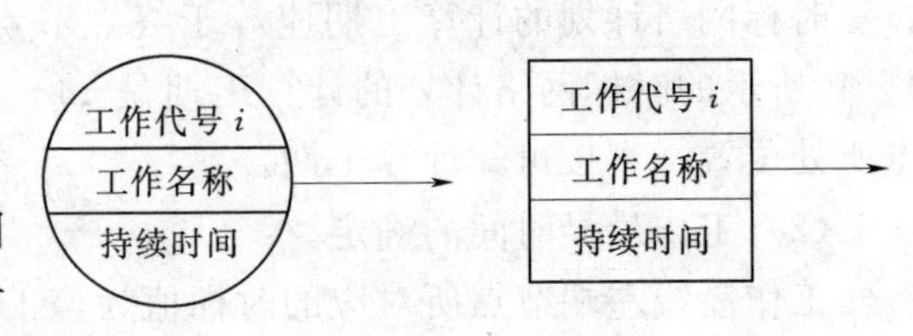

图 4-41 单代号网络图的工作表示法

持续时间及工作时间参数等内容填写在其中，如图 4-41 所示。

节点必须编号，编号标注在节点内，其号码可间断，但严禁重复。

2. 箭线

单代号网络图中，用实箭线表示相邻工作之间的逻辑关系，它既不消耗时间，也不消耗资源，只表示各项工作间的逻辑关系。相对于箭尾和箭头来说，箭尾节点称为紧前工作，箭头节点称为紧后工作。

箭线应画成水平直线、折线或斜线。箭线水平投影的方向应自左向右，表示工作的进行方向。

3. 线路

单代号网络图的线路含义同双代号网络图的线路是一样的，从网络计划起点节点到终点节点的路径，即为单代号网络图的线路。由网络图的起点节点出发，顺着箭线方向到达终点节点，中间经由一系列节点和箭线所组成的通道。同双代号网络图一样，线路也分为关键线路和非关键线路，其性质和线路时间的计算方法均与双代号网络图相同。

4.4.2 单代号网络图的绘制

1. 单代号网络图的绘图规则

由于单代号网络图和双代号网络图所表达的计划内容是一致的，两者的区别仅在于绘图的符号不同。因此，在双代号网络图中所说明的绘图规则，对单代号网络图原则上都适用。

1）必须正确表述已定的工作逻辑关系，如表 4-1 所示。

2）严禁出现循环回路。

3）不允许出现双向箭线或没有箭头的箭线。

4）不允许出现没有箭尾节点的箭线和没有箭头节点的箭线。

5）不允许出现重复编号的工作。

6）绘制网络图时，箭线不宜交叉。当交叉不可避免时，可采用断线法、过桥法或指向法绘制。

7）单目标网络图只允许有一个起点节点和一个终点节点。当网络图中出现多项无内向箭线的工作或多项无外向箭线的工作时，应在网络图的左端或右端分设一项虚工作，作为该网络图的起点节点与终点节点，再无其他任何虚工作，如图 4-42 所示。

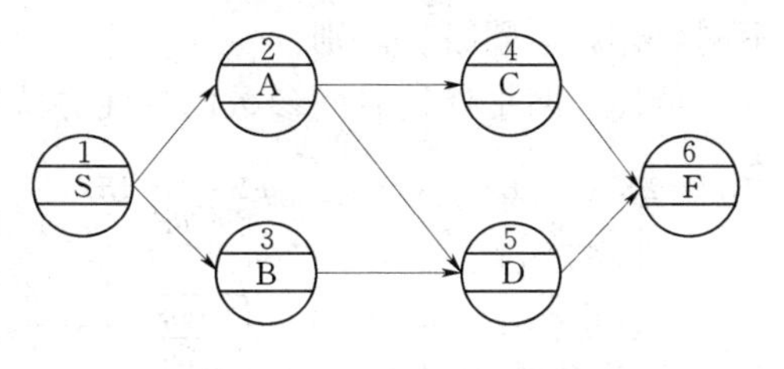

图 4-42　单代号网络图

2. 单代号网络图的绘制

单代号网络图的绘制比双代号网络图的绘制简单，不易出错，单代号网络图绘图时，在布图排列等方法上同双代号网络图基本一致。尽量使图面布局合理、层次清晰和重点突出。要处理好箭线交叉，使图形规则，以便容易读图。

绘图要从左向右，逐个处理各工作的逻辑关系，只有紧前工作都绘制完成后，才能绘制本工作，并使本工作与紧前工作用箭线相连，由起点节点直至终点节点结束，形成符合绘图规则的完整图形。绘制完成后要认真检查，看图中的逻辑关系是否表达正确，是否符合绘图规则，如有问题及时修正。

【例 4－2】 某钢筋工程由支模板、绑扎钢筋、浇筑混凝土三个施工过程组成，分三个施工段施工，各施工过程在每个施工段的持续时间分别为 3 天、2 天、3 天，绘制单代号网络图。

【解】 其单代号网络图如图 4－43 所示。

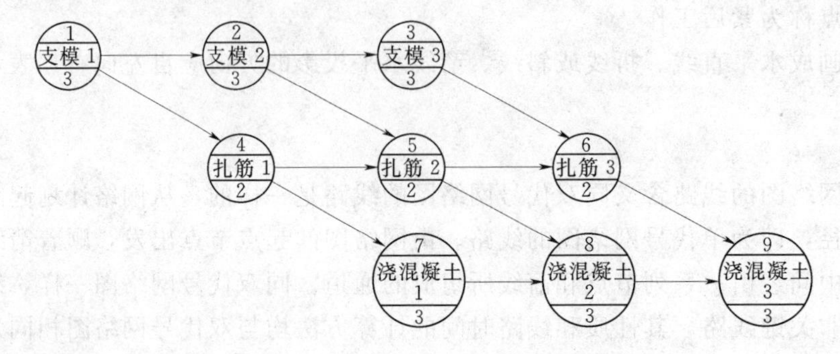

图 4－43　某钢筋工程单代号网络图

3. 单代号网络图与双代号网络图的比较

1）单代号网络图绘图方便，易于修改，不必增加虚箭线，因此产生逻辑错误的可能性较小，在此点上，弥补了双代号网络图的不足；

2）单代号网络图具有便于说明，容易被非专业人员所理解的优点；

3）单代号网络图用节点表示工作，没有长度概念，与双代号网络图相比不够形象，不便于绘制带时间坐标网络计划，因而对它的推广和使用有一定的影响；

4）单代号和双代号网络图均适宜于应用计算机进行绘制、计算、优化和调整。

4.4.3　单代号网络计划的时间参数计算

单代号网络图的计算内容和时间参数的意义与双代号网络图基本相同，只是表现形式不同，计算步骤略有区别。

单代号网络计划时间参数的标注方式如图 4－44 所示。

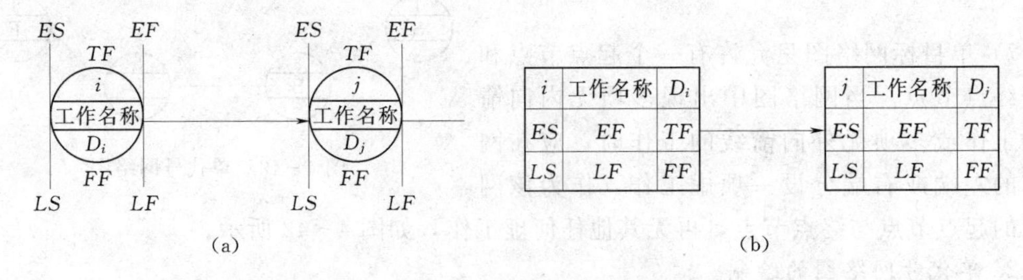

图 4－44　单代号网络图时间参数的标注方式

(a) 标注形式之一；(b) 标注形式之二

下面以图 4－45 所示单代号网络计划为例，进行时间参数的计算，如图 4－46 所示。

1. 工作最早开始时间和最早完成时间计算

工作最早开始时间和最早完成时间的计算应从网络计划的起点节点开始，顺着箭线方向按节点编号从小到大的顺序依次进行。其计算步骤如下：

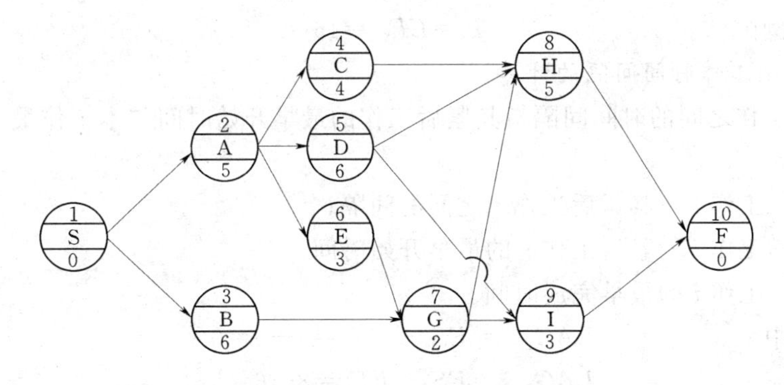

图 4-45　某工程单代号网络图

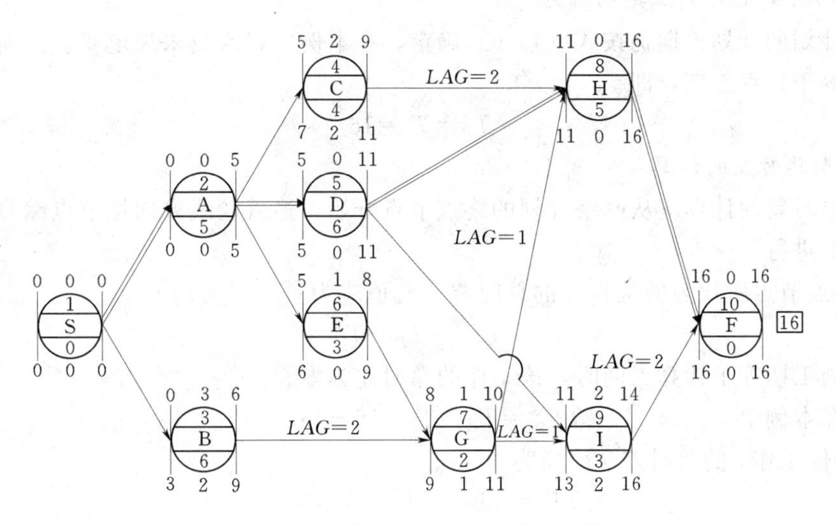

图 4-46　单代号网络计划图上计算

1）起点节点 i 的最早开始时间 ES_i 如无规定时，其值应等于零，即

$$ES_i = 0 (i=1) \tag{4-32}$$

例如在本例中　　$ES_i = 0$

2）工作 i 的最早完成时间按下式计算

$$EF_i = ES_i + D_i \tag{4-33}$$

式中　ES_i——工作 i 的最早开始时间；

D_i——工作 i 的持续时间。

例如在本例中　　$EF_1 = ES_1 + D_1 = 0 + 0 = 0$

3）其他工作的最早开始时间按下式计算

$$ES_i = \max\{EF_h\} \tag{4-34}$$

式中　ES_i——工作 i 的最早开始时间；

EF_h——工作 i 的紧前工作 h 的最早完成时间。

例如在本例中　　$ES_2 = EF_1 = 0$

$$ES_7 = \max\{EF_3, EF_6\} = \max\{6, 8\} = 8$$

4）网络计划的计算工期等于其终点节点所代表的工作的最早完成时间。

例如在本例中 $T_c = EF_{10} = 16$

2. 相邻两项工作时间间隔的计算

相邻两项工作之间的时间间隔指其紧后工作的最早开始时间与本工作最早完成时间之差，即

$LAG_{i,j}$——工作 i 与其紧后工作 j 之间的间隔；

ES_j——工作 i 的紧后工作 j 的最早开始时间；

EF_i——工作 i 的最早完成时间。

例如本例中

$$LAG_{2-4} = ES_4 - EF_2 = 5 - 5 = 0$$

$$LAG_{3-7} = ES_7 - EF_3 = 8 - 6 = 2$$

3. 网络计划的计划工期的确定

网络计划的计划工期仍按式（4-6）确定。在本例中，假设未规定要求工期，则其计划工期就等于计算工期，即

$$T_P = T_c = 16$$

4. 工期总时差的计算

工作总时差的计算应从网络计划的终点节点开始，逆着箭线方向按节点编号从大到小的顺序依次进行。

1）终点节点所代表的工作 n 的总时差 TF_n 值应为

$$TF_n = T_P - T_c \tag{4-35}$$

当计划工期等于计算工期时，该工作的总时差为零。

例如在本例中 $TF_{10} = T_P - T_c = 16 - 16 = 0$

2）其他工作 i 的总时差 TF_i 应为

$$TF_i = \min\{TF_j + LAG_{i-j}\} \tag{4-36}$$

例如在本例中 $TF_9 = TF_{10} + LAG_{9-10} = 0 + 2 = 2$

$$TF = \min\{TF_8 + LAG_{7-8},\ TF_9 + LAG_{7-9}\} = \min\{0+1,\ 2+1\} = 1$$

5. 工作自由时差的计算

1）终点节点所代表的工作 n 的自由时差 FF_n 应为

$$FF_n = T_P - EF_n \tag{4-37}$$

例如在本例中 $FF_{10} = T_P - EF_{10} = 16 - 16 = 0$

2）其他工作 i 的自由时差 FF_i 应为

$$FF_i = \min\{LAG_{i-j}\} \tag{4-38}$$

例如在本例中 $FF_3 = LAG_{3-7} = 2$

$$EF_7 = \min\{LAG_{7-8},\ LAG_{7-9}\} = \min\{1,\ 1\} = 1$$

6. 工作最迟完成时间和最迟开始时间的计算

（1）根据计划工期计算。

工作最迟完成时间和最迟开始时间的计算应从网络计划的终点节点开始，逆着箭线方向按节点编号从大到小的顺序依次进行。

1）终点节点 n 的最迟完成时间 LF_n 等于该网络计划的计划工期。即

$$LF_n = T_P \tag{4-39}$$

例如在本例中 $LF_{10}=T_P=16$

2）工作 i 的最迟开始时间的计算按下式进行

$$LS_i=LF_i-D_i \tag{4-40}$$

例如在本例中 $LS_{10}=LF_{10}-D_{10}=16-0=16$

3）其他工作 i 的最迟完成时间 LF_i 应为

$$LF_i=\min\{LS_j\} \tag{4-41}$$

例如在本例中 $LF_9=LS_{10}=16$

$$LF_7=\min\{LS_8,LS_9\}=\min\{11,13\}=11$$

（2）根据总时差计算。

1）工作最迟完成时间按下式计算

$$LF_i=EF_i+TF_i \tag{4-42}$$

例如在本例中 $LF_4=EF_4+TF_4=9+2=11$

$LF_9=EF_9+TF_9=14+2=16$

2）工作最迟开始时间按下式计算

$$LS_i=ES_i+TF_i \tag{4-43}$$

例如在本例中 $LS_4=ES_4+TF_4=5+2=7$

$LS_9=ES_9+TF_9=11+2=13$

7. 关键工作和关键线路的确定

单代号网络计划关键工作的确定方法与双代号网络计划相同，即总时差最小的工作为关键工作，根据这个规定，本例的关键工作是 A、D、H 三项。S 和 F 为虚拟工作。

在单代号网络计划中，从起点节点开始到终点节点均为关键工作，且所有工作的时间间隔均为零的线路即为关键线路。因此本例中的关键线路是①→②→⑤→⑧→⑩。关键线路在网络计划中可以用粗线、双线或彩色线标注。

4.4.4 单代号搭接网络计划

单代号搭接网络计划是综合单代号网络与搭接施工的原理，使二者结合起来应用的一种网络计划表示方法。在前面介绍的网络计划技术中，有一个共同的特点，组成网络计划的各项工作之间的连接关系是任何一项工作在它的紧前工作全部结束后才能开始，即只能表示工作之间的顺序关系。在实际工作中，并不都是如此。

施工中，为了缩短工期，将一些工作之间的连接关系采用搭接的方式进行。例如某钢筋工程由支模板、绑扎钢筋、浇筑混凝土三个施工过程组成，分三个施工段施工时，各施工段之间的工作搭接，如图 4-47 所示。若用双代号网络计划来表示，必须使用虚箭线才能严格表示它们的逻辑关系，如图 4-48 所示。若用单代号网络计划来表示，也会增加很多节点数目，如图 4-49 所示。由图 4-47～图 4-49 可以看出，当施工段和施工过程较多时，为了表达网络计划中工作间的搭接关系。节点、虚箭线也相应多了，这不仅增加了绘图和计算工作量，还会使画面复杂，不易被人们理解和掌握。能够反映各种搭接关系的网络计划技术，则能更好地表达建筑施工组织的特点。

1. 单代号搭接网络计划的绘制

单代号搭接网络和普通单代号网络图一样，工作仍以节点表示，属工作节点网络图。

施工过程	进度计划														
	1	2	3	4	5	6	7	8	9	10	11	12	13	14	15
支模															
扎筋															
浇混凝土															

图 4-47　横道图进度计划

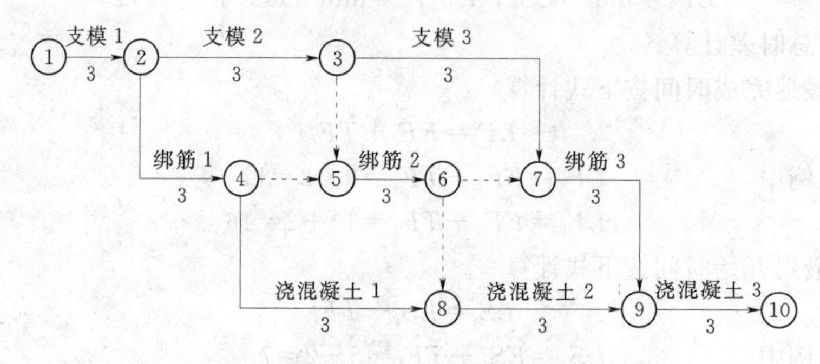

图 4-48　双代号网络图

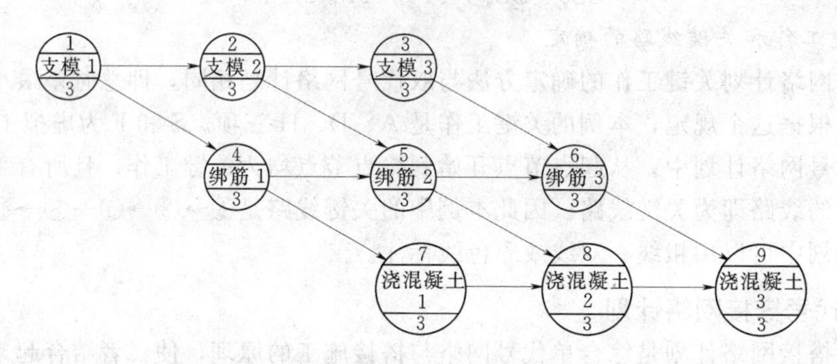

图 4-49　单代号网络计划

它的绘图要点和逻辑规则可概括如下：一个节点代表一项工作，箭线表示工作先后顺序和相互搭接关系，并注明搭接时距。

(1) 基本搭接关系。单代号搭接网络计划的基本搭接关系有以下五种。

1) 结束到开始的关系（*FTS*）两项工作之间的关系通过前项工作结束到后项工作开始之间的时距来表达，当时距为零时，表示两项工作之间没有间歇，这就是普通网络图中的逻辑关系。

例如，房屋装修项目中油漆和安玻璃两项工作之间的关系是：先油漆后，干燥一段时间后才能安玻璃。这种关系就是 *FTS* 关系。若干燥时间须要 3 天，则 $FTS=3$。

2) 开始到开始的关系（*STS*），前后两项工作关系用其相继开始的时距来表达，就是说，前项工作开始后，要经过两项工作相继开始的时距时间后，后面的工作才能进行。

例如，道路工程中的铺设路基和浇筑路面两项工作之间，路基开始一定时间为浇筑路面创造一定工作条件之后，即可开始浇筑路面，这种工作开始时间之间的间隔就是 *STS* 时距。

3）结束到结束的关系（*FTF*），两项工作之间的关系用前后工作相继结束的时距来表示，就是说，前项工作结束后，要经过两项工作相继结束的时距时间后，后项工作才能结束。

一般来说，当本工作的作业速度小于紧后工作时，则必须考虑为紧后工作留有充分的余地，否则紧后工作将可能因无工作面而无法进行。这种结束到结束之间的间隔即 *FTF* 时距。例如，某建筑工程的主体结构分为两个施工段组织流水施工，每段每层砌筑时间为 4 天。则第一个施工段砌筑完成后转移到第二个施工段进行砌筑，同时第一个施工段进行楼板的吊装。由于板的吊装所需时间较短，所以不一定要求砌墙后立即吊装板，但必须在砌墙完成后的第四天完成板的吊装，以至不影响砌墙人员进行上一层的砌筑。这样就形成了每一施工段砌墙与吊装工作间 4 天的 *FTF* 关系。

4）开始到结束的关系（*STF*），两项工作之间的关系用前项工作的开始到后项工作的结束之间的时距来表达，就是说，前项工作开始后，要经过前项工作的开始到后项工作的结束之间的时距时间后，后项工作才能结束。

例如，挖掘含有地下水的地基，地下水位以上部分的基础可以在降低地下水位之前就进行挖掘；地下水位以下部分的基础则必须在降低地下水以后才能开始。即降低地下水位的完成与何时挖掘地下水以下部分的基础有关，而降低地下水位何时开始则与挖土的开始无直接关系。若假设挖地下水位以上的基础土方需要 10 天，则挖土方开始与降低水位的完成之间就形成了 10 天的 *STF* 关系。

5）混合搭接关系。当两项工作之间同时存在上述四种基本搭接关系中的两种或两种以上的限制关系时，称之为混合搭接关系。i、j 两项工作可能同时存在 *STS* 和 *FTF* 时距限制，或 *STF* 和 *FTS* 时距限制等。

例如，某管道工程，挖管沟和铺设管道两工作分段进行，两工作开始到开始的时间间隔为 4 天，即铺设管道至少需 4 天后才能开始。若按 4 天后开始铺设管道，且连续进行，则由于铺设管道持续时间短，挖管沟的第二段尚未完成，而铺设管道人员已要求进入第二段作业，这就出现了矛盾。所以，为了解决这一矛盾，除了应考虑 *STS* 限制时间外，还应考虑结束到结束的限制时间，如设 *FTF*=2 天才能保证项目的顺利进行。

搭接关系的表达方法和横道图示意如表 4-5 所示。

表 4-5　　单代号搭接关系的表示方法

序号	工作搭接关系	搭接关系示意图	单代号搭接网络计划表示方法
1	结束到开始（*FTS*）	工作 i　工作 j　*FTS*	(i) —*FTS*→ (j)
2	开始到开始（*STS*）	工作 i　工作 j　*STS*	(i) —*STS*→ (j)
3	结束到结束（*FTF*）	工作 i　工作 j　*FTF*	(i) —*FTF*→ (j)

续表

序号	工作搭接关系	搭接关系示意图	单代号搭接网络计划表示方法
4	开始到结束（*STF*）	工作 *i*　工作 *j*　*STF*	(*i*) —*STF*→ (*j*)
5	*STS* 和 *FTF*	*STS*　工作 *i*　工作 *j*　*FTF*	(*i*) —*STS*/*FTF*→ (*j*)
6	*STS* 和 *STF*	*STS*　工作 *i*　工作 *j*　*STF*	(*i*) —*STS*/*STF*→ (*j*)
7	*FTF* 和 *FTS*	*FTF*　工作 *i*　工作 *j*　*FTS*	(*i*) —*FTF*/*FTS*→ (*j*)

节点可以采用圆形、椭圆或方形等不同的形式，但基本内容必须包括工作名称、工作编号、持续时间以及相应的时间参数，如图 4－50 所示。

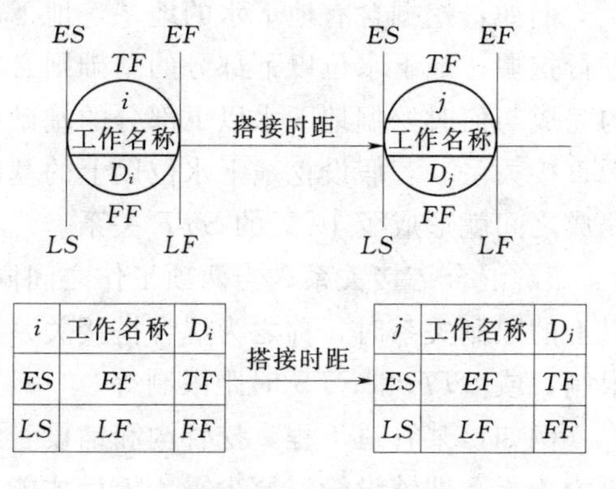

图 4－50　单代号搭接网络计划节点表示方法

（2）设置虚拟起点节点和终点节点。即使最早能够开始或最晚必须结束的工作只有一项，也必须设置虚拟点（虚拟工作），这是为了满足复杂的搭接关系计算之需要。从搭接网络图的起点节点出发，顺着搭接箭线方向，直到终点节点为止，中间经由一系列节点和搭接时距所组成的通道，称为线路。

（3）由起点节点开始，根据工作顺序依次建立搭接关系。

（4）搭接网络计划不能出现闭合回路。

（5）每项工作的开始都必须和开始节点建立直接或间接的关系，并受其制约。每项工作的结束都必须和结束节点建立直接或间接的关系，并受其控制，这种关系在图中均以虚箭线表示。

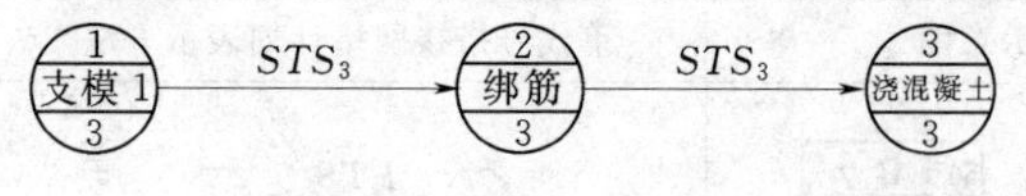

图 4－51　单代号搭接网络图

用单代号搭接网络计划表示图 4－47、图 4－48、图 4－49 所示工程项目进度计划，如图 4－51 所示。

2. 单代号搭接网络计划的时间参数计算

单代号搭接网络计划的时间参数包括工作持续时间（D_j）、工作时间参数（*ES*、*EF*、*LS*、*LF*）、工作时差参数（*TF*、*FF*）等。与普通单代号网络计划时间参数计算不同的是，单代号搭接网络计划的时间参数计算受到搭接时距（*STS*、*STF*、*FTF*、*FTS*）的影响。

（1）工作时间参数及工期的计算。

在单代号搭接网络计划中，相邻两项工作之间的搭接时距类型不同时，工作时间参数的计算方法也不同。

1）结束到开始（FTS）时距情况的计算

$$ES_j = EF_i + FTS_{i-j} \tag{4-44}$$

$$EF_j = ES_j + D_j \tag{4-45}$$

$$LF_i = LS_j - FTS_{i-j} \tag{4-46}$$

$$LS_i = LF_i - D_i \tag{4-47}$$

2）开始到开始（STS）时距情况的计算

$$ES_j = ES_i + STS_{i-j} \tag{4-48}$$

$$EF_j = ES_j + D_j \tag{4-49}$$

$$LS_i = LS_j - STS_{i-j} \tag{4-50}$$

$$LF_i = LS_i + D_i \tag{4-51}$$

3）结束到结束（FTF）时距情况的计算

$$EF_j = EF_i + FTF_{i-j} \tag{4-52}$$

$$ES_j = EF_j - D_j \tag{4-53}$$

$$LF_i = LF_j - FTF_{i-j} \tag{4-54}$$

$$LS_i = LF_i - D_i \tag{4-55}$$

4）开始到结束（STF）时距情况的计算

$$EF_j = ES_i + STF_{i-j} \tag{4-56}$$

$$ES_j = EF_j - D_j \tag{4-57}$$

$$LS_i = LF_j - STF_{i-j} \tag{4-58}$$

$$LF_i = LS_i + D_i \tag{4-59}$$

工作最早时间计算顺箭线方向，遇有多项紧前工作时取大值，一紧前工作与本工作有多种时距限制关系也取大值；计算工作最早时间可能出现负值，这是不符合逻辑的，故应将该工作与起点节点用虚线相连，并确定其时距为：$STS=0$，即认为其是最早开始的工作之一。

对于一般网络计划来说，计算工期就等于网络计划最后工作最早完成时间的最大值。但对于搭接网络计划，由于存在着比较复杂的搭接关系，这就使得其最后的终点节点的最早完成时间有可能小于前面某些工作完成时间。所以，单代号搭接网络计划的计算工期T_c应取所有节点最早完成时间的最大值，并在该节点与终点节点之间增加一条虚箭线，时距为：$FTF=0$。

工作最迟时间计算逆箭线方向，遇有多项紧后工作时取小值，一紧后工作与本工作有多种时距限制关系也取小值；计算工作最迟时间可能出现大于计算工期情况，这是不符合逻辑的，故应将该工作与终点节点用虚线相连，并确定其时距为：$FTF=0$，即认为其是最晚结束的工作之一。最迟时间也可以根据最早时间和总时差进行计算。

（2）时差参数的计算。

1）相邻工作时间间隔（$LAG_{i,j}$）的计算。搭接网络中，决定相邻工作之间制约关系的是时距，但是有时除此之外，还有多余的空闲时间，称之为时间间隔，用$LAG_{i,j}$表示。前后两工作关系的时间之差超出要求的搭接时间，其值就是该两工作之间的时间间隔。各工作间的搭接关系不同，其间隔时间的计算公式也不相同。

相邻工作之间的关系是 FTS 时，由式 $ES_j = EF_i + FTS_{i,j}$ 可知，这是最紧凑的搭接关系。在搭接网络中，若出现 $ES_j > EF_i + FTS_{i,j}$ 时，即表明 i、j 两工作之间存在 $LAG_{i,j}$，且

$$LAG_{i,j} = ES_j - (EF_i + FTS_{i,j}) = ES_j - EF_i - FTS_{i,j} \tag{4-60}$$

FTS、FTS、FTS 关系的时间间隔计算见式（4-61）～式（4-63）。若相邻工作之间存在两种及以上搭接关系时，则应分别计算，然后取其中最小值。

$$LAG_{i,j} = ES_j - EF_i - STS_{i,j} \tag{4-61}$$

$$LAG_{i,j} = ES_j - EF_i - FTF_{i,j} \tag{4-62}$$

$$LAG_{i,j} = ES_j - EF_i - STF_{i,j} \tag{4-63}$$

2）自由时差的计算。自由时差 FF 的概念与其他网络计划相同，但在单代号搭接网络计划中，工作的自由时差应根据不同的搭接关系来计算。

当工作 i 只有一项紧后工作 j 时，FF_i 的计算方法与计算 $LAG_{i,j}$ 的方法相同，即

$$FF_i = LAG_{i,j} \tag{4-64}$$

当 i 工作有两项以上紧后工作时，则取各中 $LAG_{i,j}$ 的最小值，即

$$FF_i = \{LAG_{i,j}\} = \min\begin{Bmatrix} LAG_{i,j} = ES_j - EF_i - FTS_{i,j} \\ LAG_{i,j} = ES_j - EF_i - STS_{i,j} \\ LAG_{i,j} = ES_j - EF_i - FTF_{i,j} \\ LAG_{i,j} = ES_j - EF_i - STF_{i,j} \end{Bmatrix} \tag{4-65}$$

3）总时差的计算。在单代号搭接网络计划中，工作的总时差 TF 计算同普通单代号网络计划

$$TF_i = LS_i - ES_i = LF_i - EF_i \tag{4-66}$$

另一种方法，运用时间间隔来计算。从式（4-64）、式（4-65）可以看出自由时差计算与单代号的式（4-37）、式（4-38）道理相同，同样，总时差的计算也可以采用式（4-35）、式（4-36）。

（3）关键工作和关键线路。

1）关键工作。总时差最小的工作为关键工作。

2）关键线路。从起点节点开始到终点节点均为关键工作，且所有工作的时间间隔均为零的线路为关键线路。关键线路上各工作持续时间的总和不一定最长。

仅根据 LAG 也可确定关键线路。从起点节点顺着箭线的方向到终点节点，若所有工作之间的时间间隔均为零，则该线路是关键线路。即只有 $LAG=0$ 自始至终贯通的线路才是关键线路。

4.5 网络计划优化

网络计划的优化，是指在满足既定约束条件下，利用优化原理，按选定目标（工期、费用、资源等），通过不断改进网络计划初始方案，寻求最优方案。尤其是大中型工程项目的网络计划，其施工过程和节点数目较多，在寻求最优方案过程中，需要进行大量的计算，因而要实现优化，有效地指导实际工程，必须借助计算机。

按照网络计划的优化目标，网络计划优化的内容包括：工期优化、费用优化、资源优

化。其中资源优化分为“资源有限的条件下，寻求工期最短”和“工期固定的条件下，寻求资源均衡”两种。

4.5.1 工期优化

工期优化是指在一定约束条件下，即按合同工期或责任工期目标，通过延长或缩短计算工期以达到合同工期的要求。目的是使网络计划满足工期，保证按期完成工程任务。

1. 需要进行工期优化的情况

当网络计划计算工期不能满足要求工期时，即计算工期小于或等于要求工期，以及计算工期大于要求工期时，就要进行工期优化。

（1）计算工期小于或等于合同工期。

如果计算工期小于合同工期不多或两者相等，一般不必优化。

如果计算工期小于合同工期较多，则宜优化。优化方法是：延长关键工作中资源占用量大或直接费用高的工作持续时间（相应减少其资源需用量），重新计算各工作时间参数，反复多次进行，直至满足合同要求工期为止。

（2）计算工期大于合同工期。

当计算工期大于要求工期时，也就是说，关键线路的持续时间大于合同要求工期，可通过压缩关键工作的持续时间来达到优化目标。合理的应该是每次压缩后，原关键工作仍应保持为关键工作。由于关键线路的缩短，原来的非关键线路可能转化为关键线路。当优化过程中出现多条关键线路时，必须同时压缩各条关键线路的持续时间，才能有效地将工期缩短，直至满足合同工期要求。

压缩关键工作持续时间的方法，有“顺序法”、“加数平均法”、“选择法”等。“顺序法”是按照关键工作开工时间来确定需要压缩的工作，先干的先压缩。“加数平均法”是按关键工作持续时间的百分比压缩，这两种方法虽然简单，但没有考虑压缩的关键工作所需的资源是否有保障以及相应费用的增加幅度。“选择法”则考虑的较全面，接近实际，具有实用性，所以，下面重点介绍。

2. 压缩关键工作的选择要求及压缩原则

（1）工期优化时，在选择应压缩持续时间的关键工作时，要求被选择的关键工作应同时满足以下要求。

1）缩短其持续时间对关键工作质量和安全影响不大。

2）有充足的备用资源的关键工作。

3）缩短其持续时间所需增加费用最小的关键工作。

将所有同时满足上述前两方面要求的工作，确定优选系数，优选系数小的关键工作优先压缩，即进行工作排队。选择关键工作并压缩其持续时间时，应首先选择优选系数最小的关键工作；若同时压缩多个关键工作的持续时间，则应先选择他们的优选系数之和最小的组合作为压缩对象。

（2）在压缩关键工作的持续时间时，其压缩值的确定必须符合以下原则。

1）压缩后工作的持续时间不能小于其最短持续时间。

2）压缩后的关键线路不能成为非关键线路，即缩短持续时间后的关键工作不能变成非关键工作。

3. 工期优化步骤

工期优化计算，应按下述步骤进行：

(1) 计算并找出初始网络计划的计算工期 T_C，找出关键线路及关键工作。

(2) 按要求工期计算应缩短的时间 $\Delta T = T_C - T_r$。

(3) 确定各关键工作作业时间能缩短的幅度。

(4) 选择关键工作、压缩其持续时间，若被压缩的工作变成非关键工作，则应将其持续时间延长，使之仍为关键工作。压缩后重新画出网络图，重新计算网络计划的工期，重新找出关键线路。

(5) 若计算工期仍超过要求工期，则需重复以上步骤，直到满足要求工期或工期不能再缩短为止。

(6) 当所有关键工作已达到最短持续时间，而压缩后的工期仍不满足要求工期时，就需要对计划的原技术、组织方案进行调整，或对要求工期重新审定。

下面结合例题说明工期优化的计算步骤。

【例 4-3】 已知双代号网络计划如图 4-52 所示，图中箭线下方括号外数字为正常持续时间，括号内数字为最短持续时间。箭线上方括号内数字为工作的优选系数。假定要求工期为 8 天，试进行工期优化。

【解】 该工程双代号网络计划工期优化可按以下步骤进行：

(1) 用破圈法或标号法等简捷的方法，找出关键工作及关键线路，计算结果如图 4-53所示。工期 $T=12$ 天。

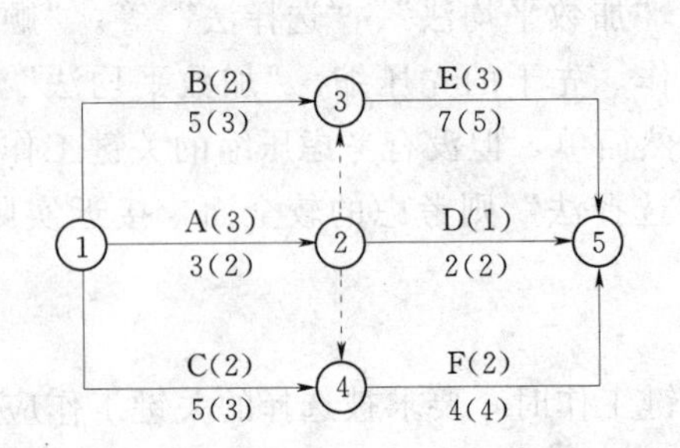

图 4-52 某网络计划初始方案

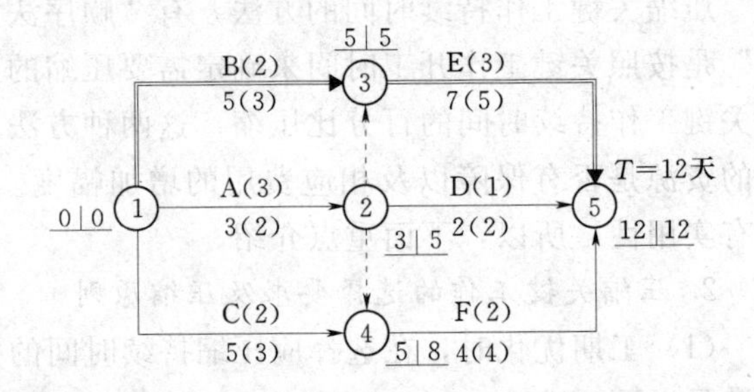

图 4-53 计算时间参数

(2) 计算应缩短的时间。计算工期 $T_C=12$ 天，合同工期 $T_r=8$ 天，需要缩短时间 ΔT

$$\Delta T = T_C - T_P = 12 - 8 = 4 \text{ 天}$$

(3) 选择关键线路上优选系数较小的工作，依次进行压缩，直到满足要求工期，每次压缩后的网络计划如图。

第一次压缩。根据图 4-53 中的数据，选择关键线路上优选系数最小的①—③工作，可以压缩 2 天，压缩后的工期为 10 天，压缩后的网络计划如图 4-54 所示。

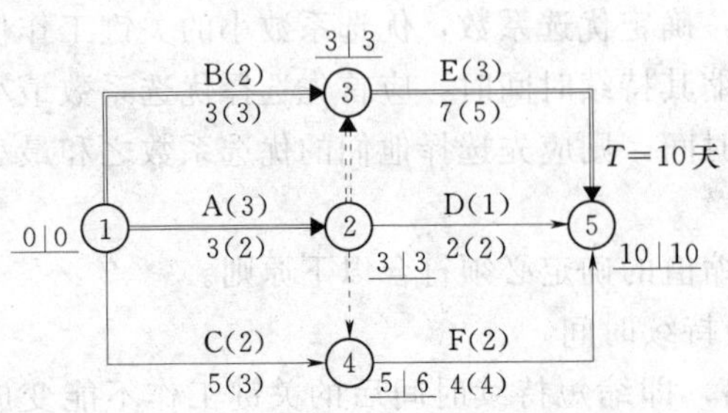

图 4-54 第一次压缩后的网络计划

第二次压缩。根据图 4－54 中的数据，选择关键线路上优选系数最小的③—⑤工作，可以压缩 1 天，压缩后的工期为 9 天，压缩后的网络计划如图 4－55 所示。

第三次压缩。根据图 4－55 中的数据，选择关键线路上优选系数组合最小的③—⑤工作和①—④工作，可压缩 1 天，压缩后的工期为 8 天，压缩后的网络计划如图 4－56 所示。

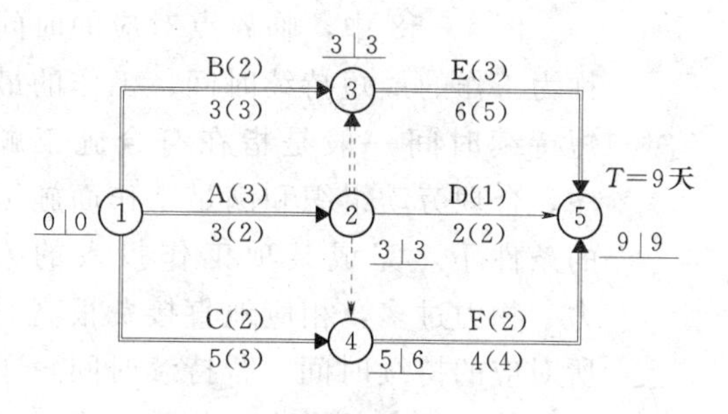

图 4－55　第二次压缩后的网络计划

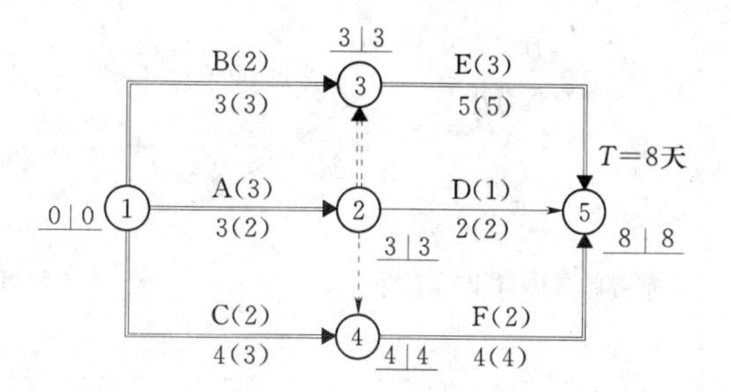

图 4－56　第三次压缩后的网络计划

通过三次压缩，工期达到 8 天，满足了要求工期，其优化压缩过程见表 4－6。

表 4－6　　某工程网络计划工期优化过程表

优化次数	压缩工作	组合优选系数	压缩天数	压缩后的工期	关键线路
0				12	①—③—⑤
1	①—③	2	2	10	①—③—⑤、①—②—③—⑤
2	③—⑤	3	1	9	①—③—⑤、①—②—③—⑤、①—④—⑤
3	③—⑤ ①—④	5	1	8	①—③—⑤、①—②—③—⑤、①—④—⑤

4.5.2　费用优化

费用优化又称工期-费用优化，它是以满足工期要求的费用最低为目标的施工计划方案的调整过程。通常在寻求网络计划的最佳工期，或在执行计划时需要加快施工进度时，需要进行工期—费用优化，即寻求工程总成本最低的工期安排，或按要求工期寻求最低成本的计划安排。而按要求工期寻求最低成本的计划安排，就是前面的工期优化，故不再赘述。

1. 费用与工期的关系

工程项目的总成本由直接费和间接费组成。直接费是工程的直接成本，包括人工费、材料费、机械台班使用费等费用，间接费是施工单位办公管理等费用。优化寻找的目标是直接费和间接费总和（工程总费用）最小时的工期，即最优工期。工期与费用的关系曲线如图 4－57所示。

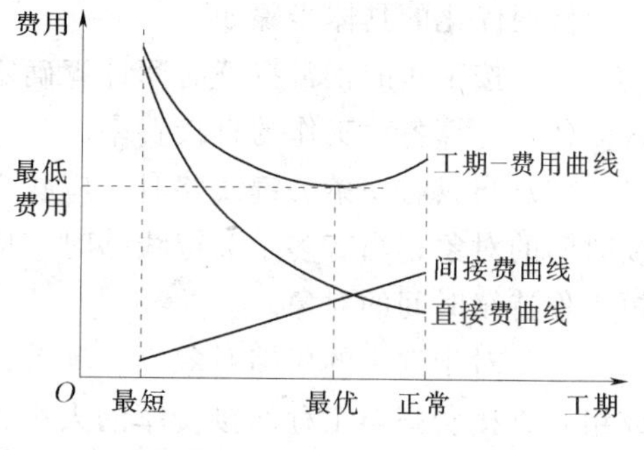

图 4－57　工期与费用的关系曲线

2. 直接费曲线

工作持续时间同直接费的关系如图 4－58 所示。在一定的工作持续时间范围内，工作的持续时间同直接费成反比关系，图中正常点对应的时间称为工作的正常持续时间。工作的正常持续时间一般是指在符合施工顺序、合理的劳动组织和满足工作面要求的条件下，完成某项工作投入的人力和物力较少，相应的直接费用最低时所对应的持续时间就是该工作的正常持续时间；若持续时间超过此限值，工作持续时间与直接费的关系将变为正比关系。

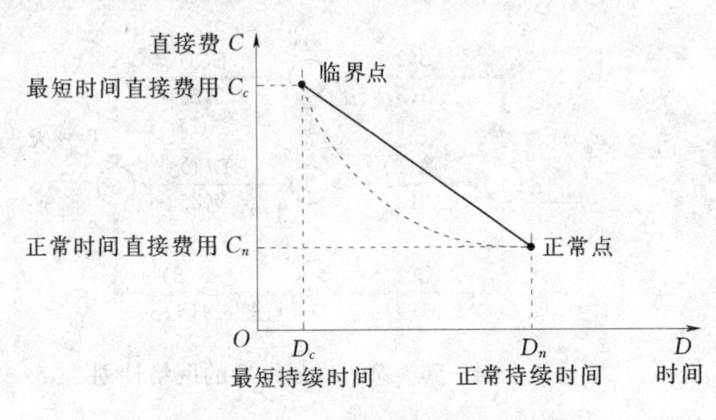

图 4-58　时间与直接费用的关系图

图 4-58 中，临界点对应的时间称为工作的最短持续时间，工作的最短持续时间一般是指在符合施工顺序、合理劳动组织和满足工作面施工的条件下，完成某项工作投入的人力、物力过多，相应地直接费很高时所对应的持续时间。若持续时间短于此限值，投入的人力、物力再多，工期缩短也很少，而直接费则猛增。

如图 4-58 所示，由临界点至正常点所确定的时间区段，称为完成某项工作的合理持续时间范围，在此区段内，工作持续时间同直接费呈反比关系。连接临界点与正常点的曲线，称为费用曲线，为了计算方便，可以近似地把它假定为一直线。因缩短工作持续时间单位时间所需增加的直接费，称为直接费变化率。工程的直接费变化率 ΔC_{i-j} 按如下公式计算

$$\Delta C_{i-j}=(C_c-C_n)/(D_n-D_C) \tag{4-67}$$

式中　ΔC_{i-j}——工作 $i-j$ 的直接费变化率；

C_c——工作 $i-j$ 持续时间缩短为最短持续时间后，完成该工作所需的直接费用；

C_n——工作 $i-j$ 在正常持续时间完成所需的直接费用；

D_n——工作 $i-j$ 的正常持续时间；

D_C——工作 $i-j$ 的最短持续时间。

3. 优化的方法和步骤

费用优化的基本方法是不断地在网络计划中找出直接费用率（或组合直接费用率）最小的关键工作，缩短其持续时间，同时考虑间接费用随工期缩短而减少的数值，最后求得工程成本最低时相应的最优工期和工期一定时相应的最低工程成本。费用优化的基本方法可以简化为以下口诀：不断压缩关键线路上有压缩可能而且费用最少的工作。

费用优化的具体步骤如下。

（1）按工作的正常持续时间计算确定关键线路、工期和总费用。

（2）计算各项工作的直接费率。

（3）当只有一条关键线路时，应找出直接费率最小的一项关键工作，作为缩短工作持续时间的对象；当有多条关键线路时，应找出组合直接费率最小的一组关键工作，作为缩短工作持续时间的对象。

（4）对于选定的压缩对象（一项关键工作或一组关键工作），首先比较其直接费用率或组合直接费率与工程间接费率的大小：

1）如果被压缩对象的直接费率或组合直接费率小于工程间接费率，说明压缩关键工

作的持续时间会使工程总费用减少，所以应该缩短关键工作的持续时间；

2）如果被压缩对象的直接费率或组合直接费率等于工程间接费率，说明压缩关键工作的持续时间不会使工程总费用增加，所以应该缩短关键工作的持续时间；

3）如果被压缩对象的直接费率或组合直接费率大于工程间接费率，说明压缩关键工作的持续时间会使工程总费用增加，此时应停止缩短关键工作的持续时间，在此之前的方案即为优化方案。

（5）压缩关键工作的持续时间时，仍要遵守以下原则：压缩后的关键工作不能变成非关键工作，且压缩后工作的持续时间不能小于最短的工作持续时间。

（6）计算关键工作持续时间压缩后相应的总费用及其变化。

（7）重复上述（3）～（6）步，直到计算工期满足要求工期，或被压缩对象的直接费率或组合直接费用率大于工程间接费率为止。

（8）将费用优化过程汇总于表4-7。

表4-7　　费用优化过程表

压缩次数	压缩工作代号	缩短时间（天）	直接费率或组合直接费率（万元/天）	费率差（万元/天）	总费用变化（万元）	总费用（万元）	工期（天）	备注

注　费率差＝直接费用率或组合直接费率－工程间接费率；
总费用变化＝费率差×缩短时间；
总费用＝上次压缩后的总费用＋本次总费用变化；
工期＝上次压缩后的工期－本次缩短时间。

【例4-4】 已知某工程双代号网络计划如图4-59所示，图中箭线下方括号外数字为工作的正常时间，括号内数字为最短持续时间；箭线上方括号外数字为工作按正常持续时间完成时所需的直接费用，括号内数字为工作按最短持续时间完成时所需的直接费用，该工程的间接费用率为0.8万元/天，试对其进行费用优化。

【解】 该网络计划的费用优化可按以下步骤进行。

（1）根据各项工作的正常持续时间，确定网络计划的计算工期和关键线路，如图4-60所示。

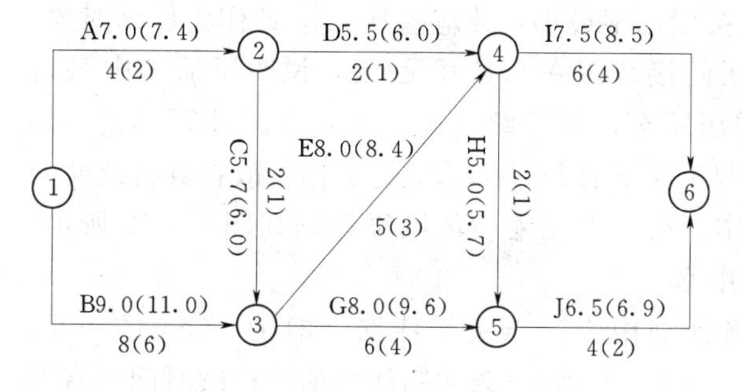

图4-59　双代号网络计划

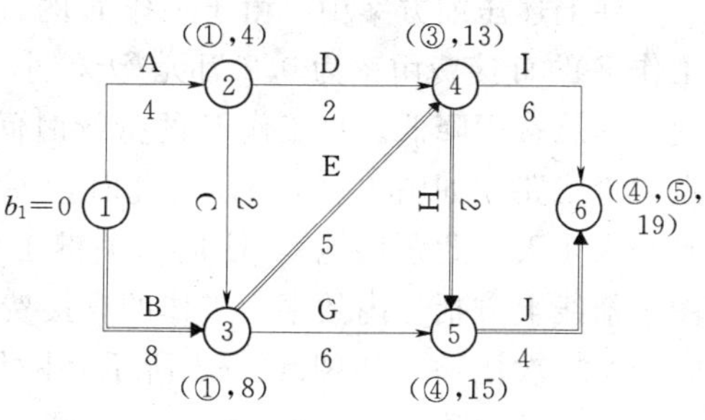

图4-60　网络计划的工期和关键线路

(2) 计算各项工作的直接费用率（可列表计算）。

$$\Delta C_{1-2}=\frac{C_{c1-2}-C_{n1-2}}{D_{n1-2}-D_{c1-2}}=\frac{7.4-7.0}{4-2}=0.2\text{（万元/天）}$$

$$\Delta C_{1-3}=\frac{C_{c1-3}-C_{n1-3}}{D_{n1-3}-D_{c1-3}}=\frac{11-9}{8-6}=1.0\text{（万元/天）}$$

$$\Delta C_{2-3}=\frac{C_{c2-3}-C_{n2-3}}{D_{n2-3}-D_{c2-3}}=\frac{6.0-5.7}{2-1}=0.3\text{（万元/天）}$$

$$\Delta C_{2-4}=\frac{C_{c2-4}-C_{n2-4}}{D_{n2-4}-D_{c2-4}}=\frac{6.0-5.5}{2-1}=0.5\text{（万元/天）}$$

$$\Delta C_{3-4}=\frac{C_{c3-4}-C_{n3-4}}{D_{n3-4}-D_{c3-4}}=\frac{8.4-8}{5-3}=0.2\text{（万元/天）}$$

$$\Delta C_{3-5}=\frac{C_{c3-5}-C_{n3-5}}{D_{n3-5}-D_{c3-5}}=\frac{9.6-8}{6-4}=0.8\text{（万元/天）}$$

$$\Delta C_{4-5}=\frac{C_{c4-5}-C_{n4-5}}{D_{n4-5}-D_{c4-5}}=\frac{5.7-5}{2-1}=0.7\text{（万元/天）}$$

$$\Delta C_{4-6}=\frac{C_{c4-6}-C_{n4-6}}{D_{n4-6}-D_{c4-6}}=\frac{8.5-7.5}{6-4}=0.5\text{（万元/天）}$$

$$\Delta C_{5-6}=\frac{C_{c5-6}-C_{n5-6}}{D_{n5-6}-D_{c5-6}}=\frac{6.9-6.5}{4-2}=0.2\text{（万元/天）}$$

(3) 计算工程总费用。

直接费总和：$C_d=7.0+9.0+5.7+5.5+8.0+8.0+5.0+7.5+6.5=62.2$（万元）

间接费总和：$C_i=0.8\times19=15.2$（万元）

工程总费用：$C_t=C_d+C_i=62.2+15.2=77.4$（万元）

(4) 通过压缩关键工作的持续时间进行费用优化。

第一次压缩。如图 4-60 所示，该网络计划中有两条关键线路，为了同时缩短两条关键线路的总持续时间，在以下四个压缩方案中，找出组合直接费用率最小的一组关键工作，作为缩短持续时间的对象。

① 压缩工作 B，直接费用率为 1.0 万元/天。

② 压缩工作 E，直接费用率为 0.2 万元/天。

③ 同时压缩工作 H 和工作 I，组合直接费用率为 0.7+0.5=1.2（万元/天）。

④ 同时压缩工作 I 和工作 J，组合直接费用率为 0.5+0.2=0.7（万元/天）。

在上述压缩方案中，由于工作 E 的直接费用率最小，故应选择工作 E 作为压缩对象。工作 E 的直接费用率为 0.2 万元/天，小于间接费用率 0.8 万元/天，说明压缩工作 E 可使工程总费用降低。将工作 E 的持续时间压缩至最短持续时间 3 天，重新计算工期并确定关键线路。如图 4-61 所示，此时，关键工作 E 被压缩成非关键工作，故将其持续时间延长为 4 天（此谓松弛），使成为关键工作。第一次压缩后的网络计划如图 4-62 所示。图中箭线上方括号内数字为工作的直接费用率。

第二次压缩。如图 4-62 所示，网络计划中有三条关键线路，即①—③—④—⑥、①—③—④—⑤—⑥、①—③—⑤—⑥，为了同时缩短三条关键线路的总持续时间，有以下五个压缩方案。

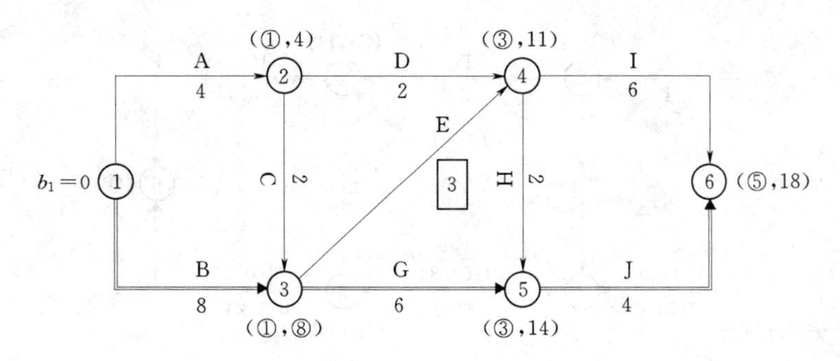

图 4-61　关键工作 E 被压缩时的关键线路

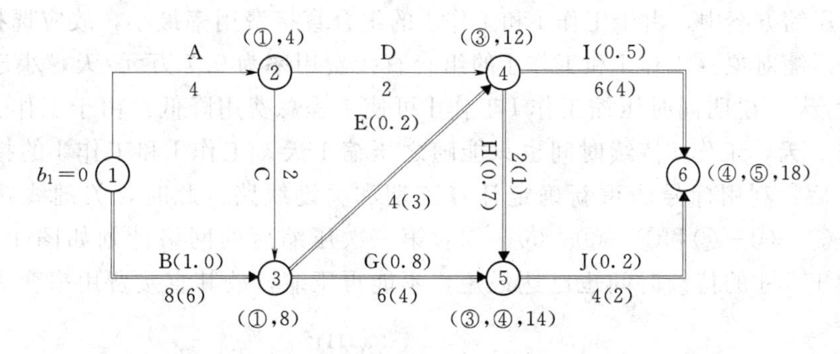

图 4-62　第一次压缩后的网络计划

① 压缩工作 B 后，直接费用率为 1.0 万元/天。

② 同时压缩工作 E 和工作 G，组合直接费用率为 0.2+0.8=1.0（万元/天）。

③ 同时压缩工作 E 和工作 J，组合直接费用率为 0.2+0.2=0.4（万元/天）。

④ 同时压缩工作 G、工作 H 和工作 I，组合直接费用率为 0.8+0.7+0.5=2.0（万元/天）。

⑤ 同时压缩工作 I 和工作 J，组合直接费用率为 0.5+0.2=0.7（万元/天）。

在上述压缩方案中，由于工作 E 和工作 J 的组合直接费用率最小，故应选择工作 E 和工作 J 作为压缩对象。工作 E 和工作 J 的组合直接费用率为 0.4 万元/天，小于间接费用率 0.8 万元/天，说明同时压缩工作 E 和工作 J 可使工程总费用降低。由于工作 E 的持续时间只能压缩 1 天，工作 J 的持续时间也只能随之压缩 1 天。工作 E 和工作 J 的持续时间同时压缩 1 天后，重新计算工期和确定关键线路。此时，关键线路由压缩前的三条变为两条，即①—③—④—⑥、①—③—⑤—⑥。原来的关键工作 H 未经压缩而被动地变成了非关键工作。第二次压缩后的网络计划如图 4-63 所示。此时，关键工作 E 的持续时间已达最短，不能再压缩，故其直接费用率变为无穷大。

第三次压缩。如图 4-63 所示，由于工作 E 不能再压缩，而为了同时缩短两条关键线路①—③—④—⑥、①—③—⑤—⑥的总持续时间，有以下三个压缩方案。

① 压缩工作 B，直接费用率为 1.0 万元/天。

② 同时压缩工作 G 和工作 I，组合直接费用率为 0.8+0.5=1.3（万元/天）。

③ 同时压缩工作 I 工作 J，组合直接费用率为 0.5+0.2=0.7（万元/天）。

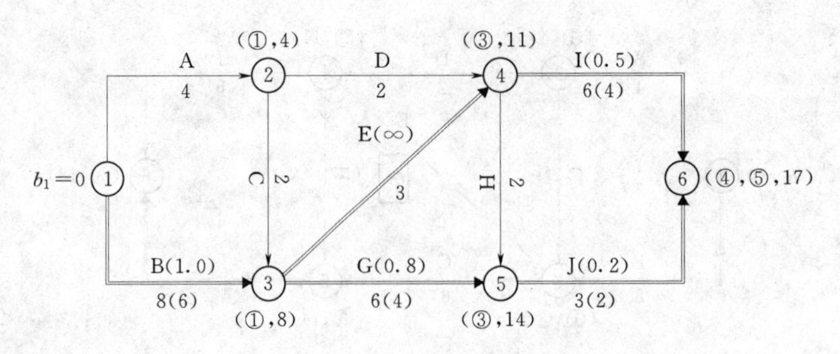

图 4-63　第二次压缩后的网络计划

在上述压缩方案中，由于工作 I 和工作 J 的组合直接费用率最小，故应选择工作 I 和工作 J 作为压缩对象。工作 I 和工作 J 的组合直接费用率为 0.7 万元/天，小于间接费用率 0.8 万元/天。说明同时压缩工作 I 工作 J 可使工程总费用降低。由于工作 J 的持续时间只能压缩 1 天，工作 I 持续时间也只能随之压缩 1 天。工作 I 和工作 J 的持续时间同时压缩 1 天后，利用标号法重新确定计算工期和关键线路。此时，关键线路仍然为两条，即①—③—④—⑥和①—③—⑤—⑥。第三次压缩后的网络计划如图 4-64 所示。此时，关键工作 J 的持续时间也已达最短，不能再压缩，故其直接费用率变为无穷大。

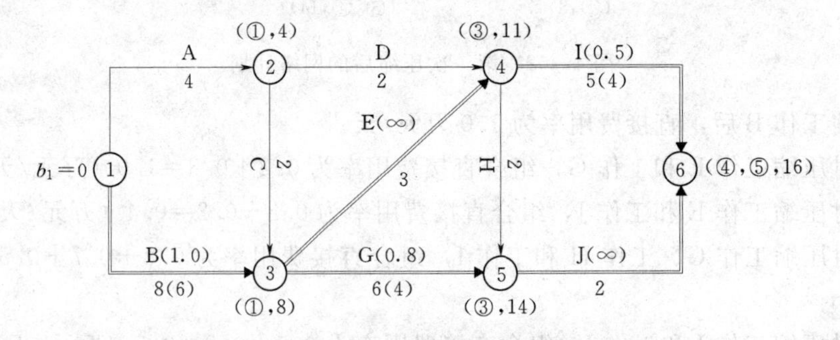

图 4-64　第三次压缩后的网络计划

第四次循环，如图 4-64 所示，由于工作 E 和工作 J 不能再压缩，为了同时缩短两条关键线路①—③—④—⑥、①—③—⑤—⑥的总持续时间，有以下两个压缩方案。

① 压缩工作 B，直接费用率为 1.0 万元/天。

② 同时压缩工作 G 和工作 I，组合直接费用率为 0.8＋0.5＝1.3（万元/天）。

在上述压缩方案中，由于工作 B 的直接费用率最小，故应选择工作 B 作为压缩对象。

但是，由于工作 B 的直接费用率为 1.0 万元/天，大于间接费用率 0.8 万元/天，直接费的增加额大于间接费的减少，说明压缩工作 B 会使工程总费用增加，因此不需要压缩工作 B，循环至此结束，优化方案已得到，优化后的网络计划如图 4-65 所示。

（5）优化后的工程总费用如下：

直接费总和：$C_d=7.0+9.0+5.7+5.5+8.4+8.0+8.0+5.0+6.9=63.5$（万元）

间接费总和：$C_i=0.8\times16=12.8$（万元）

工程总费用：$C_t=C_d+C_i=63.5+12.8=76.3$（万元）

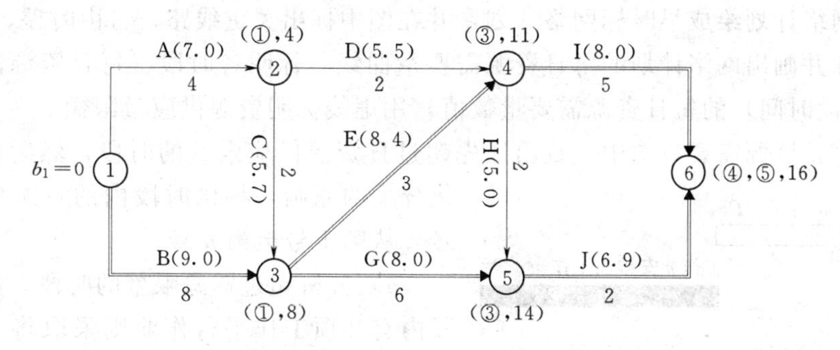

图 4-65　费用优化后的网络计划

4.5.3　资源优化

工期优化和费用优化都是假设资源供应是充足的，而实际情况，经常会受到劳动力、材料、机械等资源供应的限制。一项工程任务的完成，所需资源总量基本是不变的，不可能通过资源优化将其减少，但可以通过资源优化使其趋于均衡。资源优化就是通过改变工作的实施时间，使资源按时间的分布能够符合优化目标。工期优化和费用优化的中心是关键工作，而资源优化的中心是时差。

一般情况下，网络计划的资源优化分为两种，即“资源有限—工期最短”的优化和“工期固定—资源均衡”的优化。前者是在满足资源限制条件下，通过调整计划安排，使工期延长最少，甚至不延长的过程；后者是工期保证不变的条件下，通过调整计划安排，使资源需要量尽可能均衡的过程。

1.“资源有限—工期最短”优化

(1) 进行资源优化时的前提条件。

1) 在优化过程中，不改变网络计划中各项工作之间的逻辑关系；

2) 在优化过程中，不改变网络计划中各项工作的持续时间；

3) 网络计划中各项工作的资源强度（即单位时间所需资源数量）为常数，即资源均衡，而且是合理的；

4) 除规定允许中断的工作外，一般不允许中断工作，应保持其连续性。

为了使问题简化，这里假定网络计划中的所有工作需要同一种资源。

(2) 资源优化分配的原则。

资源优化分配，是指根据各工作对网络计划工期的影响程度，将有限的资源进行科学的分配，从而实现工期最短。其原则如下：

1) 关键工作优先满足，按每日资源需求量大小，从大到小顺序供应资源。

2) 非关键工作在满足关键工作的资源需求以后再供应资源。在优化过程中，对于前面时段已开始被供应而又不允许中断的工作，按其开始的先后顺序优先供应资源；其他非关键工作，按总时差由小到大的顺序供应资源，总时差相等时，以叠加量不超过资源供应限额的工作优先供应资源。

3) 最后考虑给计划中总时差较大、允许中断的工作供应资源。

4) 排队靠后的，无资源可配置的工作推迟开始时间。

(3) 优化的步骤。

1）将网络计划绘成早时标网络计划，并在图中标出关键线路、自由时差、总时差。

2）计算并画出网络计划的每日资源需要量曲线，标明各时段（每日资源需要量不变且连续的一段时间）的每日资源需要量数值，用虚线标明资源供应量限额。

3）在每日资源需要量图中，找出最先超过日资源供应限额的时段，然后根据资源优化分配的原则，将该时段内的各工作按顺序编号，从第1号至第n号。

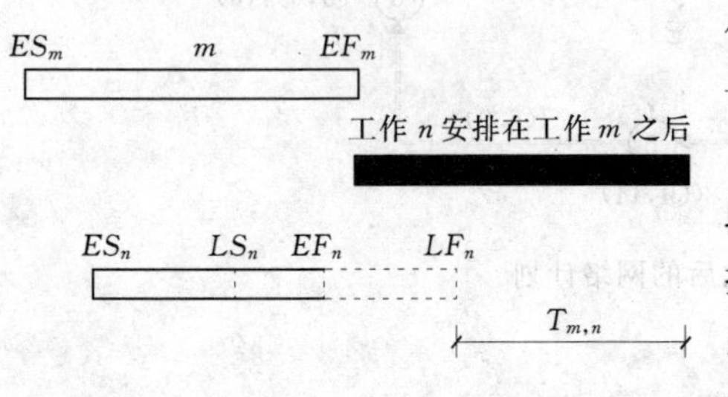

图4-66　工作n安排在工作m之后

4）分析超过资源限量的时段。如果在该时段内有几项工作平行作业则采取将一项工作安排在与之平行的另一项工作之后进行的方法，以降低该时段的资源需用量。对于两项平行作业的工作m和n来说，为了降低相应时段的资源需用量，现将工作n安排在工作m之后进行，如图4-66所示。

$$\Delta T_{m,n}=EF_m+D_n-LF_n=EF_m-(LF_n-D_n)=EF_m-LS_n \tag{4-68}$$

式中　$\Delta T_{m,n}$——将工作n安排在工作m之后进行时，网络计划的工期延长值；

EF_m——工作m的最早完成时间；

D_n——工作n的持续时间；

LF_n——工作n的最迟完成时间；

LS_n——工作n的最迟开始时间。

在资源冲突的时段中，对平行作业的工作进行两两排序，即可得出若干个$\Delta T_{m,n}$，选择其中最小的$\Delta T_{m,n}$，将相应的工作n安排在工作m之后进行，即可降低该时段的资源需用量，又使网络计划的工期延长最短。

5）给出工作推移后的时间坐标网络图（如有关键工作或剩余总时差为零的工作需要推移时，网络图仍需符合逻辑，必要时进行适当的修正），并绘出新的每日资源需要量曲线。

6）在新的每日资源需要量曲线图中，从已优化的时段后面找出首先超过日资源供应限额的时段进行优化，即重复第3）、4）、5）步骤。如此反复，直至所有的时段均不超过每日资源供应限额为止。

（4）优化示例。

【例4-5】 已知某工程双代号时标网络图（图4-67），图中箭线上方数字为工作的资源强度，箭线下方数字为工作持续时间。假定资源限量$R=9$，试对其进行“资源有限—工期最短”的优化。

资源有限—工期最短优化步骤如下：

1）计算网络计划每个时间单位的资源需用量，绘出资源需用量动态曲线，如图4-67下方曲线所示。

2）从计划开始日期起，经检查发现时段［1，6］存在资源冲突，每日需用量为13>9，故应首先调整该时段。

3）在时段［1，6］有工作①—②、①—③、①—④三项工作平行作业，对该时段内的工作按优化分配原则进行编号，如表4-8所示。

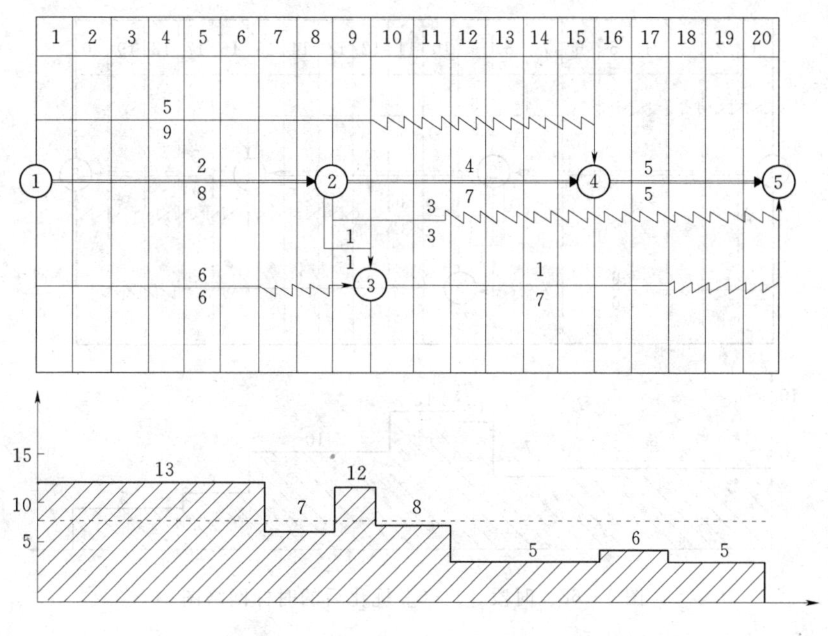

图 4-67 某工程双代号时标网络图

表 4-8　　　　　　时段［1，6］三项工作优化分配原则

序号	工作名称 $i-j$	每日资源需要量 r_{i-j}	最早完成时间	最迟开始时间	$\Delta T_{1,2}$	$\Delta T_{1,3}$	$\Delta T_{2,1}$	$\Delta T_{2,3}$	$\Delta T_{3,1}$	$\Delta T_{3,2}$
1	1—2	2	8	0	2	2	—	—	—	—
2	1—4	5	9	6	—	—	9	3	—	—
3	1—3	6	6	6	—	—	—	—	6	0

由表 4-8 可知，$\Delta T_{3,2}=0$ 最小，说明将序号为 2 的工作①—④安排在序号为 3 的工作①—③之后进行，工期不延长。因此，将工作①—④安排在工作①—③之后进行工期增加为零，且资源需要量满足供给限制，如图 4-68 所示。

经检查发现时段［9，15］存在资源冲突，故应调整该在时段的①—④、②—③、②—④、②—⑤四项工作平行，对该时段内的工作按优化分配原则进行编号（表 4-9），显然②—⑤、②—③两项工作推迟一天对工期没有影响。

表 4-9　　　　　　时段［9，15］四项工作优化分配原则

序号	工作名称 $i-j$	每日资源需要量 r_{i-j}	最早完成时间	最迟开始时间	ΔT_{1-2}	ΔT_{1-3}	ΔT_{1-4}	ΔT_{2-1}	ΔT_{2-3}	ΔT_{2-4}	ΔT_{3-1}	ΔT_{3-2}	ΔT_{3-4}	ΔT_{4-1}	ΔT_{4-2}	ΔT_{4-3}
1	1—4	5	15	6	3	7	−2	—	—	—	—	—	—	—	—	—
2	2—3	1	9	12	—	—	—	3	1	−8		—	—	—	—	—
3	2—4	4	15	8	—	—	—	—	—	—	9	3	−2	—	—	—
4	2—5	2	11	17										5	−1	3

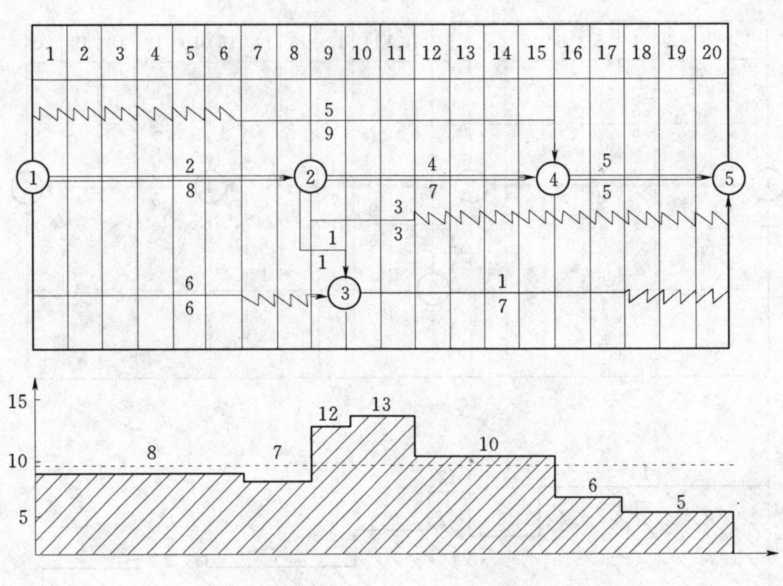

图 4-68　时段［1，6］优化后的时标网络图

4）画出初始可行方案图。经过三次调整后，得到优化方案，如图 4-69 所示，其资源需要量与初始方案相比，工期增加了 2 天，资源高峰下降了 4 个单位。

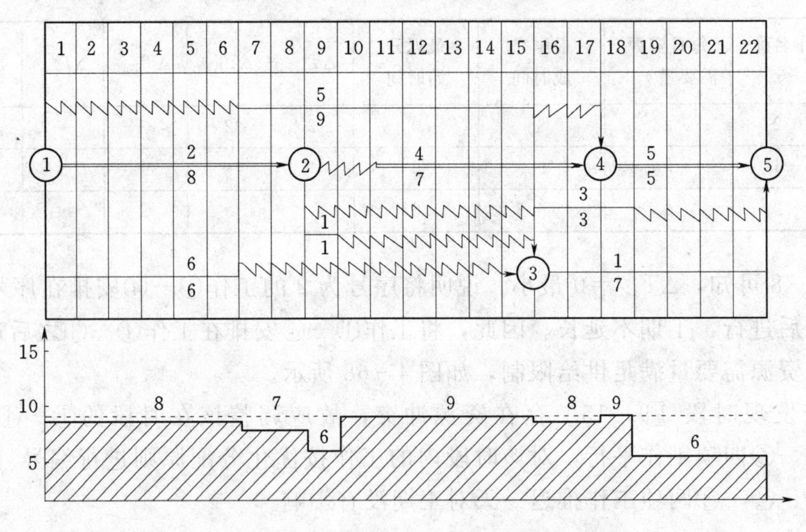

图 4-69　资源有限-工期最短的优化网络图

2."工期固定-资源均衡"优化

工期固定-资源均衡的优化是调整计划安排，在保持合同工期不变的条件下，使资源需用量尽可能趋于均衡的过程。

均衡施工是指在整个施工过程中，对资源的需要量不出现短时期的高峰和低谷。资源消耗均衡可以减小现场各种加工场（站）、生活和办公用房等临时设施的规模，有利于节约施工费用。该种优化就是在工期不变的情况下，利用时差对网络计划做一些调整，使每天的资源需要量尽可能地接近于平均。

（1）优化原理。

优化有多种方法，如方差值最小法、极差值最小法、削高峰法等。即评价均衡性的指标有多个，最常用指标是均方差（σ^2），方差愈小，施工愈均衡。方差计算如下：

$$\sigma^2=\frac{1}{T}\sum_{t=1}^{T}(R_t-R_m)^2$$

$$=\frac{1}{T}[(R_t-R_m)^2+(R_2-R_m)^2+\cdots+(R_T-R_m)^2]$$

$$=\frac{1}{T}\left(\sum_{t=1}^{T}R_t^2-2R_m\sum_{t=1}^{T}R_t+TR_m^2\right)$$

$$\Theta R_m=\frac{R_1+R_2+\cdots+R_T}{T}=\frac{1}{T}\sum_{t=1}^{T}R_t$$

所以

$$\sigma^2=\frac{1}{T}\left(\sum_{t=1}^{T}R_t^2-2R_mTR_m+TR_m^2\right)$$

$$=\frac{1}{T}\sum_{t=1}^{T}R_t^2-R_m^2 \tag{4-69}$$

式中 σ^2——资源消耗的均方差；

T——计划工期；

R_t——资源在第 i 天的消耗量；

R_m——资源的平均消耗量。

由上式可以看出：T 和 R_m 为常量，欲使 σ^2 最小，必须使 $\sum_{t=1}^{T}R_t^2$ 最小。

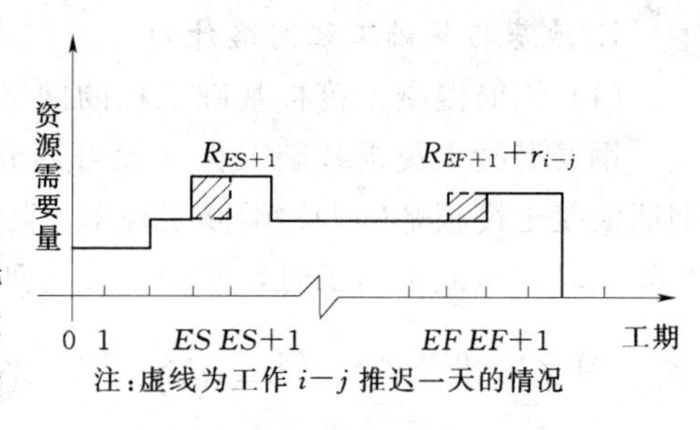

注：虚线为工作 $i-j$ 推迟一天的情况

图 4-70 资源需要量动态曲线

如图 4-70 所示，假如有一非关键工作$i-j$，开始与结束时间分别为 t_{ES}、t_{EF}，每天资源消耗量为 r_{i-j}。如果将该工作向右移动一天，则第 t_{ES+1}天的资源消耗量 R_{ES+1}将减少 r_{i-j}，而第 t_{EF+1}天的资源消耗量 R_{EF+1}将增加 r_{i-j}，其他天的消耗量不变。

工作 $i-j$ 推后一天时，$\sum_{t=1}^{T}R_t^2$ 的增加量Δ 为

$$\Delta=(R_{ES+1}-r_{i-j})^2+(R_{EF+1}+r_{i-j})^2-(R_{ES+1}^2+R_{EF+1}^2)$$

$$=2r_{i-j}(R_{EF+1}-R_{ES+1}+r_{i-j}) \tag{4-70}$$

如果 Δ 为负值，则工作 $i-j$ 右移一天，能使 $\sum_{t=1}^{T}R_t^2$ 值减少，即方差减少。也就是说当工作 $i-j$ 开始工作第一天的资源消耗量 R_{ES+1}大于其完成那天的后一天的资源消耗量 R_{EF+1}与该工作资源强度 r_{i-j}之和时，该工作右移一天能使方差减少，这时，就可将工作$i-j$右移一天。

如此判断右移，直至不能右移或该工作的总时差用完为止。如在右移的过程中某次调整出现 $R_{ES+1}\leqslant R_{EF+1}+r_{i-j}$时，仍然可试着右移，如在此后出现该次至以后各次调整的 Δ

值累计为负，亦可将之右移至相应位置。

（2）优化步骤。

调整应自网络计划终点节点开始，从右向左逐项进行。按工作的结束节点的编号值从大到小的顺序进行调整。同一个结束节点的工作则开始时间较迟的工作先调整。在所有工作都按上述原理方法自右向左进行了一次调整之后，为使方差值进一步减少，需要自右向左进行再次，甚至多次调整，直到所有工作的位置都不能再移动为至。

4.6 网络计划在工程实际中的应用

4.6.1 分部工程网络计划

按现行《建筑工程施工质量验收统一标准》（GB50300—2001），建筑工程可划分为以下九个分部工程：地基与基础工程、主体结构工程、建筑装饰装修工程、建筑屋面工程、建筑给水排水及采暖工程、建筑电气工程、智能建筑工程、通风与空调工程、电梯工程。其中涉及土建的四个分部工程是：地基与基础工程、主体结构工程、建筑装饰装修工程和建筑屋面工程。

在编制分部工程网络计划时，要在单位工程对该分部工程限定的进度目标时间范围内，既考虑各施工过程之间的工艺关系，又考虑其组织关系，同时还应注意网络构图，并且尽可能组织主导施工过程流水施工。

1. 地基与基础工程网络计划

（1）钢筋混凝土筏板基础工程的网络计划。

钢筋混凝土筏板基础工程一般可划分为：土方开挖 A、地基处理 B、混凝土垫层 C、钢筋混凝土筏板基础 D、砌体工程 E、防水工程 F、回填土 G 七个施工过程。当划分为三个施工段组织流水施工时，按施工段排列的网络计划如图 4-71 所示。

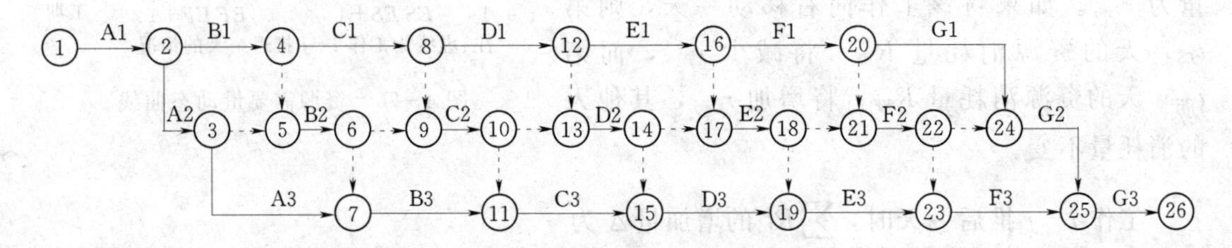

图 4-71 钢筋混凝土筏板基础工程按施工段排列的网络计划

（2）钢筋混凝土杯形基础工程的网络计划。

单层装配式工业厂房，其钢筋混凝土杯形基础工程的施工一般可划分为：挖基坑、做混凝土垫层、做钢筋混凝土杯形基础、回填土四个施工过程。当划分为三个施工段组织流水施工时，按施工过程排列的网络计划如图 4-72 所示。

2. 主体结构工程网络计划

（1）砌体结构主体工程的网络计划。

当砌体结构主体为现浇钢筋混凝土的构造柱、圈梁、楼板、楼梯时，若每层分三个施工段组织施工，其标准层网络计划可按施工过程排列，如图 4-73 所示。

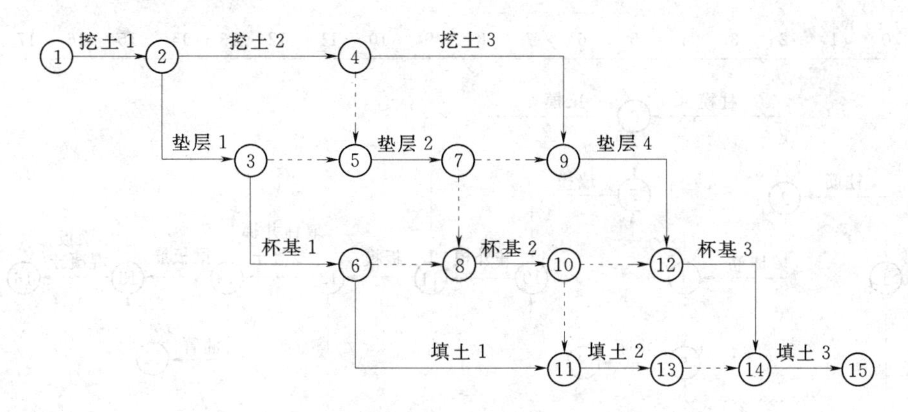

图 4－72　钢筋混凝土杯形基础工程的网络计划

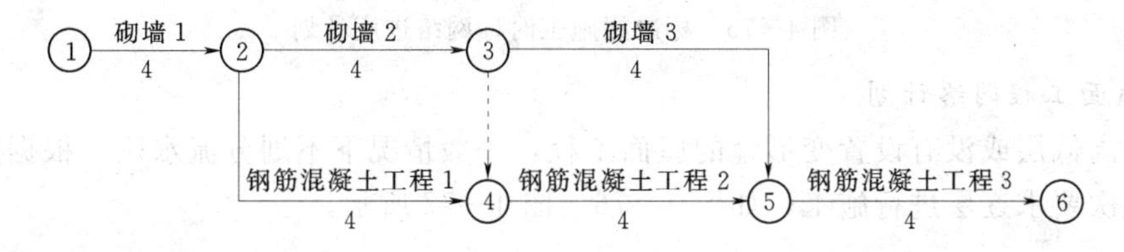

图 4－73　砌体结构主体工程标准层按施工过程排列的网络图

（2）框架结构主体工程的网络计划。

框架结构主体工程施工一般可划分为：立柱筋 A，支柱、梁、板、梯模 B，浇筑混凝土 C，绑梁、板、梯筋 D，浇梁、板、梯混凝土 E、混凝土养护 F、拆模 G、填充墙砌筑 H 八个施工过程。若按两个施工段流水施工，其标准层网络计划可按施工段排列，如图 4－74所示。

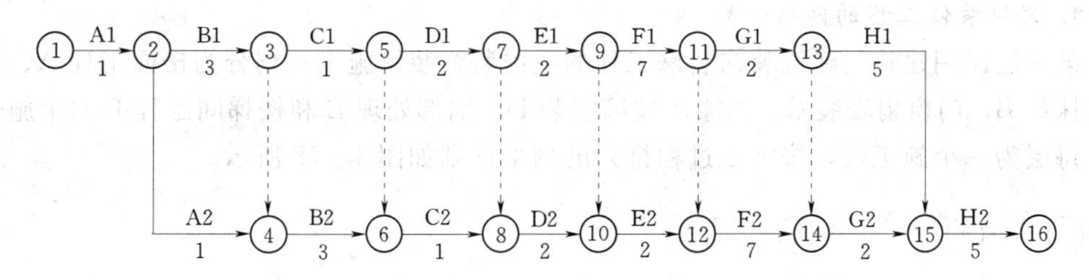

图 4－74　框架结构主体工程的网络计划

（3）框剪结构主体工程的网络计划。

某高层建筑由柱、梁、楼板、剪力墙组合成整体结构，并设有电梯井和楼梯等。该工程一个结构层的施工顺序大致如下：柱和抗震墙先绑扎钢筋，后支模板；电梯井壁先支内壁模板，后绑扎钢筋，再支外壁模板；梁的模板必须待柱子模板都支好后才能开始，梁模板支好后再支楼板的模板；先浇捣柱子、抗震墙及电梯井壁的混凝土，然后开始梁和楼板的钢筋绑扎，同时在楼板上预埋暗管，完后再浇捣梁和楼板的混凝土。

由各施工过程的工程量和企业的劳动生产力水平计算知道各施工过程的工作持续时间。绘制一标准层施工时标网络进度计划如图 4－75 所示。

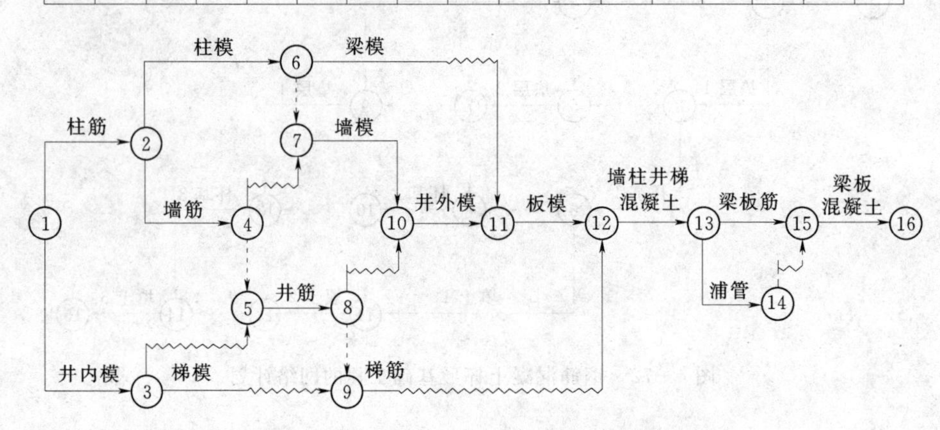

图 4-75　标准层施工时标网络进度计划

3. 屋面工程网络计划

没有高低层或没有设置变形缝的屋面工程，一般情况下不划分流水段，根据屋面的设计构造层次要求逐层进行施工，如图 4-76、图 4-77 所示。

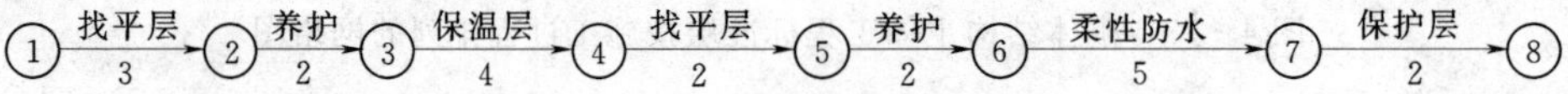

①—找平层 3→②—养护 2→③—保温层 4→④—找平层 2→⑤—养护 2→⑥—柔性防水 5→⑦—保护层 2→⑧

图 4-76　柔性防水屋面工程网络计划

①—隔离层 3→②—刚性防水 4→③—养护 2→④—分隔缝嵌缝 2→⑤

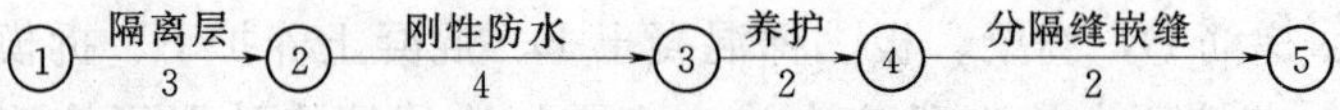

图 4-77　刚性防水屋面工程网络计划

4. 装饰装修工程的网络计划

某 3 层民用建筑的建筑装饰装修工程的室内装饰装修施工，划分为楼面工程 A、顶棚内墙抹灰 B、门窗扇安装 C、油漆及玻璃安装 D、细部处理 E 和楼梯间工程 F 六个施工过程，每层为一个施工段，按施工过程排列的网络计划如图 4-78 所示。

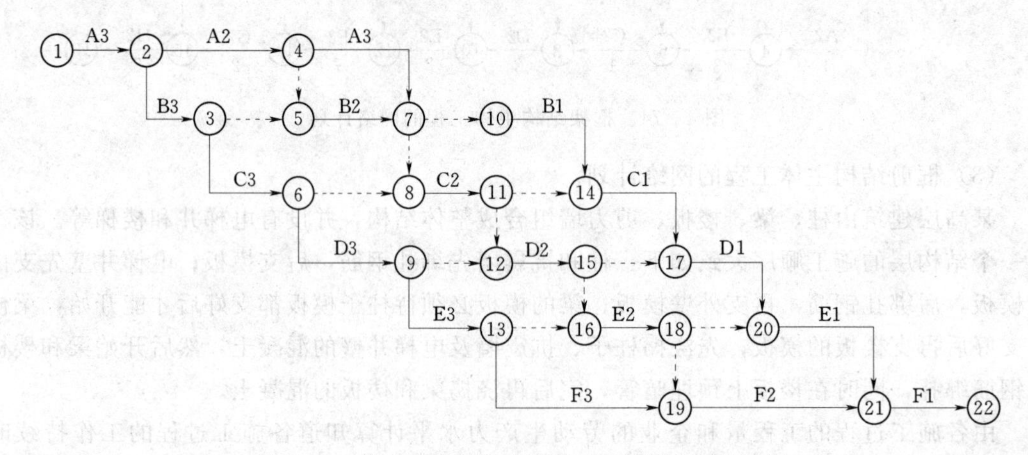

图 4-78　装饰装修工程按施工过程排列的网络计划

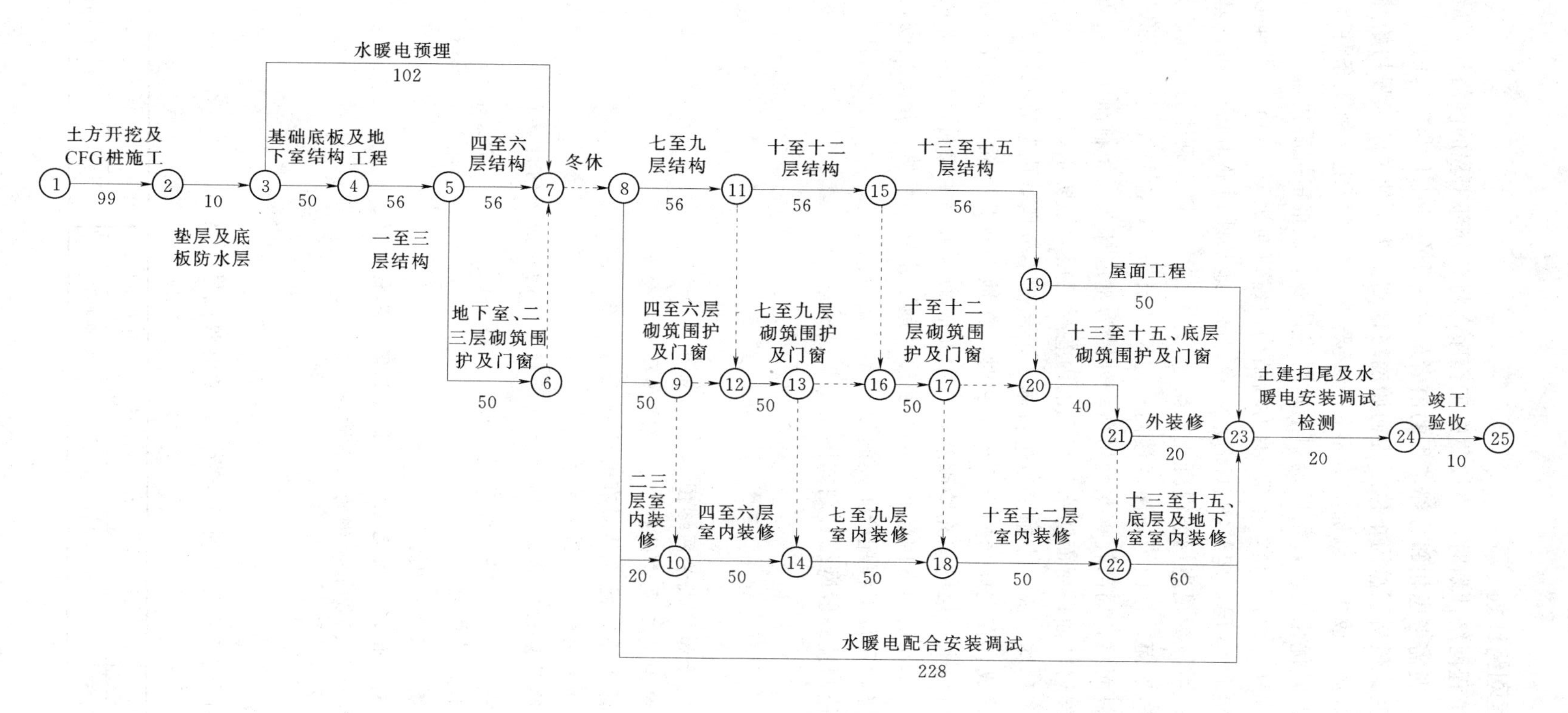

图 4-79 单位工程控制性一般网络计划

4.6.2 单位工程网络计划

在编制单位工程网络计划时，要按照施工程序，将各分部工程的网络计划最大限度地合理搭接起来，一般需考虑相邻分部工程的前者最后一个分项工程与后者的第一个分项工程的施工顺序关系，最后汇总为单位工程初始网络计划。为了使单位工程初始网络计划满足规定的工期、资源、成本等目标，应根据上级要求、合同规定、施工条件及经济效益等，进行检查与调整优化工作，然后绘制正式网络计划，上报审批后执行。

【例4-6】 某15层办公楼，框架-剪力墙结构，建筑面积16500m²，平面形状为凸弧形，地下1层，地上15层，建筑物总高度为62.4m。地基处理采用CFG桩，基础为钢筋混凝土筏片基础；主体为现浇钢筋混凝土框架-剪力墙结构，填充砌体为加气混凝土砌块；地下室地面为地砖地面，楼面为花岗岩楼面；内墙基层抹灰，涂料面层，局部贴面砖；顶棚基层抹灰，涂料面层，局部轻钢龙骨吊顶；外墙为基层抹灰，涂料面层，立面中部为玻璃幕墙，底部花岗岩贴面；屋面防水为三元乙丙卷材三层柔性防水。

基础、主体工程均分成三个施工段进行施工，屋面不分段，内装修每层为一段，外装修自上而下依次完成。在主体结构施工至4层时，在地下室开始插入填充墙砌筑，2～15层均砌完后再进行地上一层的填充墙砌筑；在填充墙砌筑至第4层时，在第2层开始室内装修，依次做完3～15层的室内装修后再做底层及地下室室内装修。填充墙砌筑工程均完成后再进行外装修，安装工程配合土建施工。

该单位工程控制性一般网络计划如图4-79所示。

思考题

1. 什么是双代号和单代号网络图？
2. 双代号网络图的三要素是什么？试述各要素的含义。
3. 什么叫逻辑关系？网络计划有哪两种逻辑关系？
4. 施工网络计划有哪几种排列方法？
5. 双代号网络计划时间参数有哪些？是怎样定义的？应如何计算？
6. 什么叫关键工作、关键线路？
7. 虚工作的作用有哪些？
8. 简述网络图的绘制原则。
9. 什么是工期优化、费用优化？资源优化有哪几种情况？
10. 简述工期优化、费用优化的基本步骤。

练习题

1. 已知网络图的资料如下列各表所示，画出双代号网络图。

(1)

工作	A	B	C	D	E	G	H
紧前工作	D、C	E、H	—	—	—	H、D	—

(2)

工作	A	B	C	D	E	G
紧前工作	—	—	—	—	B、C、D	A、B、C

(3)

工　作	A	B	C	D	E	G	H	I	J
紧前工作	J	H、J	D、H、J	E、I	—	—	I	—	I、G

2. 已知网络图的资料如上题所示，画出单代号网络图。

3. 已知网络图的资料如下列各表所示，画出双代号网络图，进行六时标参数计算，画出关键线路；绘出时标网络图，标注出关键线路。

工　作	A	B	C	D	E	F	G	H	I	J	K
持续时间	22	10	13	8	15	17	15	6	11	12	20
紧前工作	—	—	B、E	A、C、H	—	B、E	E	F、G	F、G	A、C、I、H	F、G

4. 已知网络图的资料如下列各表所示，画出双代号网络图，进行图上节点时标参数计算，标明关键线路。

工　作	A	B	C	D	E	G	H	I	J	K
持续时间	2	3	4	5	6	3	4	7	2	3
紧前工作	—	A	A	A	B	C、D	D	B	E、H、G	G

5. 已知网络图的资料如下表所示，画出单代号网络图，进行图上六时标参数计算，画出关键线路。

工　作	A	B	C	D	E	G
持续时间	12	10	5	7	6	4
紧前工作	—	—	—	B	B	C、D

6. 已知网络图的资料如下列各表所示，画出双代号时标网络图，确定关键线路。

工　作	A	B	C	D	E	G	H	I	J	K
持续时间	2	3	5	2	3	3	2	3	6	2
紧前工作	—	A	A	B	B	D	G	E、G	C、E、G	H、I

7. 已知网络计划如下图所示，箭线下方括号外为工作正常的持续时间，括号内为工作最短的持续时间；箭线上方括号外为工作名称，括号内为优选系数，该系数综合考虑了质量、安全和费用增加情况而定。假定要求工期为 80 天，请根据工期优化原则进行工期优化。

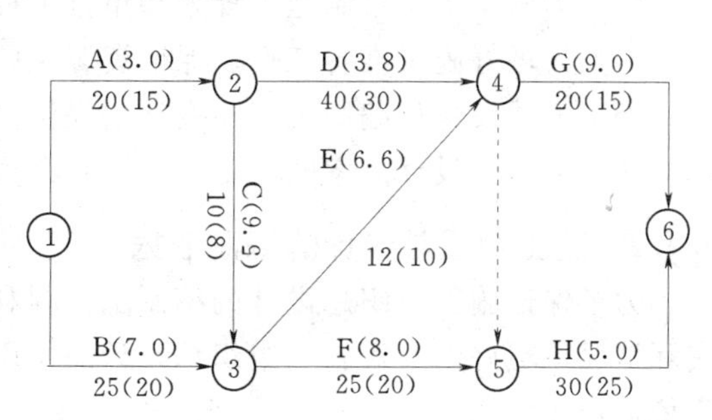

第5章　施工组织总设计

本章要点

本章主要介绍了施工组织总设计的基本内容和编制方法。通过本章学习应了解编制群体工程或特大型工程项目的总体施工部署及主要施工方法、施工总进度计划、施工总平面布置图的基本要求和方法。

5.1　概　述

施工组织总设计是以若干单位工程组成的群体工程或特大型项目为主要对象编制的施工组织设计，对整个项目的施工过程起统筹规划、重点控制的作用。由施工组织设计项目负责人主持编制。

5.1.1　施工组织总设计的作用

在我国，大型房屋建筑工程标准一般指：25层及以上的房屋建筑工程；高度100m及以上的建（构）筑物工程；单体建筑面积3万m^2及以上的房屋建筑工程；单跨跨度30m及以上的房屋建筑工程；建筑面积10万m^2及以上的住宅小区或建筑群体工程；单项建安合同额1亿元及以上的房屋建筑工程。

但在实际操作中，具备上述规模的建筑工程很多只需编制单位工程施工组织设计，需要编制施工组织总设计的建筑工程，其规模应当超过上述大型建筑工程的标准，通常需要分期分批建设，可称为特大型项目。以群体工程或特大型项目为主要对象编制的施工组织总设计的作用主要是：

（1）进行全局性的战略部署。

（2）为组织整个施工作业提供科学方案和实施步骤。

（3）为施工单位编制施工计划和单位工程施工组织设计提供依据。

（4）为做好施工准备工作、保证资源供应提供依据。

（5）为建设单位编制工程建设计划提供依据。

（6）为确定设计方案的施工可行性和经济合理性提供依据。

5.1.2　施工组织总设计的编制依据

为了保证施工组织总设计的编制工作顺利进行并提高质量，使设计文件更能结合工程实际情况，更好的发挥施工组织总设计的作用，在编制施工组织总设计时，应以下列内容为依据：

（1）与工程建设有关的法律、法规和文件。

（2）国家现行有关标准和技术经济指标。其中，技术经济指标主要指各方面的建筑工程概预算定额和相关规定。虽然建筑行业目前使用了清单计价的方法，但各地方制定的概预算定额在造价控制、材料和劳动力消耗等方面仍起一定的指导作用。

（3）工程所在地区行政主管部门的批准文件，建设单位对施工的要求。

（4）工程施工合同或招投标文件。

（5）工程设计文件。

（6）工程施工范围内的现场条件，工程地质及水文地质、气象等自然条件。

（7）与工程有关的资源供应情况。

（8）施工企业的生产能力、机具设备状况、技术水平等。

5.1.3 施工组织总设计的编制内容和程序

施工组织总设计编制内容根据工程性质、规模、工期、结构的特点及施工条件的不同而有所不同，通常包括下列内容：工程概况及特点分析，总体施工部署和主要工程项目施工方法，施工总进度计划，施工资源需要量计划，施工准备工作计划，施工总平面图和主要技术经济指标等。

施工组织总设计的编制程序如图 5－1 所示。

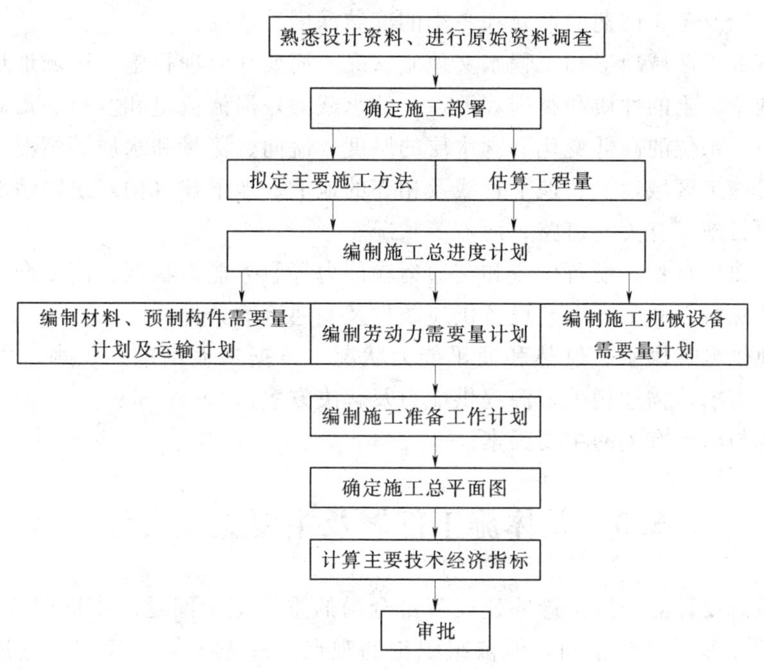

图 5－1　施工组织总设计编制程序

5.2 工 程 概 况

工程概况及特点分析是对整个建设项目的总说明和总分析，是对整个建设项目或建筑群所作的一个简单扼要、突出重点的文字介绍。编制工程概况时，为了清晰易懂，宜采用图表说明。一般应包括项目主要情况和项目主要施工条件。

5.2.1 建设项目主要情况

建设项目主要情况应包括下列内容：

（1）项目名称、性质、地理位置和建设规模。建筑工程按其用途可分为工业和民用两大类，按其性质可分为新建、改建、扩建工程等，应简要介绍项目的使用功能；建设规模可包括项目占地总面积、投资规模（产量）、分期分批建设范围等。

（2）项目的建设、勘察、设计和监理等相关单位情况。

（3）项目设计概况。简要介绍项目的建筑面积、建筑高度、建筑层数、结构形式、建筑结构及装饰用料、建筑抗震设防烈度、安装工程和机电设备的配置情况。

（4）项目承包范围及主要分包工程范围。

（5）施工合同或招标文件对项目施工的重点要求。

（6）其他应说明的情况。

5.2.2 建设项目主要施工条件

建设项目主要施工条件应包括下列内容：

（1）项目建设地点气象条件。简要介绍项目建设地点的气温、雨、雪、风和雷电等气象变化情况，以及冬、雨期的期限和冬季的冻结深度等情况。

（2）项目施工区域地形和工程水文地质状况。简要介绍项目施工区域地形变化和绝对标高，地质构造、土的性质和类别、地基土的承载力，河流流量和水质、最高洪水和枯水期的水位，地下水位的高低变化、含水层的厚度、流向、流量和水质等情况。

（3）项目施工区域地上、地下管线及相邻的地上、地下建（构）筑物情况。

（4）与项目施工有关的道路、河流等状况。

（5）当地建筑材料、设备供应和交通运输能力等服务能力状况。简要介绍建设项目的主要材料、特殊材料和生产工艺设备供应条件及交通运输条件。

（6）当地供电、供水、供热和通讯能力状况。根据当地供电、供水、供热和通讯情况，按照施工需求，描述相关资源提供能力及解决方案。

（7）其他与施工有关的主要因素。

5.3 总体施工部署及主要施工方法

施工组织总设计必须解决影响建设项目全局的重大施工问题。不同建设项目的性质、规模和施工条件等不尽然相同，但依组织论的观点，首先必须明确施工进度、质量、安全、环境和成本等总目标，初步遴选确定施工项目经理并选择组织机构形式。其次，应对项目总体施工做出宏观部署，从全局角度出发落实各施工任务。当然，需要明确影响全局的主要工程的施工方法。

5.3.1 确定工程开展程序

确定建设项目中各项工程的合理开展程序是关系到整个建设项目能否尽快投产使用的关键。

（1）根据项目施工总目标的要求，确定项目分阶段（期）交付计划。

建设项目通常是由若干个相对独立的投产或交付使用的子系统组成。如大型工业项目由主体生产系统、辅助生产系统和附属生产系统之分；住宅小区由居住建筑、服务性建筑和附属性建筑之分。结合项目建设单位的分期（分批）或配套投产（运）要求，根据施工总目标，可将建设项目划分为分期（分批）投产或交付使用的独立工程交接系统，在保证工期的前提下，实行分期分批建设，既可使各具体项目迅速建成，尽早投入使用，又可在全局上实现施工的连续性和均衡性，减少暂设工程数量，降低工程成本。至于分几期施工，每期工程包含哪些项目，主要根据生产工艺要求、建设部门要求、工程规模大小和施工难易程度、资金、技术等情况，由建设单位和施工单位共同研究确定。

对于中小型工业与民用建筑或大型建设项目的某一系统，由于工期较短或生产工艺的要求，也可不必分期分批建设，采取一次性建成投产。

在统筹安排各类项目施工时，要保证重点，兼顾其他，其中应优先安排工程量大、施工难度大、工期长的项目；供施工、生活使用的项目及临时设施；按生产工艺要求，先期投入生产或起主导作用的工程项目等。

（2）确定项目分阶段（期）施工的合理顺序及空间组织。

根据项目分阶段（期）交工计划，合理地确定每个单位工程的开、竣工时间，划分各参与施工单位的工作任务，明确各单位之间分工与协作的关系，确定综合的和专业化的施工组织，保证先后投产或交付使用的系统都能够正常运行（使用）。

5.3.2 组织安排

在明确施工项目管理体制、机构的条件下，根据参建各施工单位的施工任务，明确总包与分包单位的分工与协作关系，建立施工现场统一的领导机构及职能部门。总承包单位应明确项目管理组织机构（施工项目经理部）形式，并宜用框图的形式表示。

项目经理部形式应根据施工项目的规模、复杂程度、专业特点、人员素质和地域范围确定，大中型项目宜设置事业部式项目管理组织，小型项目宜设置直线职能式项目管理组织。

5.3.3 主要施工方法

施工组织总设计应对项目的重点和难点进行简要分析。应根据现有的施工技术水平和管理水平，对项目施工中开发和使用的新技术、新工艺应做出规划，并采取可行的技术、管理措施来满足工期和质量等要求。施工组织总设计要制定一些单位（子单位）工程和主要分部（分项）工程所采用的施工方法，这些工程通常是建筑工程中工程量大、施工难度大、工期长，对整个项目的完成起关键作用的建（构）筑物以及影响全局的主要分部（分项）工程。

施工组织总设计应对两个方面的主要施工方法进行简要说明。一个方面是指项目涉及的单位（子单位）工程和主要分部（分项）工程所采用的施工方法；另一个方面是指脚手架工程、起重吊装工程、临时用水用电工程、季节性施工等专项工程所采用的施工方法。施工方法的确定主要考虑技术的先进性、工艺的可靠性和经济的合理性。

5.4 施工总进度计划

5.4.1 施工总进度计划编制的基本要求

施工总进度计划是施工现场各项施工活动在时间上和空间上的体现。施工总进度计划是根据施工合同、施工进度目标、有关技术资料，并按照总体施工部署中确定的施工顺序和空间组织等进行编制。

施工总进度计划的内容应包括：编制说明，施工总进度计划图（表），分期（分批）实施工程的开竣工日期、工期一览表等。施工总进度计划可采用网络图或横道图表示，优先采用网络计划。网络计划应按照国家现行标准《网络计划技术》（GB/T13400.1～3）及行业标准《工程网络计划技术规程》（JGJ/T121）的要求编制。

施工总进度计划的作用在于确定各个建筑物及其主要工程、准备工作和全工地性工程的施工期限及开工和竣工的日期，从而确定建筑物施工现场上劳动力、原材料、成品、半成品、施工机械的需要数量和调配情况，以及现场临时设施的数量、水电供应数量和能源、交通的需要数量等。因此，正确地编制施工总进度计划是保证各项目以及整个建设工程按期交付使用，充分发挥投资效益，降低建筑工程成本的重要条件。

编制施工总进度计划的基本原则是：保证拟建工程在规定的期限内完成，发挥投资效益；施工的连续性和均衡性，节约施工费用。

5.4.2 施工总进度计划的编制步骤和方法

根据总体施工部署的安排，将工程分期（分批）施工的每个系统的各项工程分别划分出来，在控制的期限内进行各项工程的具体安排。如建设项目的规模不大，各系统工程项目不多时，也可不按照分期分批投产顺序安排，而直接安排总进度计划。具体编制步骤如下。

1. 列出工程项目一览表并计算工程用量

施工总进度计划主要起控制性作用，因此项目划分不宜过细，可按照确定的主要工程项目的开展顺序排列，一些附属项目、辅助工程及临时设施可以合并列出，然后依据工程项目一览表估算各主要项目的实物工程量。估算工程量可按照初步（或扩大初步）设计图纸，根据各种定额、手册或有关资料进行。常用的定额资料有以下几种：

（1）万元或十万元投资工程量、劳动力及材料消耗扩大指标。

这种定额规定了某种结构类型建筑，每万元或十万元投资中劳动力、主要材料等消耗数量。根据设计图纸中的结构类型和投资估算额或概算额，即可计算出拟建工程各分项工程需要的劳动力和主要材料的消耗数量。

（2）概算指标或扩大结构定额。

概算指标是以建筑物每 $100m^3$ 体积为单位；扩大结构定额是以每 $100m^2$ 建筑面积为单位。估算工程量时，首先查找出与本建筑物结构类型、跨度、建筑面积、体积、高度、层数等对应的定额单位所需的劳动量和各项主要材料消耗量，从而计算出拟建项目所需的劳动力和材料消耗量。

（3）标准设计或已建类似建（构）筑物的资料。

在缺少上述几种定额资料的情况下，可采用标准设计或已建成的类似工程实际所消耗的劳动力及材料量经验数据，按比例类推估算。实际上，与拟建工程完全相同的已建工程极为少见，因此在采用已建工程资料时，一般要进行折算、调整。

除工程本身之外，还必须计算场地平整、道路、管线等为施工服务的全工地性工程的工程量，这些计算都可以根据建筑总平面图来进行。

将按照上述方法计算出的工程量填入工程量汇总表中，如表 5-1 所示。

表 5-1　　工程项目一览表

工程分类	工程名称	结构类型	建筑面积	幢数	概算投资	主要实物工程量								
						场地平整	土方工程	桩基工程	……	砖石工程	钢筋混泥土工程	……	装饰工程	……
			$1000m^2$	个	万元	$1000m^2$	$1000m^3$	$1000m^3$		$1000m^3$	$1000m^3$		$1000m^2$	
全工地性工程														
主体项目														
辅助项目														
永久住宅														
临时建筑														
合计														

2. 确定各单位工程的施工期限

单位工程的施工应根据施工单位的施工技术与施工管理水平、机械化程度，劳动力水平和材料供应等状况，及单位工程建筑结构类型与体积大小、现场地形、地质，现场环境和施工条件等因素加以确定。此外，也可参考有关的工期定额来确定各单位工程的施工期限。

3. 确定各单位工程的开、竣工时间和相互搭接关系

根据总体施工部署及单位工程施工期限，就可以安排各单位工程的开、竣工时间和相互搭接关系。通常应考虑下列因素：

(1) 保证重点，兼顾一般。在安排进度时，要分清主次，抓住重点，同一时期进行的项目不宜过多，以免分散有限的人力和物力。

(2) 要满足连续、均衡的施工要求。应尽量使劳动力、材料和施工机械的消耗在全工地上达到均衡，减少高峰和低谷的出现，以利于劳动力的调度和材料的供应。

(3) 要满足生产工艺要求，合理安排各个建筑物的施工顺序，以缩短建设周期，尽快发挥投资效益。

(4) 认真考虑施工总平面图的空间关系。应在满足有关规范要求的前提下，使各拟建临时设施布置尽量紧凑，节省占地面积。

(5) 全面考虑各种条件限制。在确定各建筑物施工顺序时，应考虑各种客观条件限制，如施工企业的施工力量，各种原材料、机械设备的供应情况，设计单位提供图纸的时间，各年度建设投资数量等，对各项建筑的开工时间和先后顺序予以调整。同时，由于建

筑施工受季节、环境影响较大，经常会对某些项目的施工时间提出具体要求，从而对施工的时间和顺序安排产生影响。

4. 安排施工总进度计划

施工总进度计划可以用网络图、横道图、里程碑等形式来表达。由于施工总进度计划只是起控制性作用，而且施工条件复杂，因此项目划分不必过细。当用横道图表达施工总进度计划时，项目的排列可按总体施工部署所确定的工程开展程序排列。横道图上应表达出各施工项目开、竣工时间及其施工持续时间，如表 5-2 所示。

表 5-2　　施工总进度计划

<table>
<tr><th rowspan="3">序号</th><th rowspan="3">工程项目名称</th><th rowspan="3">结构类型</th><th rowspan="3">工程量</th><th rowspan="3">建筑面积</th><th rowspan="3">总工日</th><th colspan="15">施工进度计划</th></tr>
<tr><th colspan="5">××年</th><th colspan="5">××年</th><th colspan="5">××年</th></tr>
<tr><th></th><th></th><th></th><th></th><th></th><th></th><th></th><th></th><th></th><th></th><th></th><th></th><th></th><th></th><th></th></tr>
<tr><td></td><td></td><td></td><td></td><td></td><td></td><td></td><td></td><td></td><td></td><td></td><td></td><td></td><td></td><td></td><td></td><td></td><td></td><td></td><td></td><td></td></tr>
<tr><td></td><td></td><td></td><td></td><td></td><td></td><td></td><td></td><td></td><td></td><td></td><td></td><td></td><td></td><td></td><td></td><td></td><td></td><td></td><td></td><td></td></tr>
<tr><td></td><td></td><td></td><td></td><td></td><td></td><td></td><td></td><td></td><td></td><td></td><td></td><td></td><td></td><td></td><td></td><td></td><td></td><td></td><td></td><td></td></tr>
</table>

近年来，随着网络计划技术的推广，采用网络图表达施工总进度计划，已经在实践中得到广泛应用。采用时标网络图表达施工总进度计划，不仅比横道图更加直观明了，而且还反映了各施工项目之间的先后逻辑关系。同时，网络图可以应用软件进行绘制和计算，故便于对进度计划进行调整、优化、统计资源数量等。

5. 施工总进度计划的调整和修正

施工总进度计划表绘制完成后，将同一时期各项工程的工作量加在一起，用一定的比例画在施工总进度计划的底部，即可得出建设项目工作量的动态曲线。若曲线上存在较大的高峰和低谷，则表明在该时段内各种资源的需求量变化大，需要调整一些单位工程的施工强度或开、竣工时间，以消峰和填谷，使各个时期的工作量尽可能达到均衡。

5.5 总体施工准备与主要资源配置计划

5.5.1 总体施工准备计划

为了落实各项施工准备工作，加强检查和监督，必须根据施工开展顺序和主要工程施工方法，编制总体施工准备工作计划，明确各项总体施工准备工作的内容、起止时间、责任单位及负责人。总体施工准备包括技术准备、现场准备、资金准备等，各项准备工作应满足项目分阶段（期）施工的需要。

技术准备包括施工过程所需技术资料的准备、施工方案编制计划、试验检验计划、设备调整试验工作计划等。现场准备包括现场生产、生活等临时设施，如生产、生活用房，临时道路、材料堆放，临时用水、用电和供热、供气等的计划。资金准备包括收支两个方面，主要是根据施工总进度计划编制资金使用计划，做到收支平衡。

5.5.2 主要资源配置计划

主要资源配置计划是做好劳动力及物资的供应、平衡、调度、落实的依据。

1. 劳动力配置计划

目前，施工项目管理制度要求实行管理层和作业层分离，合理的劳动力配置计划可以减少劳务作业人员不必要的进、退场，或避免窝工状态，进而节约施工成本。

劳动力配置计划编制的主要工作是估算各施工阶段的总用工量，作用是满足各施工阶段（期）的劳动力需求，也是规划临时设施工程和组织劳动力进场的依据。编制时，首先按照劳动量汇表中分别列出的各个建筑物的主要实物工程量，参照概（预）算定额或有关资料，根据施工总进度计划的各个单位工程的持续时间，即可得到某单位工程在某段时间里的平均劳动力数。按同样方法可计算出各个建筑物各主要工种在各个时期的平均工人数。将施工总进度计划表纵坐标方向上各单位工程同工种的人数叠加在一起并连成一条曲线，即某种工种的劳动力动态曲线图。其他工种也用同样方法绘成曲线图，累加各工种劳动力曲线图，从而得到主要工种劳动力配置计划表，如表 5－3 所示。

表 5－3　劳动力需要量计划

序号	工程品种	劳动量	施工高峰人数	××年					××年					现有人数	多于或不足

2. 物资配置计划

物资配置计划是组织建筑工程施工所需各种物资进、退场的依据，科学合理的物资配置计划既可保证工程建设的顺利进行，又可降低工程成本。

物资配置计划应根据总体施工部署和施工总进度计划确定主要物资的计划总量及进、退场时间。主要工程材料和设备配置计划的编制依据是施工总进度计划，主要周转材料和施工机具配置计划的编制依据包括总体施工部署和施工总进度计划。

例如，某工程项目施工中，主要施工机械需求根据经验配置，辅助机械数量根据建筑安装工程每 10 万元扩大概算指标求得，运输机具需要量根据运输量计算。其施工机具配置计划表式如表 5－4 所示。

表 5－4　施工机具配置计划表

序号	机具名称	规格型号	数量	功率	需要量计划											
					××年				××年				××年			

5.6　施工总平面布置

施工总平面图布置是按照总体施工部署和施工总进度计划的要求，将施工现场的交通道路、材料仓库、附属企业、临时房屋、临时水电管线等作出合理的规划布置，从而正确处理全工地施工期间所需各项临时和永久建筑以及拟建项目之间的空间关系。

许多规模巨大的建设项目，其建设工期往往很长。随着工程的进展，施工现场的面貌将不断改变。在这种情况下，应按照项目分期（分批）施工计划进行布置，并绘制总平面布置图。一些特殊的内容，如现场临时用电、临时用水布置等，当总平面布置图不能清晰表示时，也可单独绘制平面布置图。

平面布置图绘制应有比例关系，各种临设应标注外围尺寸，并应有必要的文字说明。

5.6.1 施工总平面布置的依据

施工总平面布置应遵守有关布置原则，依据下列内容进行：

（1）各种设计资料，包括建筑总平面图、地形图、区域规划图及已有和拟建的各种设施位置。

（2）建设地区的自然条件和技术经济条件。

（3）建设项目的概况、施工部署、施工总进度计划。

（4）各种建筑材料、构件、半成品、施工机械需要量一览表。

（5）各构件加工厂、仓库及其他临时设施情况。

5.6.2 施工总平面布置图的内容

施工组织总设计的施工总平面布置图一般包括下列内容：

（1）项目施工用地范围内的地形状况。

（2）拟建建（构）筑物和其他基础设施的位置。

（3）项目施工用地范围内的加工设施、运输设施、存贮设施、供电设施、供水供热设施、排水排污设施、临时施工道路和生产、生活用房等。

（4）施工现场必备的安全、消防、保卫和环境保护等设施。

（5）相邻的地上、地下既有建（构）筑物及相关环境。

（6）永久性测量放线标志桩位置。

5.6.3 施工总平面布置的原则

施工总平面布置图可参照6.6.3单位工程施工现场平面布置的原则，按照不同施工阶段（期）分别绘制。施工总平面布置图的绘制应符合国家相关标准要求。

5.6.4 施工总平面布置的步骤和方法

1. 场外交通的引入

布置全工地性施工总平面图时，首先应从大宗材料、成品、半成品、设备等进入工地的运输方式入手。当大批材料由铁路运来时，首先要解决铁路的引入问题；当大批材料是由水路运来时，应首先考虑原有码头的运输能力和是否增设专用码头的问题；当大批材料是由公路运入工地时，由于汽车运输线路可以灵活布置，因此，一般先布置场内仓库和加工厂，然后再布置场内运输道路，并安排与场外公路的连接位置。

2. 仓库与材料堆场的布置

通常考虑将仓库与材料堆场设置在运输方便、位置适中、运距较短及安全防火的地方，并应根据不同材料、设备和运输方式来设置。

（1）当采用铁路运输时，仓库应沿铁路线布置，并且要有足够的装卸前线。如果没有足够的装卸前线，必须在附近设置转运仓库。布置铁路沿线仓库时，应将仓库设置在靠近工地一侧，避免跨越铁路运输，同时仓库不宜设置在弯道或坡道上。

（2）当采用水路运输时，一般应在码头附近设置转运仓库，以缩短船只在码头上的停留时间。

（3）当采用公路运输时，仓库布置比较灵活。一般中心仓库布置在工地中央或靠近使用的地方，也可以布置在靠近外部交通连接处。水泥、砂、石、木材等仓库或堆场宜布置在搅拌站、预制场和加工厂附近；砖、预制构件等应该直接布置在施工对象附近，避免二次搬运。工业项目工地还应该考虑主要设备的仓库或堆场，一般较重设备尽量放在车间附近，其他设备可布置在外围空地上。

3. 加工厂和搅拌站的布置

各种加工厂布置，应以方便使用、安全防火、运输费用少、不影响建筑安装工程施工的正常进行为原则。一般应将加工厂与相应的仓库或材料堆场布置在同一地区，且多处于工地边缘。加工厂所需面积参考指标如表 5-5 所示，作业棚等所需面积参考指标如表 5-6 所示。

（1）预制加工厂。尽量利用建设地区永久性加工厂，只有在运输困难时，才考虑在建设场地空闲地带设置预制加工厂。

（2）钢筋加工厂。一般采用分散或集中布置。对于需要进行冷加工、对焊、点焊的钢筋或大片钢筋网，宜集中布置在中心加工厂；对于小型加工件，利用简单机具成型的钢筋加工，宜分散在钢筋加工棚中进行。

（3）木材加工厂。应视木材加工的工作量、加工性质和种类决定是集中布置还是分散布置。

（4）混凝土搅拌站。根据工程具体情况可采用集中、分散或集中与分散相结合的三种方式。当现浇混凝土量大时，宜在工地设置搅拌站；当运输条件好时，以采用集中搅拌为好；当运输条件较差时，宜采用分散搅拌。砂浆搅拌站宜采用分散就近布置。

（5）金属结构、锻工、电焊和机修等车间，由于它们在生产上联系密切，应尽可能布置在一起。

表 5-5　　加工厂所需面积参考指标

序号	加工厂名称	年产量		单位产量所需建筑面积	占地总面积（m^2）	备注
		单位	数量			
1	混凝土搅拌站	m^3	3200	0.022（m^2/m^3）	按砂石堆场考虑	400L 搅拌机 2 台
		m^3	4800	0.021（m^2/m^3）		400L 搅拌机 3 台
		m^3	6400	0.020（m^2/m^3）		400L 搅拌机 4 台
2	临时性混凝土预制厂	m^3	1000	0.25（m^2/m^3）	2000	生产屋面板和中小型梁柱板等，配有蒸汽养护设施
		m^3	2000	0.20（m^2/m^3）	3000	
		m^3	3000	0.15（m^2/m^3）	4000	
		m^3	5000	0.125（m^2/m^3）	< 6000	

续表

序号	加工厂名称	年产量		单位产量所需建筑面积	占地总面积（m^2）	备注
		单位	数量			
3	半永久性混凝土预制厂	m^3	3000	0.6（m^2/m^3）	9000～12000	
		m^3	5000	0.4（m^2/m^3）	12000～15000	
		m^3	10000	0.3（m^2/m^3）	15000～20000	
4	木材加工厂	m^3	15000	0.0244（m^2/m^3）	1800～3600	进行原木、木方加工
		m^3	24000	0.0199（m^2/m^3）	2200～4800	
		m^3	30000	0.0181（m^2/m^3）	3000～5500	
	综合木工加工厂	m^3	200	0.30（m^2/m^3）	100	加工门窗、模版地板、屋架等
		m^3	600	0.25（m^2/m^3）	200	
		m^3	1000	0.20（m^2/m^3）	300	
		m^3	2000	0.15（m^2/m^3）	420	
	粗木加工厂	m^3	5000	0.12（m^2/m^3）	1350	加工屋架、模版
		m^3	10000	0.10（m^2/m^3）	2500	
		m^3	15000	0.09（m^2/m^3）	3750	
		m^3	20000	0.08（m^2/m^3）	4800	
	细木加工厂	万 m^3	5	0.0140（m^2/m^3）	7000	加工门窗、地板
		万 m^3	10	0.0114（m^2/m^3）	10000	
		万 m^3	15	0.0106（m^2/m^3）	14000	
5	钢筋加工厂	t	200	0.35（m^2/t）	280～560	加工、成型、焊接
		t	500	0.25（m^2/t）	380～750	
		t	1000	0.20（m^2/t）	400～800	
		t	2000	0.15（m^2/t）	450～900	
	钢筋对焊	所需场地（m×m）				包括材料和成品堆放
	对焊场地	30～40×4～5				
	对焊棚	15～24m^2				
	钢筋加工	所需场地（m^2/台）				按一批加工数量计算
	剪断机	30～40				
	弯曲机 $\phi12$ 以下	50～60				
	弯曲机 $\phi40$ 以下	60～70				
6	金属结构加工（含一般铁件）	所需场地（m^2/t）				按一批加工数量计算
		年产 500t 为 10				
		年产 1000t 为 8				
		年产 2000t 为 6				
		年产 3000t 为 5				

表 5-6　　　　　　　　　　　　　作业棚等所需面积参考指标

序号	名　称	单　位	面积（m^2）	备　注
1	木工作业棚	m^2/人	2	占地为建筑面积 2～3 倍
2	电锯房	m^2	80	86～92cm 圆锯 1 台
3	电锯房	m^2	40	小圆锯 1 台
4	钢筋作业棚	m^2/人	3	占地为建筑面积 3～4 倍
5	搅拌棚	m^2/台	10～18	
6	卷扬机棚	m^2/台	6～12	
7	烘炉房	m^2	30～40	
8	焊工房	m^2	20～40	
9	电工房	m^2	15	
10	白铁皮房	m^2	20	
11	油漆工房	m^2	20	
12	机工、钳工修理房	m^2	20	
13	立式锅炉房	m^2/台	5～10	
14	发电机房	m^2/kW	0.2～0.3	
15	水泵房	m^2/台	3～8	

4. 场内道路的布置

根据各加工厂、仓库及各施工对象的相应位置，考虑货物运转，区分主要道路和次要道路，进行道路的规划。

（1）合理规划临时道路与地下管网的施工顺序。应充分利用拟建的永久性道路，可提前修建永久性道路或先修路基和简易路面，作为施工所需的临时道路，以达到减低成本的目的。

（2）保证运输畅通。应采用环形布置，主要道路宜采用双车道，宽度不小于 6m，次要道路宜采用单车道，宽度不小于 3.5m。

（3）选择合理的路面结构。根据运输情况和运输工具的不同类型而定。一般场外与省、市公路相连的主线，宜建成混凝土路面；场区内的主线，宜采用水泥混凝土路面；场内支线一般为土路或砂石路。临时道路主要技术标准如表 5-7 所示。

表 5-7　　　　　　　　　　　　　临时道路主要技术标准

指　标　名　称	单位	技　术　标　准
设计车速	km/h	≤20
路基宽度	m	双车道 6～6.5；单车道 4～4.5；困难地段 3.5
路面宽度	m	双车道 5～5.5；单车道 3～3.5
平面曲线最小半径	m	平原、丘陵地区 20；山区 15；回头弯道 12
最大纵波	%	平原地区 6；丘陵地区 8；山区 11
纵波最短长度	m	平原地区 100；山区 50
桥面宽度	m	木桥 4～4.5
桥涵载重等级	t	木桥涵 7.8～10.4（汽 6t～汽 8t）

5. 临时建筑布置

临时建筑包括：办公室、宿舍、汽车库、休息室、开水房、食堂、俱乐部、浴室等。根据工地施工人数，可计算临时建筑的面积，应尽量利用原有建筑物，不足部分另行建造。

一般全工地性行政管理用房宜设在工地入口处，以便对外联系；也可设在工地中间，便于工地管理；工人用的福利设施应设置在工人集中的地方，或工人必经之处；生活区应设在场外，距工地500～1000m为宜；食堂可布置在工地内部或工地与生活区之间；临时设施的设计，应以经济、适用、拆装方便为原则，并根据当地的气候条件、工期长短确定其结构形式。确定临时建筑面积的参考指标如表5-8所示。

表5-8　临时建筑面积参考指标（m^2/人）

序号	临时房屋名称	指标使用方法	参考指标
一	办公室	按使用人数	3～4
二	宿舍		
1	单层通铺	按高峰年（季）平均人数	2.5～3.0
2	双层床	（扣除不在工地居住人数）	2.0～2.5
3	单层床	（扣除不在工地居住人数）	3.5～4.0
三	家属宿舍		16～25m^2/户
	食堂	按高峰年平均人数	0.5～0.8
四	食堂兼礼堂	按高峰年平均人数	0.6～0.9
五	其他合计	按高峰年平均人数	0.5～0.6
1	医务所	按高峰年平均人数	0.05～0.07
2	浴室	按高峰年平均人数	0.07～0.1
3	理发室	按高峰年平均人数	0.01～0.03
4	俱乐部	按高峰年平均人数	0.1
5	小卖部	按高峰年平均人数	0.03
6	招待所	按高峰年平均人数	0.06
7	托儿所	按高峰年平均人数	0.03～0.06
8	子弟学校	按高峰年平均人数	0.06～0.08
9	其他公用	按高峰年平均人数	0.05～0.10
六	小型		
1	开水房	按高峰年平均人数	10～40
2	厕所	按工地年平均人数	0.02～0.07
3	工人休息室	按工地年平均人数	0.15

6. 临时水电管网及其他动力设施的布置

当有可以利用的水源、电源时，可以将水电直接接入工地。临时总变电站应设置在高压电接入处，不应放在工地中心；临时水池应放在地势较高处。

当无法利用现有水、电时，为获得电源，可在工地中心或附近设置临时发电设备；为获得水源，可利用地下水或地上水设置临时供水设备（水塔、水池）。施工现场供水管网有环状、枝状和混合式三种形式。过冬的临时水管须埋在冰冻线以下或采取保温措施。

消防栓应设置在易燃建筑物附近，并有通畅的出口和车道，其宽度不小于6m，与拟建房屋的距离不得大于25m，也不得小于5m，消防栓间距不应大于100m，到路边的距离不应大于2m。

临时配电线路布置与供水管网相似。工地电力网，一般3～10kV的高压线采用环状，沿主干道布置；380/220V低压线采用枝状布置。通常采用架空布置，距路面或建筑物不小于6m。

上述布置应采用标准图例绘制在总平面图上，图幅可选用1＃或2＃图纸，比例为1∶1000或1∶2000。在进行各项布置后，经分析比较，调整修改，形成施工总平面图，并作必要的文字说明，标上图例、比例、指北针等。完成的施工总平面图比例要正确，图例要规范，线条粗细分明，字迹端正，图面整洁美观。

思考题

1. 什么是施工组织总设计，它的作用有哪些？
2. 总体施工部署的内容有哪些？
3. 施工总进度计划的编制步骤如何？
4. 简述施工总平面布置的步骤和方法。

第6章 单位工程施工组织设计

本章要点

"凡事预则立，不预则废"，编制好施工组织设计是实现施工项目管理目标的手段和前提。本章主要介绍了单位工程施工组织设计编制的依据、内容和方法。通过本章的学习应具备编制单位工程施工组织设计的能力。

6.1 概 述

单位工程施工组织设计是以单位（子单位）工程为对象编制的施工组织设计，对单位（子单位）的施工过程起指导和制约作用。对于已经编制了施工组织总设计的项目，单位工程施工组织设计应是施工组织总设计的进一步具体化，直接指导单位工程施工管理和技术经济活动。

6.1.1 单位工程施工组织设计的编制依据

（1）招标文件或施工合同。招投标阶段必须依据招标文件的内容和要求编制标前施工组织设计；中标后应根据施工合同对其进行补充细化，详细编制标后施工组织设计。

（2）设计文件。包括本工程的全部施工图纸及设计说明，采用的标准图和各类勘察资料等。

（3）施工组织总设计及施工企业年度生产计划对该工程的安排和规定的有关指标。当该工程属群体工程的组成部分时，其单位工程施工组织设计必须按照总设计的要求进行编制。

（4）施工图预算、报价文件及有关定额（包括预算定额、施工定额等）。

（5）调查研究资料。包括建筑物的特点、用途、资源供应情况，现场地形、地貌、水文、地质、气温、气象等资料，现场交通运输道路、场地面积及生活设施条件等。

（6）施工条件。施工企业及相关协作单位可配备的人力、机械设备和技术状况，以及类似工程施工经验资料等。

（7）国家及建设地区现行的有关建设法律、法规、技术标准（含规范、规程）、规章制度等文件。

6.1.2 单位工程施工组织设计的编制程序

单位工程施工组织设计的编制程序，如图6-1所示。

6.1.3 单位工程施工组织设计的内容

单位工程施工组织设计的内容，根据工程性质、规模、繁简程度的不同，其内容和深广度要求也应不同，不要千篇一律，但内容必须要具体、实用，简明扼要，使其真正能起

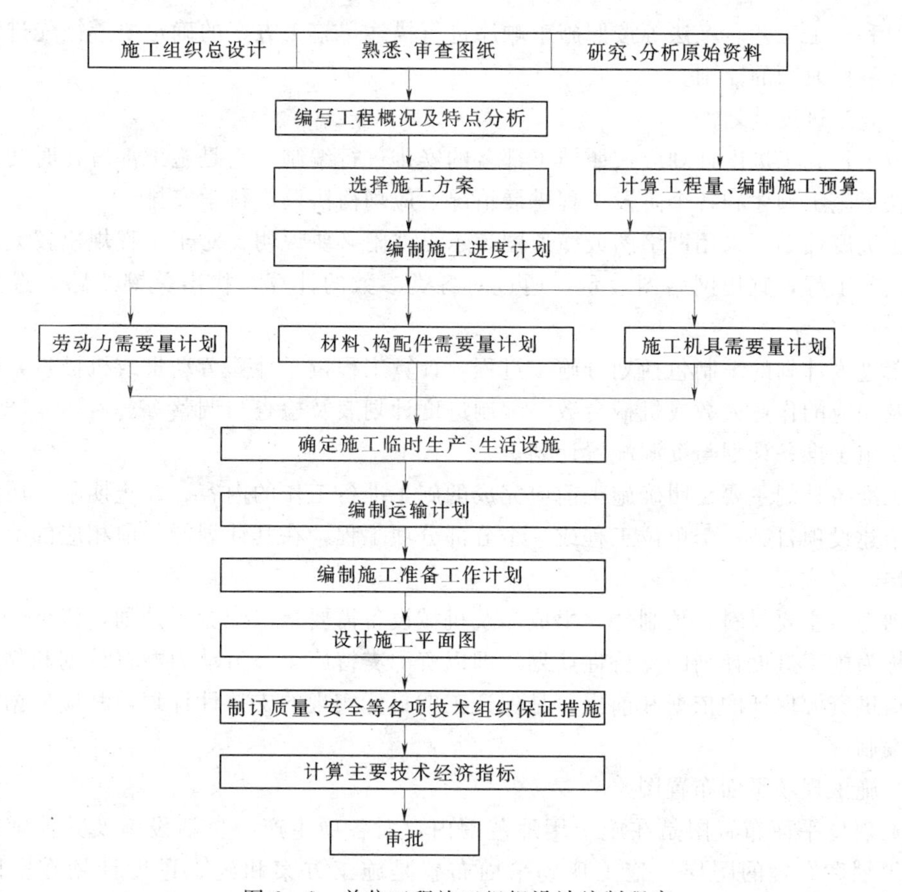

图 6-1　单位工程施工组织设计编制程序

到指导现场施工的作用。

施工组织设计的内容是由其应回答和解决的问题组成的，无论是单位工程还是群体工程，其基本内容可以概括为以下几方面：

(1) 工程概况。

施工组织设计应首先对拟建工程的概况及特点进行分析并加以简述，目的在于搞清工程任务的基本情况。这样做可使编制者对症下药；也使使用者心中有数；亦使审批者对工程有概略认识。

工程概况包括拟建工程的性质、规模，建筑、结构特点，建设条件，施工条件，建设单位及上级的要求等。

(2) 施工部署和主要施工方案。

施工部署是指对项目实施过程做出的统筹规划和全面安排，包括项目施工主要目标、施工顺序及空间组织、施工组织安排等。施工部署是施工组织设计的纲领性内容，施工进度计划、施工准备与资源配置计划、施工方法、施工现场平面布置和主要施工管理计划等施工组织设计的组成内容都应该围绕施工部署的原则编制。

单位工程应按照《建筑工程施工质量验收统一标准》(GB50300) 中分部、分项工程的划分原则，对工程量较大或工艺复杂的主要分部、分项工程制定施工方案。应结合工程的具体情况和施工工艺、工法等按照施工顺序进行描述，施工方案的确定要遵循先进性、可行性和经济性兼顾的原则。

(3) 施工进度计划。

单位工程施工进度计划应按照施工部署的安排进行编制，它是施工部署在时间上的体现，反映了施工顺序和各个阶段工程进展情况，应均衡协调、科学安排。

施工进度计划可采用网络图或横道图表示，并附必要说明；对于工程规模较大或工序比较复杂的工程，宜用网络图表示，通过对各类参数的计算，找出关键线路，选择最优方案。

施工进度计划的编制包括划分施工过程，计算工程量，计算劳动量或机械量，确定工作天数及相应的作业人数或机械台数，编制进度计划表及检查与调整等。

(4) 施工准备计划与资源配置计划。

施工准备计划主要是明确施工前应完成的施工准备工作的内容、起止期限、质量要求等。整个建设项目、一个单位工程或一个分部分项工程，在其计划开工前相应的准备工作都需要按时完成。

劳动力、主要材料、预制件、半成品及机械设备需要量（配置）计划，资金收支预测计划统称为施工进度计划的支持性计划，即以资源支持施工。劳动力配置计划和物资配置计划是提供资源保证的依据和前提，是保证工期目标实现的支持性计划，其应根据施工进度计划编制。

(5) 施工现场平面布置图。

施工现场平面布置图是在施工用地范围内，对各项生产、生活设施及其他辅助设施等进行规划和布置的图样。施工现场平面布置是施工方案和施工进度计划在空间上的全面安排。它是以合理利用施工现场空间为原则，本着方便生产、有利生活、文明施工的目的，把投入的各项资源和工人的生产、生活活动场地，作出合理的现场施工平面布置。

(6) 技术组织措施。

习惯上，主要施工管理计划表现为技术组织措施。一项工程的完成除了施工方案选择合理，进度计划安排的科学外，还应充分地注意采取各项措施，确保质量、工期、文明安全以及节约开支。应加强各项措施的制定，并可以文字、图表的形式加以阐明，以便在贯彻施工组织设计时，目标明确，措施得当。

(7) 主要技术经济指标。

技术经济指标用以衡量组织施工的水平，它是对确定的施工部署和主要施工方案、施工进度计划及施工现场平面布置的技术经济效益进行全面的评价。主要指标通常指施工工期、全员劳动生产率、资源利用系数、机械使用总台班量等。

6.2 工 程 概 况

工程概况是对拟建工程的工程特点、地点特征和施工条件等所做的一个重点突出的简要介绍。应尽量采用图表进行说明。

6.2.1 工程主要情况

工程主要情况包括：工程名称、性质和地理位置；工程的建设、勘察、设计、监理、总承包等相关单位的情况；工程承包范围和分包工程范围；施工合同、招标文件或总承包单位对工程施工的重点要求；组织施工的指导思想和具体原则要求；其他应说明的情况等。通常还需列出主要分部、分项工程一览表。

6.2.2 各专业设计简介

1. 建筑设计特点

建筑设计简介应依据建设单位提供的建筑设计文件进行描述，包括建筑规模、建筑功能、建筑特点、建筑耐火、防水及节能要求等，并应简单描述工程的主要装修装饰做法。

2. 结构设计特点

结构设计简介应依据建设单位提供的结构设计文件进行描述，一般应说明基础类型与构造、埋置深度、土方开挖及支护要求，主体结构形式，结构安全等级，工程抗震设防程度，主要构件的类别，新材料、新结构的应用要求等。

3. 机电及设备安装设计特点

机电及设备安装专业设计简介应依据建设单位提供的各相关专业设计文件进行描述，包括给水、排水及采暖系统、通风与空调系统、电气系统、智能化系统、电梯等各个专业系统的做法要求。

6.2.3 工程施工条件

工程施工条件包括项目建设地点气象状况；项目施工区域地形和工程水文地质状况；项目施工区域地上、地下管线及相邻的地上、地下建（构）筑物情况；与项目施工有关的道路、河流等状况；当地建筑材料、设备供应和交通运输等服务能力状况；当地供电、供水、供热和通讯能力状况等。

应概括指出拟建工程的施工特点、施工的重点与难点，以便在施工准备工作、施工方案、施工进度、资源配置及施工现场管理等方面制定相应有效的措施。

不同类型的建筑、不同条件下的工程，均有其不同的特点。如，砖混结构住宅建筑的施工特点是砌筑和抹灰工程量大，水平与垂直运输量大，主体施工占整个工期35%左右，应尽量使砌筑与楼板混凝土工程流水施工，装修阶段占整个工期50%左右，工种交叉作业，应尽量组织立体交叉平行流水施工。再如，现浇钢筋混凝土结构高层建筑的施工特点是基坑、地下室支护结构工程量大、施工难度高，结构和施工机具设备的稳定性要求严，钢材加工量大，混凝土浇筑繁琐，脚手架、模板系统需进行设计，安全问题突出，应有高效率的垂直运输设备等。

6.3 施工部署和主要施工方案

施工部署和主要施工方案是单位工程施工组织设计的核心，是影响工程施工质量优劣的关键因素之一。主要施工方案的基本内容是：施工顺序和施工流向；施工方法及施工机械；施工组织各项措施。

6.3.1 基本要求

1. 施工目标

工程项目管理是目标管理，没有无目的的行为，施工部署首先应确定施工目标。施工目标应根据施工合同、招标文件以及本单位对工程项目管理目标的要求确定，包括进度、质量、安全、环境和成本等目标。各项目目标应满足施工组织总设计确定的总目标。

2. 时空利用

施工部署中的进度安排和空间组织应符合下列规定：

(1) 统筹安排。

工程主要施工内容及其进度安排应明确说明，施工顺序应符合工序逻辑关系。施工部署应对本单位工程的主要分部（分项）工程和专业工程的施工做出统筹安排，对施工过程的里程碑节点进行说明。

(2) 专业化大生产。

流水施工是科学的生产方式，是专业化大生产。施工流水段应结合工程具体情况分阶段进行划分；单位工程施工阶段的划分一般包括地基基础、主体结构、装修装饰和机电安装三个阶段。施工流水段划分应根据工程特点及工程量进行合理划分，并应说明划分依据及流水方向，确保均衡流水施工。

3. 保证重点

对于工程施工的重点和难点应进行分析，包括组织管理和施工技术两个方面。重点、难点工程的施工方法选择应着重考虑影响整个单位工程的分部（分项）工程，如工程量大、施工技术复杂或对工程质量起关键作用的分部（分项）工程。

工程的重点和难点对于不同工程和不同企业具有一定的相对性，若某些重点、难点工程的施工方法可能已通过有关专家论证成为企业工法或企业标准，此时企业可以直接引用。

4. 施工项目经理部

组织管理的好坏，直接影响进度、质量等目标能否顺利实现。工程管理组织机构形式应采取框图的形式表示，并确定项目经理部的工作岗位设置及其职责划分。

5. 发展创新

对于工程施工中开发和使用的新技术、新工艺应做部署，对新材料和新设备的使用应提出技术及管理要求。

6. 工程分包

目前，对有一定风险或专业性很强的工程进行分包很流行且范围越来越广，对主要分包工程施工单位的选择要求及管理方式应进行简要说明。

7. 主要施工方案

针对设计图纸和自身实力甄别主要分部、分项工程对象，并制定施工方案。对脚手架工程、起重吊装工程、临时用电用水工程、季节性施工等专项工程所采用的施工方案应进行必要的验算和说明。

(1) 分期分批建设的工期较长的项目，可按地基基础、主体结构、装修装饰、机电安装等分别编制施工方案。

（2）下列达到一定规模的危险性较大的分部（分项）工程应编制专项施工方案，并附具安全验算结果：

1）基坑支护与降水工程。

2）土方开挖工程。

3）模板工程。

4）起重吊装工程。

5）脚手架工程。

6）拆除、爆破工程。

7）国务院建设行政主管部门或者其他有关部门规定的其他危险性较大的工程。

对前款所列工程中涉及深基坑、地下暗挖工程、高大模板工程的专项施工方案，施工单位还应组织专家进行论证、审查。

除上述《建设工程安全生产管理条例》（国务院第393号令）中规定的分部（分项）工程外，施工单位还应根据项目特点和地方政府部门有关规定，对具有一定规模的重点、难点分部（分项）工程进行相关论证。

（3）有些分部（分项）工程或专项工程，如主体结构为钢结构的大型建筑工程，其钢结构分部规模很大且在整个工程中占有重要的地位，需另行分包，遇有这种情况的分部（分项）工程或专项工程，其施工方案应按施工组织设计而不是按施工方案进行编制和审批。

6.3.2 施工顺序和施工流向

工程活动的展开由其特点所决定，在同一场地上不同工种交叉作业，其施工的先后顺序反映了客观要求，而平行交叉作业则反映了人们争取时间的主观努力。选择合理的施工顺序是确定施工方案、编制施工进度计划时首先应考虑的问题，它对于施工组织能否顺利进行，对于保证工程的进度、工程的质量，都起着十分重要的作用。

施工顺序的科学合理，能够使施工过程在时间上、空间上得到合理安排，尽管施工顺序随工程性质、施工条件不同而变化，但经过合理安排还是可以找到其可供遵循的共同规律。

1. 施工顺序的宏观确定

一般应遵循的原则是：

（1）先准备，后施工。

施工准备工作应满足一定的施工条件工程方可开工，并且开工后能够连续施工，以免造成混乱和浪费。整个建设项目开工前，应完成全场性的准备工作，如平整场地、路通、水通、电通等；同样各单位工程（或单项工程）和各分部分项工程，开工前其相应的准备工作必须完成。施工准备工作实际上贯穿整个施工全过程。

（2）先下后上，先外后内。

在处理地下工程与地上工程关系时，应遵循先地下后地上和先深后浅的原则。

在修筑铁路及公路，架（敷）设电水管线时，应先场外后场内；场外由远而近，先主干后分支；排（引）水工程要先下游后上游。

先红线外工程（包括上下水管线、电力、电讯、煤气管道、热力管道、交通道路等），后红线内工程；红线内工程应先全场（包括场地平整、修筑临时道路、接通水电管线等）后单项。

(3) 先土建，后安装。

工程建设一般要求土建先行，土建要为设备安装和试运行创造条件，并应考虑投料试车要求。

单项工程应先土建后安装；土建应遵从先地下后地上，先主体后围护，先结构后装修。重型工业厂房也可能采取先安装设备后建造厂房的施工顺序，当设备基础埋深超过房屋基础埋深或设备基础埋深与房屋基础埋深一致但两者距离较近时，应采取“开敞式”施工方案即设备基础施工先于房屋基础施工或两者同时施工。

水暖与通风应遵守先测量放线后支架安装，先设备组装后管道安装，先主管后支管等。

(4) 工种与空间的平行交叉。

在考虑施工工艺要求的各专业工种的施工顺序的同时，要考虑施工组织要求的空间顺序，既解决工种时间上搭接的问题同时，又要解决施工流向的问题，以保证各专业工作队能够有次序地在不同施工段（区）上不间断地完成其工作任务，目的是充分利用时间和空间。这样的施工方式具有工程质量好、劳动效率高、资源利用均衡、工期短等特点。

宏观安排全部施工项目时，要注意主体工程与配套工程（如变电室、热力站、污水处理点等）相适应，力争配套工程为主体施工服务，主体工程竣工时能立即投入使用。

一般民用建筑单位工程的施工顺序如图 6-2 所示。

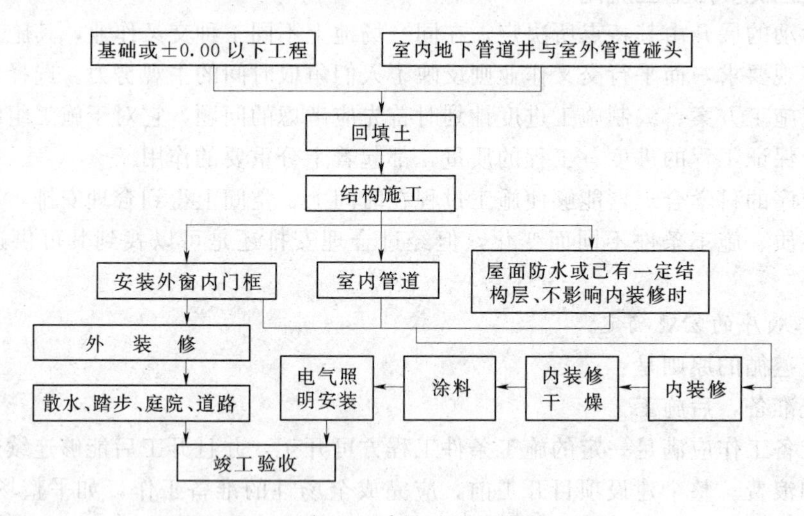

图 6-2　一般民用建筑单位工程施工顺序

2. 多高层现浇混凝土结构房屋施工顺序

多层与高层建筑，如果采用的结构体系不同，相应的施工方法和施工顺序也不尽相同。但通常划分为基础及地下室工程、主体结构工程、砌筑围护墙与隔墙、屋面和装饰工程几个阶段。

(1) 基础及地下室工程的施工顺序。

现浇混凝土结构房屋尤其是高层建筑的基础大多为深基础，但由于基础的类型和位置等不同，其施工方法和顺序也不同，甚至还可采用逆作法施工。

多层与高层混凝土结构房屋分为有地下室和无地下室基础工程，且当建造在软土地基上时，其基础较多采用钢筋混凝土桩基础形式。若有一层地下室时，施工顺序是：桩基础施工（包括围护桩）→土方开挖→破桩头及铺垫层→做基础地下室底板→做地下室墙、柱（防水层处理）→地下室顶板→回填土。如果没有地下室，施工顺序是：桩基施工→挖土→铺垫层→钢筋混凝土基础施工→回填土。

另外，挖土时应注意深基坑支护体系的施工；筏板或承台梁大体积混凝土的施工，应注意浇灌顺序和控制温度裂缝；一层地下室墙、柱、梁板混凝土即可一次浇筑，也可分两次浇筑，但应注意防水对施工缝形式的要求。

（2）主体结构工程的施工顺序。

主体工程工程量大，对工程质量和工期有很大影响，故需采取在竖向上分层，同时在平面上分段的流水施工方法。每层现浇墙、柱、梁板结构的施工顺序，与采用的模板类型和房屋的结构类型有关，若采用组合式钢模板，则施工顺序可有如下三种方案：

1）绑扎墙、柱钢筋→支墙、柱模板→浇墙、柱混凝土→支梁、板模板→绑扎梁、板钢筋→浇梁、板混凝土。

2）绑扎墙、柱钢筋→支墙、柱、梁、板模板→浇墙、柱混凝土→绑扎梁、板钢筋→浇梁、板混凝土。

3）绑扎墙、柱钢筋→支墙、柱、墙、板模板→绑扎梁、板钢筋→浇墙、柱、梁、板混凝土。

选择哪一种顺序要从结构设计特点出发，符合技术上可行、合理，保证质量的原则。其中，高层建筑的楼梯间通常为剪力墙，故楼梯不能与结构层施工同步，通常是滞后两层施工。需要注意，钢筋、模板工程属于隐预检工程，应仔细进行检查验收，通过后方可进行混凝土的浇筑。

（3）屋面和装饰工程施工顺序。

屋面工程和装饰工程的分项工程及其施工顺序与砖混结构房屋的内容基本相同。

室内装饰工程的施工顺序一般为：结构处理→放线→做轻质隔墙→贴灰饼冲筋→立门框、安铝合金门窗→各类管道水平支管安装→墙面抹灰→管道试压→墙面喷涂贴面→吊顶→地面清理→做地面、铺地砖→安门窗→风口、灯具、洁具安装→调试→清理。

室外装饰工程的施工顺序一般为：结构处理→弹线→贴灰饼→刮底→放线→贴面砖→清理。

由于多高层建筑的结构类型较多，如框架结构、剪力墙结构、框剪结构、筒体结构等，施工方法也较多，如滑模法、升板法等。因此，施工顺序一定与之协调一致，灵活运用，不能生搬硬套。

3. 确定施工流向

单位工程施工流向是指其施工活动在拟建建筑的空间上（包括平面和竖向）开始的部位以及到结束部位的整个进展方向。对于单层建筑物，如厂房，可按其车间、工段或跨间，分区分段地确定出在平面上的施工流向；对于多、高层建筑，除了确定每层平面上的施工流向外，还须确定沿竖向的施工流向；对于道路工程可确定出施工的起点后，沿道路前进方向，将道路分为若干区段，如 2km 为一段。

施工流向涉及和影响一系列施工活动的展开和进程，也直接影响着施工目标的实现，它是组织施工的重要内容。施工流向的确定包括施工段的划分、施工流向的起点和总流向的确定等三个内容。施工流向起点的确定，就是确定施工活动在空间上最先开始的部位。施工总流向是指施工活动在空间上自开始部位至结束部位的整个进展方向。

（1）确定单位工程施工流向起点应考虑的因素。

1）车间的生产工艺流程。生产性建筑要考虑生产工艺流程及投产的先后顺序，影响其他工段试车投产的工段应先施工。

2）业主对生产和使用的要求。对业主急需使用的工段和部位应先施工。

3）工程繁简程度和施工过程间的相互关系。一般技术复杂、耗时长的区段或部位应先施工。确定关系密切的分部分项工程的流水施工方向时，如果紧前施工过程的流水起点已经确定，则后续施工过程的流水起点应与之一致。

4）建筑物的高、低跨和不同层数。当基础埋深不一样时，应按先深后浅顺序确定开始部位；柱子的吊装应从高低跨并列处开始；卷材屋面防水层施工，应按先施工低处后施工高处；当一幢建筑物由不同层数组成时，一般应从层数多的一端开始，这样即可以缩短工期又可以避免窝工损失。

5）工程现场条件和施工技术要求。受施工现场的限制和施工技术的要求，一般应先建造主体结构，而后建造群房；土方开挖与外运工程，一般应从远离道路的部位开始。

6）分部分项工程的特点和相互关系。在流水施工中，流水起点决定了各施工段的施工顺序和施工段的划分和编号。因此，应综合考虑、合理确定施工流向的起点。

（2）施工总流向。

每一工程的施工可以有多种施工流向。就多层或高层建筑的装饰工程为例，根据其施工特点和要求，可以有以下几种：

1）室内装饰工程自上而下的施工流向。通常是等主体结构工程封顶、屋面防水层铺贴完成后，从顶层开始逐层往下进行，如图 6-3 所示。其优点是，主体结构完成后有一定的沉降时间，且防水层已经做好，容易保证装饰工程质量不受房屋沉降和降雨等情况影响，而且自上而下地流水施工，工序之间交叉较少，方便施工和有利于成品保护，也方便于建筑垃圾的清理。其缺点是，不能与主体工程平行搭接施工，因此工期较长。所以，只有当工期比较宽松时，应采用此种施工流向。

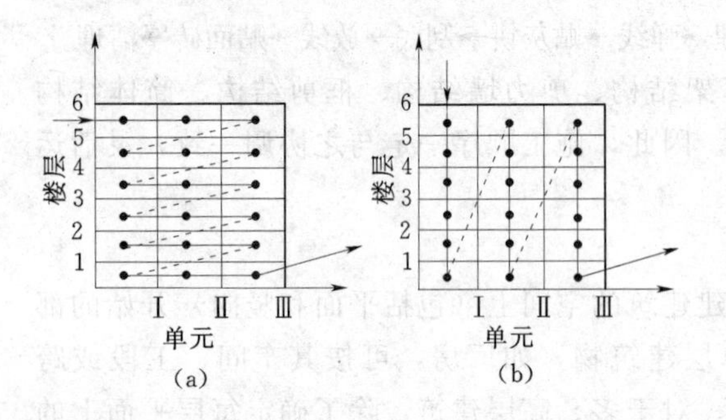

图 6-3　室内装饰工程自上而下的施工流向

(a) 水平向下；(b) 垂直向下

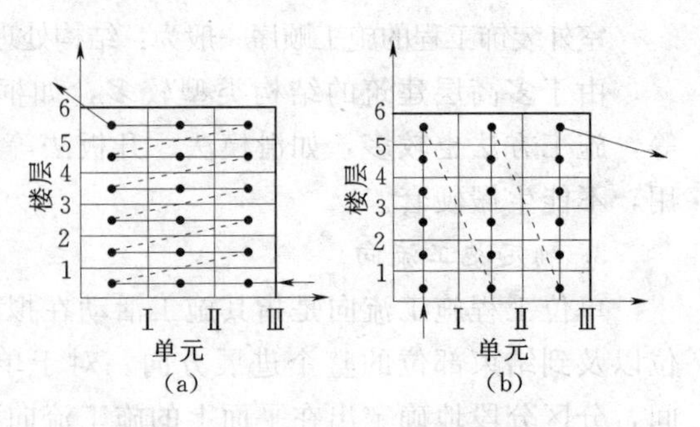

图 6-4　室内装饰工程自上而下的施工流向

(a) 水平向上；(b) 垂直向上

2）室内装饰工程自下而上的施工流向。也即等主体结构工程施工到三层以上时，内装饰工程从一层开始，与主体结构总是相隔两、三层，逐层向上与主体平行搭接施工，如图6-4所示。此种方案的优点是，主体与装饰平行搭接施工，因而工期短。缺点是：工序交叉多，成品保护难，质量和安全不易保证。因此，当工期紧且采取了一定的技术措施时，才可选择此种施工流向。

3）自中而下再自上而中的施工流向。它综合了上述两种流向的优点，尤其适合于高层建筑装饰施工，如图6-5所示。该方案根据高层建筑主体结构工期较长的特点，在结构施工到一定层数以上时，从结构中间开始向下进行装修，待结构封顶后再从上向中间进行装修。这样，既让装修与结构进行搭接施工，又避免了结构施工对装修的影响。

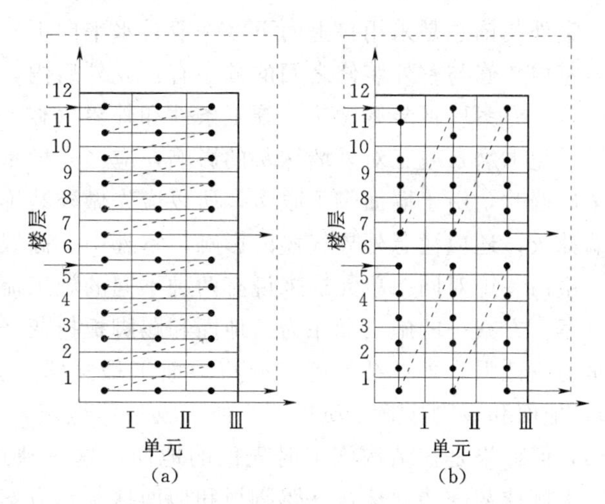

图6-5 室内装饰工程自中而下再自上而中的施工流向

(a) 水平流向；(b) 垂直流向

以上三种方案各有优缺点，具体应用哪种方案要根据施工实际条件、人员组织情况及工期要求而定。

室外装饰工程一般应采用自上而下的施工流向，目的在于保证装饰质量。

4. 混合结构民用房屋的施工顺序及流向

（1）基础施工阶段。

基础工程是指室内地坪（±0.00）以下的工程，它的施工顺序比较容易确定，一般总是先挖土，清槽钎探，验槽处理；然后做垫层，砌筑基础和做防潮层，最后回填土。在这一阶段施工中，要考虑配合施工问题，根据设计要求，将热力、煤气、上下水、（电力、通讯）电缆、人防、通道等进行合理安排，争取回填土前全部完成。基础工程回填土，原则上应一次分层夯填完毕，为主体结构施工创造良好的条件。如遇回填土量大，或工期紧迫的情况下，也可以与砌墙平行施工，但必须有保证回填土质量与施工安全的措施。

（2）主体工程施工阶段。

主体施工阶段的施工流向是按照施工方案所划分的流水段，以水平向上、平行流水的施工方式进行。由于混合结构主体的主导施工过程是砌砖墙和安装楼板（或现浇楼板），所以组织这二者依次、连续流水施工是合理的。当采用圈梁硬架支模时，其施工顺序是：

构造柱钢筋→砌砖墙→支构造柱及圈梁模板→圈梁钢筋→安装楼板、楼梯、阳台→板缝支模、钢筋→浇筑构造柱、圈梁板缝混凝土。

在主体施工阶段，应当重视楼梯间、厨房、厕所、盥洗室的施工。楼梯间是楼层之间交通要道，厨房、盥洗室的工序多于其他房间，而且面积较小，如施工期间不紧密配合，及时为后续工序创造工作面，将影响施工进度，拖长工期。

（3）装修施工阶段。

在民用房屋的施工中，装修工程的工序复杂，需要的劳动力多，所占的工期也较长。因此，妥善地安排装修工程阶段的施工顺序，组织平行流水作业，对加快工程进度，有重大意义。

装修工程中抹灰是主要施工过程，工程量大，用工多，占工期长。解决装修工程阶段施工顺序的安排，主要是解决好抹灰工在各装修工程项目中的施工顺序。

室外装饰总是采用自上而下（一般是水平向下）的流水施工方式。

室内装修与室外装修之间的顺序有：先外后内，先内后外和内外并举三种方案。具体采用哪种方案应视装修做法、施工条件和外界气候来决定。例如当室内有水磨石地面时，为了避免水磨石施工对外墙抹灰的影响，应当先做室内水磨石地面；又如，当采用单排脚手架砌墙时，由于墙面脚手眼多，所以应先做外装饰，拆除脚手架、填补脚手眼，再进行内墙抹灰；还应注意外界气候的影响，室外中、高级装饰要尽量避开雨季和冬季。

室内装饰对同一单元层来说有两种不同的施工流向：一是先地后墙方案，二是先墙后地方案。方案一的施工顺序为：地面和踢脚板抹灰→天棚抹灰→墙面抹灰。这种方案的优点是适应性强，可在结构施工时将地面工程穿插进去（用人不多，但大大加快了工程进度），地面和踢脚板施工质量好，便于收集落地灰，节省材料，缺点是地面要养护，工期较长，但如果是在结构施工时先做的地面，这一缺点也就不存在了。方案二的施工顺序为：天棚抹灰→墙面抹灰→踢脚板和地面抹灰。方案二的优点是每一单元的工序集中，便于组织施工，但地面清扫费工费时，一旦清理不净，地面容易发生空鼓，而且在做踢脚板时，如踢脚板水泥砂浆压上墙面白灰砂浆，则踢脚板容易发生“张嘴”现象。

由于装饰工程项目多，在组织施工时稍有不慎，便容易造成工序交叉，相互影响，所以要特别注意安排好各工序间的施工顺序。在高级装修工程中，一般室内施工顺序为：结构处理→放线（包括找方弹线）→贴灰饼冲筋→立门口，安水磨石窗台板→水电设备管线安装→搭脚手架、吊顶龙骨→炉片后抹灰→安炉片→墙面抹灰→拆脚手架→地面清理→1∶8水泥焦渣（养护两天）→铺预制水磨石地面（养护三天）→镶水磨石踢脚→吊顶板、窗帘盒、挂镜线→安装筒子板、门扇及五金等装饰工程→粉刷→油漆→灯具安装。

楼梯间抹灰和踏步抹面，因为在施工时期容易受到损坏，通常在整个抹灰工作完工以后，自上而下统一施工。在单元式家属宿舍施工中，楼梯间、踏步抹面应与单元之间的施工洞修堵的时间配合起来，以免封闭楼梯间养护踏步抹面时，影响交通。门扇的安装通常是在抹灰后进行，而油漆和安装玻璃的次序，最好是先刷油漆，在最后一道浇活油之前安玻璃，这样可以减少玻璃的损坏，提高刷油的效率，但是也要根据季节性施工的条件来决定。

屋面防水工程与装修工程可平行施工，一般不影响总工期。

（4）水暖电卫等工程的施工安排。

由于水暖电卫工程不是单独施工，而是与土建工程交叉施工的，所以必须与土建施工密切配合。

在基础施工前，应先将地下的上下水管道和暖气管道施工完，至少也应将管沟的垫层及管沟墙做好，然后再回填土。

在主体工程施工时，应在砌体墙或现浇钢筋混凝土楼板或支大模板的同时，预留上下水管和暖气立管的孔洞、电线孔槽，此外还应预埋木砖和其他预埋料。室外的上下水管道可安排与结构同时进行施工。

在装修工程施工前，应安设相应的下水管道、暖气立管、电气照明用的附墙暗管、接线盒等，但明线应在室内装修完成后安装。

6.3.3 施工方法和施工机械

1. 施工方法

施工方法在施工方案中具有决定性的作用。施工方法一经确定，施工机具、施工组织也只能按确定的施工方法进行。它直接影响施工进度、质量和安全以及工程成本。

在单位工程施工组织设计中，主要项目施工方法是根据工程特点在具体施工条件下拟定的。其内容要求简明扼要。在拟定施工方法时，应突出重点。凡新技术、新工艺和对本工程质量起关键作用的项目，以及工人在操作上还不够熟练的项目，应详细而具体，有时还必须单独编制施工工艺卡。凡按常规做法和工人熟练的项目，不必详细拟定，只要提出这些项目在本工程上一些特殊的要求就行了。

例如，在混合结构民用房屋中，重点应拟定基础土方工程、综合吊装的机械、砌砖工程的脚手架、室外装修工程的脚手架、抹灰工程等施工方法和机械设备的选择。在外砖内模住宅工程中，重点应拟定基础土方工程、大型机械、大模板安拆、墙体混凝土的浇灌、楼板支撑加固等施工方法和机械设备的选择。在单层工业厂房中，重点拟定土方、基础、构件预制、结构吊装等工程的施工方法，同时选定所需脚手架。

(1) 土方工程。

1) 土方工程应着重考虑的问题。

① 大型的土方工程（如场地平整、地下室、大型设备基础、道路）施工，是采用机械还是人工进行。

② 一般建筑物、构筑物墙、柱的基础开挖方法及放坡，支撑形式等。

③ 挖、填、运所需的机械设备的型号和数量。

④ 排除地面水、降低地下水的方法，以及沟渠、集水井和井点的布置和所需设备。

⑤ 大型土方工程土方调配方案的选择。

2) 深基坑的开挖与支护。

在深基坑土方开挖前，要详细确定挖土方案；要对支护结构、地下水位及周围环境进行必要的监测和保护。深基坑的挖土方案，主要有放坡挖土、中心岛式（亦称墩式）挖土、盆式挖土和逆作法挖土。前者无支护结构，后三种皆有支护结构。

深基坑土方开挖，当施工现场不具备放坡条件，放坡无法保证施工安全，通过放坡及加设临时支撑已经不能满足施工需要时，一般采用支护结构进行临时支挡，以保证基坑的土壁稳定。土方开挖顺序、方法必须与设计工况一致，并遵循“开槽支撑，先撑后挖，分层开挖，严禁超挖”的原则。

支护结构的选型有排桩或地下连续墙、水泥土墙、土钉墙、逆作拱墙或采用上述形式的组合。

① 排桩或地下连续墙。排桩（如钢管桩、混凝土桩等）或地下连续墙适用于基坑侧壁安全等级一、二、三级；悬臂式结构在软土场地中不宜大于 5m；当地下水位高于基坑底面时，宜采用降水、排桩加截水帷幕或地下连续墙。混凝土灌注桩和地下连续墙施工有

配制泥浆护壁法和自成泥浆护壁法两种，须依据场地土质进行选择。

② 水泥土墙。水泥土墙（如深层搅拌水泥土桩墙、高压旋喷桩墙等）适用于基坑侧壁安全等级宜为二、三级；水泥土桩施工范围内地基土承载力不宜大于150MPa；基坑深度不宜大于6m。

③ 土钉墙。土钉墙由密集的土钉群、被加固的原位土体、喷射的混凝土面层等组成。适用于基坑侧壁安全等级宜为二、三级的非软土场地；基坑深度不宜大于12m；当地下水位高于基坑底面时，应采取降水或截水措施。

④ 逆作拱墙。适用于侧壁安全等级宜为三级；淤泥和淤泥质土场地不宜采用；拱墙轴线的矢量比不宜小于1/8；基坑深度不宜大于12m；地下水位高于基坑底面时，应采取降水或截水措施。

(2) 地下水控制方法选择。

在地下水位以下的含水丰富的土层中开挖大面积基坑时，采用一般的明沟排水方法，常会遇到大量地下涌水，难以排干；当遇粉、细砂层时，还会出现严重的翻浆、冒泥、流砂等现象。不仅使基坑无法挖深，而且还会造成大量水土流失，使边坡失稳或附近地面出现塌陷，严重时还会影响邻近建筑物的安全。当遇有此种情况出现，一般应采用人工降低地下水位的方法施工。地下水控制方法有多种，应根据土层情况、降水深度、周围环境、支护结构种类等综合考虑后优选，各种方法适用条件如表6-1所示。当基坑为隔水层且层底作用有承压水时，应进行坑底突涌验算，必要时可采取水平封底或钻孔减压措施，保证坑底土层稳定。

表6-1　地下水控制方法适用条件

<table>
<tr><th colspan="2">方法名称</th><th>土类</th><th>渗透系数
(m/d)</th><th>降水深度
(m)</th><th>水文地质特征</th></tr>
<tr><td colspan="2">集水明排</td><td rowspan="3">填土、粉土、黏性土、砂土</td><td>7～20.0</td><td>＜5</td><td rowspan="3">上层滞水或水量不大的潜水</td></tr>
<tr><td rowspan="3">降水</td><td>真空井点</td><td>0.1～20.0</td><td>单级＜6
多级＜20</td></tr>
<tr><td>喷射井点</td><td>0.1～20.0</td><td>＜20</td></tr>
<tr><td>管井</td><td>粉土、砂土、碎石土、可溶岩、破碎带</td><td>1.0～200.0</td><td>＞5</td><td>含水丰富的潜水、承压水、裂隙水</td></tr>
<tr><td colspan="2">截水</td><td>黏性土、粉土、砂土、碎石土、岩溶土</td><td>不限</td><td>不限</td><td></td></tr>
<tr><td colspan="2">回灌</td><td>填土、粉土、砂土、碎石土</td><td>0.2～20.0</td><td>不限</td><td></td></tr>
</table>

(3) 大体积混凝土的浇筑方案。

大体积混凝土浇筑时，为保证结构的整体性和施工的连续性，采用分层浇筑时，应保证在下层混凝土初凝前将上层混凝土浇筑完毕。浇筑方案根据整体性要求、结构大小、钢筋疏密及混凝土供应等情况可以选择全面分层、分段分层、斜面分层等三种方式。

1）全面分层。

在整个模板内，将结构分成若干厚度相等的浇筑层，浇筑区的面积即为基础平面面积。浇筑混凝土时从短边开始，沿长边方向进行浇筑，要求在逐层浇筑过程中，第二层混凝土要在第一层混凝土初凝前浇筑完毕。全面分层方案适用于结构平面面积不大时采用。

2）分段分层。

在采用全面分层方案时浇筑强度很大，当混凝土搅拌机、运输和振捣设备不能满足施工要求时，可采用分段分层方案。浇筑混凝土时结构沿长边方向分成若干段，浇筑工作从底层开始，当第一层混凝土浇筑一段长度后，便回头浇筑第二层，当第二层浇筑一段长度后，回头浇筑第三层，如此向前呈阶梯形推进。分段分层方案适用于结构厚度不大而面积或长度较大时采用。

3）斜面分层。

采用该方案时，混凝土一次浇筑到顶，由于混凝土自然流淌而形成斜面。混凝土振捣工作从浇筑层下端开始逐渐上移。斜面分层方案多用于长度较大的结构。大体积混凝土宜采用斜面式薄层浇捣，利用自然流淌形成斜坡，并应采取有效措施，防止混凝土将钢筋推离正确位置。

（4）混凝土结构工程。

1）混凝土结构工程施工应考虑的因素。

混凝土结构工程应着重于模板工程的工具化和钢筋、混凝土工程施工的机械化。

① 模板类型和支模方法。根据不同结构类型、现场条件确定现浇和预制用的各种模板（如组合钢模、木模、土、砖胎膜等）、各种支承方法（如支撑系统是钢管、木立柱、桁架、钢制托具等）和各种施工方法（如快速脱模、分节脱模、滑模等），并分别列出采用项目、部位和数量，说明加工制作和安装的要点。

② 隔离剂的选用。如废弃机油、皂角等。

③ 钢筋加工、运输和安装方法。明确在加工厂或者现场加工的范围（如成型要求是加工成单根、网片，还是骨架）。除锈、调直、切断、弯曲、成型方法，钢筋冷拉，预加应力方法，焊接方法（对焊、气压焊、电弧焊、点焊），以及运输和安装方法。从而提出加工申请计划和所需机具计划。

④ 混凝土搅拌和运输方法。确定是采用集中预拌混凝土还是分散搅拌，及其砂石筛选、计量和后台上料方法，混凝土运送方法，并选用搅拌机的类型和型号以及所需的掺和料，外加剂的品种数量，提出所需材料机具设备数量。

⑤ 混凝土浇筑顺序、流向、施工缝的位置（或后浇带）、分层高度、振捣方法、养护制度，工作班次等。

2）模板工程。

模板工程包括模板和支架两大部分。模板质量的好坏，直接影响到混凝土成型的质量；支架系统的好坏，直接影响到其他施工的安全。模板的正确选择有赖于清楚各种模板的特性。

① 木模板。优点是较适用于外形复杂或异形混凝土构件及冬期施工的混凝土工程；缺点是制作量大，木材浪费大等。

② 组合钢模板。主要由钢模板、连接件和支撑件三部分组成，使用比较普遍。优点是轻便灵活、拼拆方便、通用性强、周转率高等；缺点是接缝多且严密性差，导致混凝土成型后外观质量差。

③ 钢框木（胶合）板模板。它以热扎异形钢材为钢框架，以覆面胶合板作板面，并加焊若干钢肋承托面板的一种组合式模板。与组合钢模板比，特点是自重轻、用钢量少、面积大、模板拼缝少、维修方便等。

④ 大钢模板。它由板面结构、支撑系统、操作平台和附件等组成。是现浇墙壁结构施工常用的一种工具式模板。其特点是以建筑物的开间、进深和层高为大模板尺寸，由于面板为钢板组成，故优点是模板整体性好、抗振性强、无拼缝等；缺点是模板重量大，移动安装需起重机械吊运。

⑤ 胶合板模板。所用胶合板为高耐气候、耐水性的Ⅰ类竹胶合板或木胶合板。散支散拼的胶合板优点是自重轻、板幅大、板面平整、施工安装方便简单等。目前竹胶板的使用非常流行。

再如整体滑升模板、爬升模板、倒模、台模、隧道模板及永久性压型钢板模板等，都具有各自鲜明的特性。

3）钢筋加工。

钢筋加工包括调直、除锈、剪切下料、连接、弯曲成型等。钢筋调直可采用机械调直和冷拉调直。钢筋调直剪切机使用基本普及，当采用冷拉调直时，必须控制钢筋的伸长率。钢筋除锈一则是在调直过程中除锈；二则是采用手工、机械、喷砂、酸洗等手段除锈。

钢筋下料切断可采用钢筋切断机或手动液压切断机进行。钢筋弯曲成型可采用钢筋弯曲机、四头弯筋机及手工弯曲工具等。

4）混凝土输送与养护。

利用泵的压力将混凝土通过管道输送到浇筑地点，一次完成水平运输和垂直运输，具有输送能力大、效率高、连续作业、节省劳力等优点。混凝土泵按机动性有汽式泵和拖式泵之分，汽式泵是将液压活塞式混凝土泵固定在汽车底盘上，并装有全回转多段折叠臂架式的布料杆、操作系统、传动系统、清洗系统等，使用时开至需要施工的地点，进行泵送作业。受制于臂架杆长度限制，大多用于基础、房屋底部各层的混凝土浇筑。拖式泵本身没有行走装置，不同工地间转移需要机动车进行牵引。适用较高楼层混凝土浇筑，只需把预先布置的管道与拖泵连接好，即可开始混凝土输送。管道布置应符合“路线短、弯道少、接头密”的原则。布置水平管道时，应由远到近，将管道布置到最远的浇筑点，然后在浇筑过程中逐渐向泵的方向拆管。地面管道一般是固定的，楼面水平管道则需要每浇筑一层就重新铺设一次，楼面也可以布料杆代替楼面水平管道。垂直管道沿建筑物外墙或外柱敷接，也可利用塔吊的塔身设置，垂直管道应在底部设置基座，以防止管道因重力和冲击而下沉，并在竖管下部设逆止阀，防止停泵时混凝土倒流。

对浇筑完毕的混凝土，应在混凝土终凝前开始进行自然养护。自然养护常用方法有覆盖浇水养护、塑料薄膜布养护和养生液养护等。混凝土采用覆盖浇水养护的时间：对于硅酸盐水泥、普通硅酸盐水泥或矿渣硅酸盐水泥拌制的混凝土，不得少于7天；对火山灰质硅酸盐水泥、粉煤灰硅酸盐水泥拌制的混凝土，不得少于14天；对掺用缓凝剂、矿物掺和料或有抗渗性要求的混凝土，不得少于14天。浇水次数应能保持混凝土处于湿润状态。当采用塑料薄膜布养护时，构件上（外）表面应全部覆盖包裹严密，并应保护塑料布内有凝结水，预拌混凝土浇筑完成的楼板，甚至柱子普遍采用该法养护。采用养生液养护时，应按产品使用要求，均匀喷（刷）在混凝土外表面，不得漏喷。该法适用于不易洒水养护的高耸构筑物、大面积混凝土及缺水地区的混凝土结构。它是将氯乙烯树脂塑料溶液用喷枪喷涂在新浇筑的混凝土表面上，溶剂挥发后在混凝土表面形成一层塑料薄膜，将混凝土与空气隔绝，阻止混凝土中水分的蒸发，以保证水化反应的正常进行。塑料薄膜在养护完成后一定时间内要能自行老化脱落，否则不宜于喷洒在以后要做粉刷的混凝土表面上。

（5）防水卷材施工。

卷材铺贴方法依材料不同而弃，高聚物改性沥青防水卷材一般采用热熔法铺贴（厚度小于3mm卷材容易烧穿，严禁采用此法），合成高分子防水卷材一般采用胶粘法铺贴。按黏结情况又分满粘法、条粘法、点粘、空铺等。

地下卷材防水工程依竖向防水层和结构施工的时间先后不同，有“外防外贴法”和“外防内贴法”两种，各自的优缺点如表6-2所示。工程上一般采用外防外贴法，当施工条件受限制时，可采用外防内贴法。

表6-2　　外防外贴法和外防内贴法的特点

项　目	外防外贴法	外防内贴法
土方量	开挖土方量较大	开挖土方量较小
施工条件	需有一定工作面，四周无相邻建筑物	四周有无建筑物均可施工
混凝土质量	浇捣混凝土时，不易破坏防水层，易检查混凝土质量，但模板耗费量大	浇捣混凝土时，易破坏防水层，混凝土质量不易检查，模板耗费量小
卷材粘贴	预留卷材接头不易保护好，基础与外墙卷材转角处易弄脏受损，操作困难，易产生漏水	底板和外墙卷材一次铺完，转角卷材质量容易保证
工期	工期长	工期短
漏水试验	防水层做完后，可进行漏水试验，有问题可及时处理	防水层做完后不能立即进行漏水试验，要等基础和外墙施工完后才能试验，有问题修补困难

（6）涂饰工程。

涂饰施工应在充分了解各种建筑涂料性能的基础上，根据建筑标准、基层的状况以及建筑物所处的环境和施工季节等因素，合理选择涂饰方法，一般可以采用喷涂、滚涂、刷涂、抹涂和弹涂等方法，以取得不同的质感。涂饰工程基层处理直接影响工程的质量，基层处理应符合以下要求：

1）新建建筑物的混凝土或抹灰基层，在涂饰涂料前应涂刷抗碱封闭底漆。

2）清水混凝土基层应涂刷界面剂，旧墙面在涂饰涂料前应清除疏松的旧装饰层，并涂刷界面剂。基层腻子应平整、坚实、牢固，无粉化、起皮和裂缝；内墙腻子的黏结强度应符合《建筑室内用腻子》(JG/T3049) 的规定。厨房、卫生间及有抗渗要求的外墙等部位必须使用耐水腻子。

3）混凝土及水泥砂浆抹灰基层应满刮腻子、砂纸打光，表面应平整光滑、线角顺直；纸面石膏板基层应按设计要求对板缝、钉眼进行处理后，满刮腻子，砂纸打光；清漆木质基层表面应平整光滑，颜色协调统一，表面无污染、裂缝、残缺等缺陷；调合漆木质基层表面应平整，无严重污染；金属基层表面应进行除锈和防锈处理。

4）混凝土或抹灰基层涂刷溶剂型涂料时，含水率不得大于 8%；涂刷乳液型涂料时，含水率不得大于 10%。木材基层的含水率不得大于 12%。

(7) 构件式玻璃幕墙工程。

玻璃幕墙的典型形式有构件式玻璃幕墙、全玻（玻璃肋）幕墙和点支承玻璃幕墙等。构件式玻璃幕墙是在现场依次安装立柱、横梁和玻璃面板的框支承玻璃幕墙，包括明框玻璃幕墙、隐框玻璃幕墙和半隐框玻璃幕墙三类。

目前生产玻璃幕墙的厂家很多，各厂家在接缝设计和安装要求等方面存在一定的差异，但构件式玻璃幕墙构造主要包括预（后置）埋件、立柱、横梁、玻璃面板、硅酮耐侯密封胶嵌缝等。其现场安装有单元式和分件式两种施工方法。分件式安装是最一般的方法，它将立柱、横梁、制作好的玻璃板块等材料分别运到工地，现场逐件进行安装。单元式施工是将立柱、横梁、玻璃板块在工厂先拼装成一个安装单元（一般为一层楼高），然后在现场整体吊装就位。

2. 施工机械

施工方案中除施工方法外，还应考虑使用什么样的机具设备，重点是大型机械的选择。

(1) 机械选择的要求。

机械化施工是改变建筑工业生产落后面貌，实现建筑工业化的基础。选择施工方法和施工机械是紧密联系的。尤其是以机械为主、人工为辅的分部分项工程，施工机械的选择是关键。在技术上它们都是解决各施工过程的施工手段；在施工组织上，它们是解决施工过程的技术先进性和经济合理性的统一。

施工机械的选择应注意以下几点：

1）首先选择主导工程的施工机械。如地下工程的土石方机械、桩机械；主体结构工程的垂直和水平运输机械；装配式结构工程、设备安装的吊装机械。

应根据工程特点选择适宜的主导工程施工机械。如在选择装配式单层工业厂房结构安装的起重机类型时，若工程量大而集中，可以采用生产率较高的塔式起重机；若工程量较小或虽大但较分散时，则采用无轨自行式起重机械；在选择起重机型号时，应使起重机性能参数（臂长、起重机半径、起重量、起重高度、起重力矩等）满足施工技术需要，机械效率和台数还应满足施工组织对工期的要求，满足经济合理的要求。

2）为发挥主导施工机械的效率，应同时选择与主机配套的辅助机械和运输工具。如土方工程中的自卸汽车的选择，应考虑使挖土的效率充分发挥出来。

3）实际可能的在现有的或可能租赁获得的机械中进行选择，避免新购机械设备。尽可能做到适用性与多用性的统一，通过优化组合，减少机械类型，简化机械的现场管理和维修工作，但不能大机小用。

4）在同一建筑工地上的建筑机械的类型和型号应尽可能少，以利于机械管理。对于工程量大的工程应采用专用机械；否则，应尽量采用多用途的机械。

（2）土方施工机械。

土方机械化施工的常用机械为推土机、铲运机、挖掘机、装载机、平地机等。

1）推土机。

推土机的适用范围：适用开挖一～四类土；找平表面，场地平整；开挖深度不大于1.5m的基坑（槽）；短距离移挖筑填，回填基坑（槽）、管沟并压实；堆筑高度在1.5m以内的路基、堤坝，以及配合挖土机从事平整、集中土方、清理场地、修路开道；拖羊足碾、松土机，配合铲运机助铲以及清除障碍物等。

2）铲运机。

铲运机的适用范围：适于开挖含水率27%以下的一～四类土；大面积场地平整、压实；运距800m内的挖运土方；开挖大型基坑（槽）、管沟、填筑路基等。但不适于砾石层、冻土地带及沼泽地区使用。

3）挖掘机。

挖掘机按工作装置的不同分为正铲、反铲、拉铲和抓铲等，不同形式挖掘机的特点和适用范围也不相同。

正铲挖掘机的挖土特点是"前进向上，强制切土"，适用于开挖含水量应小于27%的一～四类土和经爆破后的岩石和冻土碎块；大型场地整平土方；工作面狭小且较深的大型管沟和基槽、路堑；独立基坑及边坡开挖等。

反铲挖掘机的挖土特点是"前进向下，强制切土"，适用于开挖含水量大的一～三类的砂土或黏土；主要用于停机面以下深度不大的基坑（槽）或管沟；独立基坑及边坡开挖等。

抓铲挖掘机的挖土特点是"直上直下，自重切土"，适用于开挖土质比较松软的一～二类土、施工面狭窄的深基坑、基槽，清理河床及水中挖取土，桥基、桩孔挖土，最适宜于水下挖土，或用于装卸碎石、矿渣等松散材料。

拉铲挖掘机的挖土特点是"后退向下，自重切土"，适用于一类～三类的土，开挖较深较大的基坑（槽）、沟渠，挖取水中泥土以及填筑路基、修筑堤坝等。拉铲挖土机大多将土直接卸在基坑（槽）附近堆放，或配备自卸汽车装土运走，但功效较低。

（3）垂直运输机械。

1）现场垂直和水平运输方案。

现场垂直和水平运输方案一般包括下列内容：

① 确定标准层垂直运输量。如砖、砌块、砂浆、模板、钢筋、混凝土、各种预制构件、门窗和各种装修用料、水电材料、工具和脚手等。

② 选择垂直运输方式时，充分利用构件吊装机械作一部分的垂直运输。当吊装机械不能满足时，一般可采用井架（附拔杆）、门架等垂直运输设备，并确定其型号和数量。

③ 选定水平运输方式，如各种运输车（小推车、机动小翻斗车、架子车、构件安装

小车、钢筋小车等）和输送泵及其型号和数量。

④ 确定和上述配套使用的工具和设备，如砖车、砖笼、混凝土车、砂浆车和料车等。

⑤ 确定地面和楼层水平运输的行驶路线。

⑥ 合理布置垂直运输机械位置，综合安排各种垂直运输设施的任务和服务范围。如划分运送砖、砌块、构件、砂浆、混凝土的时间和工作班次。

⑦ 确定搅拌混凝土、砂浆后台上料所需机具，如手推车、皮带运输机、提升料斗、铲车、推土机、装载机或水泥流槽的型号和数量。

2）垂直运输机械。

不同的机械，其技术性能指标也不相同，机械设备的选择首先必须满足施工技术与组织需要。其次，在确定垂直运输机械时，还应考虑各个分部分项工程的综合应用水平。如高层建筑施工时，可从下述几种组合情况选择一种，解决所有分部工程的垂直运输：塔式起重机和施工电梯；塔式起重机、混凝土泵和施工电梯；塔式起重机、井架和施工电梯；井架和施工电梯；井架、快速提升机和施工电梯。

① 塔式起重机的选择。塔式起重机类型的选择应根据建筑物的结构平面尺寸、层数、高度、施工条件及场地周围的环境等因素综合考虑。对于低层建筑常选用一般的轨道式塔式起重机，如 QT_1—2 型、QT_2—6 型、QT60/80 型等，也可采用固定式塔式起重机；对于中高层建筑，可选用附着自升式塔式起重机或爬升式塔式起重机，其起重高度随建筑物的施工高度而增加，如 QT_4—10 型、QT_5—4/40 型、QT_5—4/60 型等；如果建筑物体积庞大、建筑结构内部又有足够的空间（电梯间、设备间）在安装塔式起重机时，可选择内爬式塔式起重机，以充分发挥塔式起重机的效率。

一般根据幅度、最大起升高度及最大起重量（各个幅度时）确定塔吊的型号。为便于参考，表 6-3 给出了常见高层建筑施工用塔式起重机技术性能。

表 6-3　　北京高层建筑常见施工用塔式起重机技术性能

型号	TQ60/80	QT80A	QT4—10A	FO/23B	POTAIN H3—36B H3—36BSP	BPR GT491—133	PEINER SK280—03S
生产地	北京	北京	北京	北京	法国	法国	德国
最大幅度（m）	30	40	40	50	65；70	70	70.5
最大幅度时起重量（t）	2	1.8	3.5	2.3	2.8；3.0	5.9	3
最大起重量（t）	7.8	9	20	10	12	12	12.5
最大起重量时幅度（m）	7.7	11.1	10	14.5	19.5；18.8	37.2	19
超开速度（m/min）	21.5；14.3	14.5～100	45/22.5	0～64	0～260	0～260	14～112
行走速度（m/min）	17.5	18	10.38	15.3	13.5～27	16～32	25
旋转速度（m/min）	0.6	0.53	0.5	0.8	0～0.8； 0～0.6	0～0.7	0.9
轨距×轴距（m×m）	4.2×4.8	5×5	6.5×6.5	4.5×4.5； 6×6	8×8； 6×6	8×8	6×6；8×2

续表

轨道式自由高度（m）	50.3	45.5	52.9	49.4；61.6	83.6；72.5	80.1	61.6；82.4
最大起重高度（m）	68	70（附着） 140（内爬）	160（附着）	203.8	290.5	185.5	135
结构自重（t）	45	51	70	69	133；118	148	100；118
平衡重（t）	5	8	8	16.1	84；96	60	132；145
压重（t）	58	48	40	116	17.3；18.6	26	18.4；18.4
电机功率（kW）	22	30	45	60	88.3	88.3	66

另外，高层建筑施工用脚手架的种类很多，在施工方案中能否合理的选用，对施工的影响很大，因此，应该了解其基本性能，合理使用。

② 混凝土输送泵的选择。当混凝土浇筑量很大，或工期紧张，或工程所在地对现场拌制混凝土有限制时，采用混凝土泵送方式进行浇筑。泵送混凝土的方式不但可以一次性直接将混凝土送到指定的浇筑地点，而且能加快施工进度。目前泵送技术在实行预拌商品混凝土的城市，在高层建筑施工中已经普遍采用。

高层建筑混凝土垂直运输通常有塔送和泵送两种方式可供选择，如果采用塔吊运输方式浇筑每一标准层的时间 t 大于计划工期最长允许工作持续时间 $[t]$，则须采用泵送；反之，则不需设置混凝土输送泵。t 按式（6－1）计算

$$t=\frac{\left(\frac{H_{max}}{V_1}+\frac{H_{max}}{V_2}+t_3+t_4\right)Q}{60bcq} \tag{6-1}$$

式中 t——用塔吊提升混凝土时，每个标准层所需要的工期，天；

H_{max}——标准层最高一层标高，m；

V_1——吊钩上升速度，m/min；

V_2——空钩下降速度，m/min；

t_3——起重臂每吊回转时间，min；

t_4——装、卸吊钩时间，min；

Q——每个标准层所需浇筑的混凝土量，m^3；

b——每个台班工作时间，h；

c——每天每台塔吊的台班数；

q——塔吊每吊混凝土量，m^3。

【例 6－1】 某市友谊大厦高层建筑施工混凝土输送机械的选择，已知主体结构施工进度为每天一层，且 $[t]=1$ 天，$Q=360m^3$，$H_{max}=95m$，70HC 内爬塔吊的有关数据为：$V_1=28.7m/min$，$V_2=57.2m/min$，$q=1m^3/$吊，$b=7h$，$c=3$。塔吊运输方式“浇筑每一标准层的时间”计算如下

$$t=\frac{\left(\frac{95}{28.7}+\frac{95}{57.2}+0.5+2\right)\times 360}{60\times 7\times 3\times 1}=2.1\text{ 天}>[t]=1\text{ 天}$$

计算表明，用一台 70HC 内爬塔吊，不能满足标准层最高一层的混凝土输送要求，应

采用混凝土泵送机械。

6.3.4 常见房屋的施工特点及施工方案

一个好的施工方案必须通过择优来选取。施工方案的选择必须针对结构的类型，适应不同结构的施工特点，要符合国家或承包合同的要求，能体现一定的施工技术水平，并能满足“快”、“好”、“省”、“安全”的施工总要求。但这一切必须建立在符合实际施工条件（如经济情况、技术力量情况等）的基础上。下面就常见工程的施工特点说明其施工方案的主要内容。

1. 多层混合结构建筑施工方案

（1）基础施工阶段。

混合结构居住房屋一般采用条形基础，基础宽度较小，埋置深度不大，土方量较小，所以常采用单斗反铲挖土机或人工开挖；当房屋带有地下室时，土方开挖量较大，除使用反铲挖土机外，还可考虑采用正铲或拉铲挖土机施工；对基础埋深不深（如埋深小于 2m）而面积较大的基坑大开挖，往往采用推土机进行施工，效果较好。当然，如果土方开挖是在地下水位以下，应首先采用人工降低地下水位的方法，把地下水位降到坑底标高以下，或是在施工中采用明沟排水的方法。采用哪种降水、排水方法要视基坑的形状、大小以及土质情况而定。当采用轻型井点降水措施时，在施工中应不停顿地抽水，直到做完基础并在回填土开始施工时方可停止。

为减少工程费用，在场地允许的条件下，应通过计算把回填用的土方就近堆放，多余的土方一次运到弃土地点，并尽量避免土方的二次搬运。

在雨水多的地区，要注意基槽和垫层的施工，安排要紧凑，时间不宜隔得太长，以防雨后基槽灌水或晾晒过度而影响地基的承载能力。

基槽（坑）回填土一般在基础完工后一次分层夯填完成，这样既可避免基槽遇雨水浸泡，又为主体工程的施工创造了工作条件。室内（房心）回填土最好与基槽（坑）回填土同时回填，但房心回填之前应将上下水管道及暖气沟做好，并办理基础及地下防水层的隐检及验收手续。房心回填也可留在以后与主体结构施工同时交叉进行，但应在装饰工程之前完成。

土方施工中，每天开挖前应检查基槽（坑）边坡的状况，做好放坡或加支撑；在施工中要有明确的安全技术措施及保证质量的措施。

（2）主体施工阶段。

混合结构房屋一般是横墙承重，在砖墙圈梁上铺放预制空心楼板（或为现浇楼盖），砌筑和吊装是关键工作。所以，确定垂直起重运输机械就成为主体施工方案的关键。

在选择起重机械时，首先应考虑可能获得的机械类型，而后根据构件的最大重量、建筑物的高度和宽度及外形来选择机械类型，同时还应考虑施工现场的情况。通常选用轻、中型塔式起重机作为主体施工机械，如Ⅱ—16 型、QT_1—2 型、QT_1—6 型、QT60/80 型、QT_4—10 型等。如果选用了移动式（轨道式）塔式起重机，一般不同时竖立井架或龙门架，以便充分发挥机械的使用效能。在主体施工完后可拆去塔吊，立起井架做装修。但当装修与主体搭接施工时，可采用塔机与井架综合使用的方案。

水平运输除可利用塔吊外，在建筑物上可准备手推车分散塔吊吊上来的砖和砂浆等；

在建筑物下的现场，可准备翻斗车从搅拌站运输混凝土或砂浆到吊升地点。

在确定了水平、垂直运输方案后，要结合工程特点确定主要工序的施工方法。一般多层混合结构建筑应选择立杆式钢管脚手架或桥式脚手架等作外架；内脚手可采用内平台架等。模板工程应考虑现浇混凝土部位的特点，采用木模、组合钢模板。如砖墙圈梁的支模常采用硬架支模，吊装预制板时，板下应架好支撑；现浇卫生间楼板的支模、绑扎钢筋可安排在墙体砌筑的最后一步插入，在浇筑圈梁混凝土的同时浇筑卫生间楼板；当采用现浇钢筋混凝土楼梯时，楼梯的支模应与砌筑同时进行，以方便瓦工留槎，现浇楼梯应与楼层施工紧密配合，以免拖长工期。主体阶段各层楼梯段的安装与墙体砌筑和楼板安装紧密配合，它们应同时完成；阳台安装应在楼板吊装之后进行，并与圈梁钢筋锚固在一起。另外，模板的拆除也是主体施工阶段应注意的一个问题，一定要在混凝土的强度达到规定的拆模强度后拆模，拆模强度应以和结构同条件养护的试块抗压强度试验为准。

在制定施工方法的同时，应提出相应的保证质量和安全的技术措施。如砌墙时，要注意皮数杆的竖立、排砖撂底的要求、留槎放置拉结筋的要求、游丁走缝的控制等要求；支模时，要重点考虑如何保证模板严密不漏浆，构造柱如何保证质量等问题；此外，还要注意混凝土施工配合比的调整，蜂窝、麻面、烂根等质量问题的预防，混凝土的养护及拆模的要求等问题。除此之外还应注意脚手架的搭设和使用过程中的安全问题。

(3) 装修施工阶段。

混合结构装修施工的特点是劳动强度大、湿作业多，尤其是抹灰、内墙粉刷、油漆等。由于装修施工一直是手工操作，所以造成装修施工工效低、工期较长。根据这些特点，在施工中应想方设法加快主导施工过程——抹灰和粉刷的施工速度，减轻劳动强度，提高工效，如采用机械喷涂、喷浆等。还要特别注意组织好各工序间的相互搭接和配合，从而加快施工速度。

在屋面工程中应注意预防地面起砂、空鼓、开裂等质量问题，要明确地面的养护方法和技术措施。另外在厕所、厨房、浴室等有地漏的房间进行地面冲筋施工时，要找好泛水坡度，以避免地面积水。

墙面施工应注意抹灰的质量。内墙抹灰（白灰砂浆）应防止空鼓裂缝；外墙干粘石、水刷石应保证达到样板标准。

对于高级装修做法，饰面安装的要求应详细说明施工工艺及技术要求，以确保施工质量。

2. 装配式大板建筑施工方案

装配式大板建筑一般分为基础施工、结构施工准备、结构吊装和装修四个阶段。

(1) 基础施工阶段。

这一阶段的施工与其他类型的工程施工基本一样，应注意在结构施工前做好首层地面。因为装配式大板建筑装配化程度高，结构施工用人少，湿作业少，先做好首层地面可使工程干净利落。

(2) 结构施工准备阶段。

这一施工准备阶段可与基础施工同时进行。由于装配式大板建筑的主导施工过程是以塔式起重机为中心的结构吊装施工，吊装的各道工序都必须有计划、紧密连续地进行。因此，结构施工准备工作非常重要。这一阶段包括吊装机械选择、流水施工安排、测量放线、施工现场构件布置等。

选择吊装机械时应考虑机械性能能够满足墙板、楼板和其他构件的卸车及水平、垂直运输和安装就位，还有其他材料的综合吊运问题。通常选择塔式起重机，如 QT_1—6 型、QT60/80 型等。

在吊装前要设置好轴线控制标准桩，用经纬仪定出控制轴线不少于 4 条，其他轴线可据此用钢尺均分。二层以上轴线，应由基础轴线直接引上，以避免出现累计误差。

施工现场的构件布置以及流水施工的安排要根据实际的吊装方法来确定。

(3) 结构吊装阶段。

一般有下述三种吊装方案可供选择。

1) 储存吊装法。这种方法是将需吊装的构件，提前按吊装顺序运进现场，存放在吊装机械的工作范围内，储存量达到一层半或二层后再进行吊装。这种方法组织工作简便，所需运输设备较少，可以保证结构吊装连续进行；缺点是需要较多的插放架及堆放场地，装卸次数较多等。当施工现场窄小时不宜采用这种方法。

2) 原车吊装法。这种方法是按照吊装顺序的要求，配备足够数量的运输工具配合塔吊速度，每天及时将各种构件按顺序运至现场，直接从运输车辆上进行吊装就位。这种方法能克服储存吊装法的缺点，但要求施工组织严密。要根据运距、运量和装卸吊装时间等精确计算，按所需构件型号、数量和施工顺序按时、保质、保量运到工地，以保证吊装工作连续进行。如果组织不当，就会出现窝工、停工现象，从而影响工程进度。故原车吊装法适用于管理水平较高，有足够运输工具的情况。

3) 部分原车吊装法。这种方法是上述两种方法的综合。构件既有现场堆放，又有原车吊装。一般把特殊规格的非标准构件提前进场堆放，以防吊装开始后供应不及时；而标准构件除少量现场堆放外，大部分采用原车吊装法。这种方法既可以节约部分堆放场地，又比较适应目前的管理水平，同时可使施工单位逐渐采取高水平的建筑安装组织管理方法，有利于实现工程管理科学化。

在结构安装阶段应注意组织工作要与吊装方法相适应，保证吊装的连续施工，同时要为装修做准备。例如，当采用储存吊装法时，构件吊装期间的构件进场和卸车应安排在夜班进行，墙板应按吊装的顺序布置插放。又如，在吊装前应及时逐块进行外墙板的外观检查，对破损部位进行修补，并在空腔部位涂刷防水油；在吊装前应准备好保温防水板条，每层楼板吊完后，立即插入缝内，以利于后续工序的顺利进行。

(4) 装修施工阶段。

由于装修工作量占比重较小，如外墙饰面、门窗油漆、楼地面压光等已在预制厂完成，故不需要专门的垂直运输设备了。每层装修用的材料和加工半成品应堆放在塔吊的工作半径之内，在该层扣板之前全部吊入楼层指定房间。这样有利于加快施工速度，同时在结构封顶后即可将塔吊拆除，以提高经济效益。

室内外装修可按一般常规处理，如抹板勾缝、安装门窗扇、安装楼梯阳台栏杆、喷浆、水暖电卫安装等。外墙的勾缝工作可用吊篮进行，其顺序为：

防水砂浆打底→涂防水胶油→安装十字缝处的泄水口→用 1：2 玻璃纤维水泥砂浆勾

抹压实。

3. 现浇钢筋混凝土高层建筑施工方案

由于现浇钢筋混凝土高层建筑的现浇混凝土量较大，吊升高度高，所以模板工程以及吊装和垂直运输是施工的关键；另一个重要问题是如何解决施工的供水、供电；还有施工流水段的划分，施工顺序及流向的确定，基坑的排水与降水，混凝土的供应方式，脚手架的设计与选用问题，这些构成了高层民用建筑施工方案的内容。下面仅就几个关键问题加以阐述。

（1）模板工程。

在现浇钢筋混凝土高层民用建筑施工中，模板工程与工程成本、工期、质量、工效等有着密切的关系，所以模板工程是其施工方案的主要内容之一。常采用的模板有大模板系统和滑升模板系统。

1）大模板施工方案。大模板施工在国内多用于高层住宅楼、旅馆等定型的标准设计中。大模板建筑的特点是使用设备简单，可以组织流水施工作业，施工速度较快，结构整体性好，工程造价低，适合我国目前的居住水平和施工水平。

大模板施工应注意各种机具和配件完整齐备，严格按施工工艺标准施工；大模板吊装就位时要平稳、准确、不碰撞、不兜挂钢筋；大模板应安装牢固、位置准确、拼接严密，保证在施工中不变形、不位移、不漏浆；门洞口模板应支牢，各种预埋件符合设计图纸要求，数量位置准确，定位牢固；拆模要达到规定的混凝土强度（以同条件养护试块抗压强度为准），拆模要按规定的程序要求进行，禁止用大锤敲击，以防止混凝土墙面、门洞口等处出现裂缝。在大模板的存放、吊运、安装、拆卸中还应注意操作的合理、安全，防止出现安全事故。

大模板施工需要的大模板的数量要根据流水段的划分情况及施工速度等因素确定。

2）滑升模板施工方案。滑升模板常用于高层饭店、办公楼的施工，以及建造烟囱、水塔、筒仓等。当用于高层民用建筑时，楼板、阳台施工比较费事，同时如果各千斤顶同步问题解决不好则会影响工程质量。

采用滑升模板施工，必须严格控制施工质量。每完成一个滑升高度，应及时测量平台水平度及建筑垂直度，看看是否符合要求。平台水平度的控制一般是通过千斤顶同步来实现的，目前已实现了自动控制。建筑物垂直度的测量，过去常用的方法是吊线锤，当建筑物较高时，由于线锤摆动，测量精度很差。近年来许多工程运用激光准直技术测量建筑物的垂直偏差，大大提高了测量精度；还可以用激光自动控制仪自动纠正建筑物的中心偏差和扭转，从而实现了施工精度的自动控制。无论采用何种方法，施工中都要密切注意各种偏差的控制和纠正，使之符合国家施工规范与验收标准的规定。

（2）吊装与垂直运输。

目前国内外高层民用建筑的吊装和垂直运输都广泛采用自升式塔式起重机机型。该机型按工作方式的不同又可分为轨道式、附着式和内爬式等形式，施工时应根据建筑物的高度、平面形状、构造特点及施工条件进行选择。一般对于建筑高度在 45m 以下的高层民用建筑，可采用轨道式塔机。当建筑物高度大，场地窄小且结构中央具有支承及爬升条件时可采用内爬式自升塔。支承自升塔爬升的结构通常是电梯井或楼梯间等，并按需要适当加固。附着式塔式起重机底架固定于钢筋混凝土基础上，塔身升到一定高度后每隔16～20m左右用锚固拉杆与建筑物锚固在一起（锚固部位应经设计部门核算并予以加固），这样既满足了塔吊安全稳定的需要，又能适应施工吊装高度的要求。

目前国产自升式塔式起重机基本上可解决高达200m左右的高层建筑施工。表6-4为国产高层民用建筑施工中常用的自升式塔式起重机的主要性能。

表6-4　　国产自升式塔式起重机主要性能

型　号	起重力矩（t·m）	起重量（t）		最大幅度（m）	吊钩高度（m）		轨距（m）	自重（t）	压重（t）	备　注
		最大	最小		行走	附着				
QT$_5$—4/40	40	4	2	20	—	110	—	21	3	内爬式
QTZ—80	80	8	4	20	45	79	5	50	3.6 23	平衡重 压重
ZT—100	100	6	3.3	30	40	100	6	82	5	平衡重
ZT—200	120	8	4	30	40	160	6		82	压重
QT$_4$—10—160	160	10	3	35	50	160	6.5			
QT$_4$—10A—160	160	20	3.5	40	52	162	6.5	70	40	附着式

除了采用自升塔作为高层民用建筑吊装和垂直运输的主要方案外，其他常用的垂直运输设备还有：卷扬机操纵的单塔和双塔升降机、人荷共用电梯、混凝土运输提升机、屋面桅杆起重机等。在施工方案中，应灵活选用不同种类的垂直运输设备，力求主导机械与辅助机械协调配合，以充分发挥机械效率。一般常见的起重运输方案如表6-5所示。

表6-5　　常见起重运输方案

名　称	项　目	长度（m）	宽度（m）	重量（m）	适用的起重运输方案
大型起重材料	构件、钢筋、模板、钢结构、大型机械设备等	＞4	＞1.8	＞2.0	塔式起重机
中型起重材料	轻型钢材、木材、管材、脚手材料等	1.8～4	＜1.8	＜2.0	升降机
小型起重材料	各种内装饰材料、防火材料、玻璃、水泥、砂等	＜1.8	＜1.8	＜1.5	人荷共用电梯

对装饰用小型材料的垂直运输，有时也利用建筑物的永久性电梯代替施工用的人荷电梯。可在施工中先将电梯井和机房提前建起来，并安好永久性电梯，从而节约投资。

(3) 施工水电供应。

高层建筑施工的水、电供应对于组织施工顺利进行，保证工程施工的质量及安全都具有重要意义。

关于施工用水应注意：由于城市自来水压力往往不能满足高层建筑施工用水的需要量，故应采用二次加压供水方案。例如，设蓄水池并选用高扬程水泵送水，水管可附着于垂直运输设备上。还应设立专用于消防的高压水泵。

现场供电要按总平面图及用电负荷设计多条线路供电，并由总配电室分别设控制开关，必要时还可设置备用柴油发电机。主要机电设备的总线可用电缆敷设，以保证施工安全；照明线等可采用架空线，架空线距起重机大臂、钢丝绳和吊物应保持安全距离，如不能保持安全距离时，应采取护线措施。

对塔式起重机、电梯及钢管脚手架等应设置可靠的避雷装置，其地极埋入地面以下不小于0.5m，接地电阻应小于4Ω，并应尽可能利用建筑物的避雷接地装置。

在施工中，还应注意高空作业与地面指挥准确无误地联系。可采用超短波调频无线电步话机、对讲机、专用电话、电铃、指示信号等联系手段。总之，要确保施工安全。

6.3.5 主要技术组织措施

编制施工方案，除应有施工流向与顺序的选择、施工方法和施工机械的确定以外，还应说明所采取施工方法的各项施工组织措施。下面分别说明制定这些措施应注意的问题。

1. 特殊项目的施工技术措施

如采用新结构、新材料、新工艺和新技术，高耸、大跨、重型构件和设备，以及深基、水下和软弱地基项目等应单独编制专项作业方案。其主要内容为：

1）工艺流程。

2）需要表明的平面、剖面示意图、工程量。

3）施工方法、劳动组织、施工进度。

4）技术要求和质量安全注意事项。

5）材料、机械设备的规格、型号的需用量。

2. 保证施工质量的措施

（1）管理措施。

1）严格执行国家施工及验收规范，按技术标准、规范、规程组织施工和进行质量检查，切实保证工程质量。

在施工中要强调执行技术标准、规范的具体要求。如：强调隐蔽工程的质量验收标准及通病的防治；混凝土工程中混凝土的搅拌、运输、浇灌、振捣、养护、拆模及试块试验等项工作的具体要求；新材料、新工艺或复杂操作的具体要求、方法和验收标准；防止出现屋面漏水，卫生间、厨房、地下室渗水，阳台倒泛水等质量通病的措施；各种机具和材料使用的具体要求等。

2）将质量要求层层分解，落实到班组及个人，强调实行定岗操作责任制、三检制和样板制。

3）强调执行质量监督和检查的责任制和具体措施。如：工程预检、隐检，基础与结构验收等工作安排落实到人。

4）推行全面质量管理在建筑施工中的应用，强调预防为主的方针，及时消除事故隐患；强调人在质量管理中的作用，要求人人为提高质量而努力；制定加强工艺管理、提高工艺水平的具体措施，不断提高施工质量；落实图纸会审、技术交底等技术管理制度。

（2）专业技术措施。

在严格执行现行施工规范、规程的前提下，针对工程施工的特点，明确质量技术措施有关内容。

1）对于采用的新工艺、新材料、新技术和新结构，需制定有针对性的技术措施，保证工程质量。

2）确保定位、放线、标高准确无误测量的措施。

3）确保地基基础，特别是软弱地基和复杂基础施工质量的技术措施。

4）确保主体结构中关键部位、关键工序的质量措施。

5）常见的、易发生质量通病的改进方法及防范措施。

6）冬雨季施工措施。

3. 确保施工安全的措施

(1) 管理措施。

1）严格执行国家的安全生产法规，如《建筑安装工程安全技术规程》等。在施工的计划、布置、检查、评比中，必须把安全工作贯穿到每个具体环节中去，在各个分部分项工程施工前要有安全交底，保证在安全的条件下施工。

2）加强安全教育，明确安全生产责任制。

3）建立健全安全生产的群防群控制度、切实有效的安全检查制度等。

(2) 专业技术措施。

施工安全技术措施包括安全防护设施和安全预防设施，主要有17个方面的内容，如放火、防毒、防爆、防洪、防尘、防雷击、防触电、防坍塌、防物体打击、防机械伤害、防起重设备滑落、防高空坠落、防交通事故、防寒、防暑、防疫、防环境污染等方面措施。

1）对于采用的新材料、新工艺、新技术和新结构，需制定有针对性的、行之有效的专门安全技术措施，以确保施工安全。

2）预防自然灾害措施。如冬季防冻防寒防滑措施；夏季防暑降温措施；雨季防雷防洪措施；防水防爆措施等。

3）高空或立体交叉作业的防护和保护措施。如"三宝"的正确使用；"四口十临边"的防护措施；同一空间上下层操作的安全保护措施；人员上下设专用电梯或行走马道。

4）安全用电和机电设备的保护措施。如机电设备的防雨防潮设施和接地、接零措施；施工现场临时布线，需按有关规定执行。

5）保证现场施工机具和交通车辆的安全措施。

4. 现场文明施工措施

1）遵守国家的法令、法规和有关政策。明确施工用地范围，不得擅自侵占道路、砍伐树木、毁坏绿地、停水停电，制定减少扰民的措施。

2）按《建筑施工安全检查标准》对文明施工的要求，切实做好保证项目（现场围挡、封闭管理、施工现场、材料堆放、现场住宿、现场放火）和一般项目（治安综合治理、施工现场标牌、生活设施、保健急救、社区服务）的各工作，文明施工检查要形成制度。

3）强调对办公室、更衣室、食堂、厕所及环境卫生的要求，并加强监督和指导，实行门前三包责任制。

4）施工现场应按施工平面图的要求布置材料、构件和工程暂设的堆放、搭建和管理；制定严格的成品保护措施和制度，并加强教育和监督。

5）施工现场内应整洁，现场道路要平整、坚实，避免尘土飞扬，主要施工道路应进行硬化。

6）坚持正确、文明的施工程序和操作步骤，把搞好文明施工的责任制落实到班组及个人，并加强检查、评比。注意：施工现场的围墙与标牌，出入口与安全生产的标志，临时工程的规划与搭建，临时房屋的安排与卫生。

7）消防和废水、废气、固体废弃物的处理。加强三废治理的措施有：熬制沥青应采用无烟沥青锅（有条件的应采用新型冷作业防水施工，避免现场熬制沥青）；各种锅炉应有消烟除尘设备；含有水泥等污物的废水、乙炔发生器的废水、泥浆成孔的废水不得直接排出场外或直接排入市政污水管道等。

5. 降低成本的措施

1）正确贯彻执行劳动定额，加强定额管理；施工任务书要做到任务明确、责任到人，要及时核算、总结；严格执行定额领料制度和回收、退料制度，材料领用可实行包干的办法，并制定有关奖励节约，处罚超耗的措施；加强生产工具的管理。

2）加强对外分包施工队的管理，以合同为手段实行施工生产任务和降低消耗的承包。

3）加强技术革新、改造，推广应用新技术、新工艺。

4）发动群众，群策群力，实行全面质量管理，注重人员激励，以提高劳动率和经济效益。

6.4 施工进度计划

6.4.1 施工进度计划的作用

施工进度计划为实现项目设定的工期目标，对各项施工过程的施工顺序、起止时间和相互衔接关系所作的统筹策划和安排。它的主要作用是：控制单位工程的施工进度，为计划部门编制月、旬计划和平衡劳动力提供基础，也是确定施工准备、劳动力和物资配置计划的依据。

施工进度计划要保证拟建工程在规定的期限内完成，保证施工的连续性和均衡性，节约施工费用。编制施工进度计划需依据建筑工程施工的客观规律和施工条件，参考工期定额，综合考虑资金、材料、设备、劳动力等资源的投入。

施工进度计划的表达形式有多种，最常用的为横道图和网络图形式。这里介绍下横道图格式，它由两大部分组成，左侧部分是以分部分项工程为主的表格，包括相应分部分项工程内容及其工程量、定额（劳动效率）、劳动量或机械量等计算数据；表格右面部分是以左面表格计划数据设计出来的指示图表。它用线条形象地表现了各分部分项工程的施工进度，各个工程阶段的工期和总工期，并且综合地反映了各个分部分项工程相互之间的关系。进度计划表的形式如表 6-6 所示。

表 6-6　　　　　　　　　　　　　进 度 计 划 表

序号	分部分项工程名称	单位	工程量	定额	工日数		工作天	进度日程																	
								×月						×月						×月					
					技工	壮工		1	2	3	4	5	…	1	2	3	4	5	…	1	2	3	4	5	…

6.4.2　施工进度计划的编制依据

编制单位工程施工进度计划必须具备下列资料：

（1）房屋的全部施工图。施工人员在编制施工进度计划前必须熟悉建筑结构的特征和基本数据（如平面尺寸、层高、单个预制构件重量等），对所建的工程有全局的了解。

（2）房屋开、竣工期限的设想。

（3）施工预算。为减少工程量计算工作，可直接应用施工预算中所提供的工程量数据；但是有的项目需要变更、调整或补充，有些应按所划分的施工段来计算工程量。

（4）劳动定额。它是计算完成施工过程产品所需要的劳动量的依据，分为时间定额和产量定额两种。

（5）主要施工过程的施工方案。不同的施工方案直接影响施工程序和进度，特别是采用施工新技术更是如此。

（6）施工单位计划配备在该工程上的工人数及机械供应情况，同时了解有关结构、设备安装协作单位的意见。

6.4.3　施工进度计划的编制步骤

编制单位工程施工进度计划的程序和步骤如图 6-6 所示。

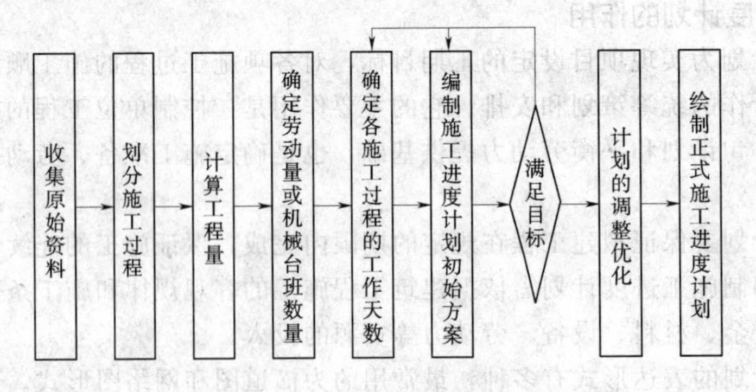

图 6-6　施工进度计划编制程序和步骤

1. 确定工程项目

编制施工进度计划时，首先应按照施工图纸界定工程范围，将拟建单位工程的各分部分项列出，并结合施工方法、施工条件和劳动组织，加以适当调整，确定后，按施工顺序逐项填入施工进度计划表中分部分项工程名称栏内。

通常施工进度计划表中只列出直接在建筑本体空间上进行的建造类活动，如砌筑、脚手架搭拆、抹灰、吊装等。而那些不占用施工对象空间的预制类、运输类活动可不列入。

一个单位工程的分部分项工程项目很多，在确定工程项目时要详细考虑，不能漏项。为了减少项目，有些分项工程可以合并。例如，基础工程中防潮层施工就可以合并在砌基础项目内；砌内墙与外墙也可以合并；有些次要的、零星的工程，劳动量很少，可以并入“其他工程”项目，以简化进度计划，使其实用且重点突出。此外，水电、卫生设备安装也应列入进度内。

2. 计算工程量

工程量计算基本上应根据施工预算的数据，按照实际需要做某些必要的调整。计算土方工程量时，还应根据土质情况、挖土深度及施工方法（放边坡、加支撑或降水）等来计算。计算每一分部分项工程量时，其单位应与所采用的产量定额所用的单位一致。

如果实行工程量清单计价，使用清单数据时，一定结合选定的施工方法和安全技术要求计算工程量。此外，应按组织流水施工的要求，分区、分层、分段来计算。

3. 劳动量与机械台班数的确定

应当根据各分部分项工程的工程量、施工方法和现行的施工定额，并结合当时当地的具体情况加以确定（施工单位可在现行定额的基础上，结合本单位的实际情况，制定扩大的施工定额，作为计算生产资源需要量的依据）。一般按下式计算

$$P=\frac{Q}{S} \tag{6-2}$$

或

$$P=QH \tag{6-3}$$

式中 P——所需的劳动量，工日或机械台班量，台班；

Q——工程量，m^3、m^2、t、…；

R——采用的产量定额，m^3、m^2、t、…/工日或台班；

H——采用的时间定额，工日或台班/m^3、m^2、t、…。

【例 6-2】 某混合结构民用住宅的基槽挖方量为 432m^3，用人工挖土时，产量定额为 6.1m^3/工日，由式（6-1）得所需劳动量为

$$P=\frac{Q}{S}=\frac{432}{6.1}\approx 71\text{ 工日}$$

若用 0.2m^3 单斗挖土机开挖，台班产量为 55m^3/台班，则机械台班需要量为

$$P=\frac{Q}{S}=\frac{432}{55}=7.85\text{ 台班，取 8 台班}$$

定额使用中，可能遇到以下几种情况：

1）计划中的一个项目包括了定额中的同一性质的不同类型的几个分项工程。这在查用定额时，定额对同一工种不一样，要用其综合定额（例如外墙砌砖的产量定额是 0.85m^3/工日；内墙则是 0.94m^3/工日）。当同一工种不同类型分项工程的工程量相等时，综合定额可用其绝对平均值，计算公式如下

$$S=\frac{S_1+S_2+\cdots+S_n}{n} \tag{6-4}$$

当同一工种不同类型分项工程的工程量不相等时，综合定额为其加权平均值，计算公式为

$$S=\frac{Q_1+Q_2+\cdots+Q_n}{\frac{Q_1}{S_1}+\frac{Q_2}{S_2}+\cdots+\frac{Q_n}{S_n}} \tag{6-5}$$

式中 S——综合产量定额；

Q_1、Q_2、…、Q_n——同一工种不同类型分项工程的工程量；

S_1、S_2、…、S_n——同一工种不同类型分项工程的产量定额。

或者首先用其所包括的各自分项工程的工程量与其对应的分项工程产量定额（或时间定额）算出各自劳动量，然后求和，即为计划中项目的综合劳动量。

【例 6-3】 门窗油漆项内木门及钢窗油漆两项合并，计算其综合定额如下：

设

Q_1＝木门面积 $296.29m^2$；

S_1＝木门油漆的产量定额 $8.22m^2$/工日；

Q_2＝钢窗面积 $463.92m^2$；

S_2＝钢窗油漆的产量定额 $11.0m^2$/工日；

综合产量定额

$$S=\frac{296.29+463.92}{\frac{296.29}{8.22}+\frac{463.92}{11.0}}=9.74m^2/\text{工日}$$

2）施工计划中的新技术或特殊施工方法的工程项目无定额可查用时，可参考类似项目的定额或经过实际测算，确定其补充定额，然后套用。

3）计划中“其他项目”所需劳动量，可视其内容和现场情况，按总劳动量的10%～20%确定。

4. 施工过程持续时间的计算

应根据劳动力和机械需要量、各工序每天可能出勤人数与机械数量等，并考虑工作面的大小来确定各分部分项工程的作业时间。可按下列公式计算

$$t=\frac{P}{Rb} \tag{6-6}$$

式中 t——某分部分项工程的施工天数；

P——某分部分项工程所需的机械台班数量，台班或劳动量，工日；

R——每班安排在某分部分项工程上的施工机械台数或劳动人数；

b——每天工作班数。

在确定施工过程的持续时间时，某些主要施工过程由于工作面限制，工人人数不能太多，而一班制又将影响工期时，可以采用两班制，尽量不采用三班制；大型机械的主要施工过程，为了充分发挥机械能力，有必要采用两班制，一般不采用三班制。

在利用上述公式计算时，应注意下列问题：

1）对人工完成的施工过程，可先根据工作面可能容纳的人数并参照现有劳动组织的情况来确定每天出勤的工人人数，然后从求出工作的持续时间。当工作的持续时间太长或太短时，则可增加或减少出勤人数，从而调整工作持续时间。

2）机械施工可先凭经验假设主导机械的台数 n，然后从充分利用机械的生产能力出发求出工作的持续天数，再做调整。

3）对于新工艺、新技术的项目，其产量定额和作业时间难以准确计算时，可采用下式算出其平均数

$$M=\frac{a+4c+b}{6} \tag{6-7}$$

式中 a——最乐观的估计时间；

b——最保守的估计时间；

c——最大可能的估计时间。

在目前的市场经济条件下，施工的过程就是承包商履行合同的过程。通常是，项目经理部根据合同规定的工期（或“项目管理目标责任书”的要求工期），结合自身的施工经验，先确定各分部分项工程的施工时间，再按各分部分项工程需要的劳动量或机械台班数量，确定每一分部分项工程的每个班组所需要的工人数或机械台班数。

5．编制施工进度计划

各个分部分项工程的工作日确定后，开始编排施工进度。编制进度时，必须考虑各分部分项工程的合理顺序，尽可能地将各个施工阶段最大限度地搭接起来，并力求同工种的专业工人连续施工。

在编排进度时，首先应分析施工对象的主导施工过程，并组织其流水施工。一般主导施工过程是采用较大的机械，耗费劳动力及工时最多的施工过程。例如，砖混结构民用房屋施工的主要阶段是主体结构，而主体结构中砌砖是其中主导的施工过程。单层工业厂房施工的主导施工过程是吊装工程。其余的施工过程尽可能配合主导过程进行安排。此外，各施工阶段也有主导的施工过程。例如，基础阶段是浇筑混凝土，装饰阶段是抹灰。

编排进度计划时，可以将各分项工程按分部（基础、吊装、装饰等）组织起来，然后将各分部工程联系汇总成单位工程进度计划的初步方案。

对进度计划的初步方案进行调整并审查施工顺序是否合理，工期要求，劳动力、机械等使用有无出现较大的不均衡现象。在调整某一施工过程时，应注意对其他施工过程的影响，因为它们是互相联系的。调整的方法是适当增减某项过程的工作日，或调整工程的开工时间，并尽可能地组织平行施工。

最后，绘制正式进度计划。编制进度计划必须深入群众，经过细致的调查研究工作，用三结合的方式进行，这样才能使编制的进度计划有现实意义。

建筑施工本身是一个复杂的事物，受到周围客观条件等诸多因素的影响。劳动力的调动能否满足要求、材料和半成品供应情况的多变、机械设备的周转等方面都受到客观条件的限制。此外，气象的变化也影响进度。因此我们不但要有周密的计划，而且必须善于使自己的主观认识随着施工过程的发展而转变，并在实际施工中不断修改和调整，以适应新的情况的变化。同时在制订计划的时候要充分留有余地，以免在施工过程发生变化时，陷入被动的处境。

6.5 施工准备与资源配置计划

6.5.1 施工准备计划

施工准备应包括技术准备、现场准备和资金准备等。

1. 技术准备

技术准备应包括施工所需技术资料、施工方案编制计划、试验检验及设备调试工作计划、样板制作计划等。

(1) 主要分部（分项）工程和专项工程在施工前应单独编制施工方案，施工方案可根据工程进展情况，分阶段编制完成；对需要编制的主要施工方案应制定编制计划。

(2) 试验检验及设备调试工作计划应根据现行规范、标准中的有关要求及工程规模、进度等实际情况制定。

(3) 样板制作计划应根据施工合同或招标文件的要求并结合工程特点制定。

2. 现场准备

现场应根据现场施工条件和工程实际需要，准备现场生产、生活等临时设施。

3. 资金准备

资金准备计划应根据施工进度计划编制资金使用计划。

6.5.2 资源配置计划

与施工组织总设计相比较，单位工程施工组织设计的资源配置计划相对更具体，其劳动力配置计划宜细化到专业工种。劳动力配置计划应包括：确定各施工阶段用工量；根据施工进度计划确定各施工阶段劳动力配置计划。物资配置计划应包括：主要工程材料和设备的配置计划应根据施工进度计划确定，包括各施工阶段所需主要工程材料、设备的种类和数量；工程施工主要周转材料和施工机具的配置计划应根据施工部署和施工进度计划确定，包括各施工阶段所需主要周转材料、施工机具的种类和数量。

资源配置计划可以用来确定建筑工地的临时设施，并按计划供应材料、调配劳动力，以保证施工按计划顺利进行。

1. 劳动力配置计划

劳动力配置计划，主要用于劳动力的平衡、调配，并用于安排生活福利设施等。其编制方法是按工程预算和施工进度计划将每天（或每月、每旬、每周）所需工人人数按工种进行汇总，列表反映出每天（或每月、每旬、每周）所需的各工种人数。计划格式如表 6-7 所示。

表 6-7 劳动力配置计划

序号	工种名称	总工日数	需要人数及时间											
			×月			×月			×月			×月		
			上旬	中旬	下旬	上旬	中旬	下旬	上旬	中旬	下旬	上旬	中旬	下旬

2. 主要材料配置计划

材料配置计划，主要作为备料、供料和确定仓库、堆场面积及组织运输的依据。其编制方法是将施工预算或进度表中各施工过程的工程量，按不同的材料名称、规格、使用时间，并考虑各种材料的储备时间和消耗定额进行计算汇总。若某分部分项工程是由多种材料组成的，在计算材料量时，应将工程量换算成组成这一工程每种材料的材料量。例如：混凝土工程，应按混凝土配合比，将混凝土工程量换算成水泥、砂子、石子、外加剂等材料的数量。材料配置计划格式如表 6-8 所示。

表 6-8　　主要材料配置计划

序号	材料名称	需要量		供应时间	备注
		单位	数量		

3. 施工机械、机具配置计划

根据采用的施工方案、施工方法和进度计划来确定机械的类型、数量、进场时间和使用起止时间等。在安排施工机械的进场日期时，应考虑某些机械的安装、试车及调试时间，如塔式起重机、桅杆式起重机等。施工机具配置计划格式如表 6-9 所示。

表 6-9　　施工机具配置计划

序号	机械名称	类型型号	需要量		来源	使用起止日期	备注
			单位	数量			

4. 构件、半成品配置计划

构件配置计划用于落实加工订货单位，并根据所需规格、数量和需要时间，组织加工、运输并确定堆场面积。它须根据施工图和进度计划要求进行编制。计划格式如表 6-10 所示。

表 6-10　　构件配置计划

序号	品名	规格	图号	需要量		使用部位	加工单位	供应日期	备注
				单位	数量				

6.6 施工现场平面布置

施工现场平面布置是单位工程施工组织设计的主要组成部分，是进行施工现场管理的依据，也是施工准备工作的一项重要内容。施工现场就是建筑产品的组装厂，由于建筑工程和施工场地的千差万别，使得施工现场平面布置因人、因地而异。合理布置施工现场，对保证工程施工顺利进行具有重要意义，施工现场平面布置应遵循方便、经济、高效、安全、环保、节能的原则。其绘制比例一般为1：200～1：500。

6.6.1 施工现场平面布置的依据

（1）建筑总平面图。在设计施工平面布置图前，应对施工现场的情况作深入细致的调查研究，掌握一切拟建及已建的房屋和地下管道的位置。如果对施工有影响，则需考虑提前拆除或迁移。

（2）单位工程施工图。掌握结构类型和特点，建筑物的平面形状、高度、材料和做法等。

（3）已拟订好的施工方法和施工进度计划。了解单位工程施工的进度及主要施工方法，以便布置各阶段的施工现场。

（4）施工现场的现有条件。掌握施工现场的水源、电源、排水管沟、弃土地点以及现场四周可利用的空地；了解建设单位能提供的原有房屋及其他生活设施（如食堂、锅炉房、浴室等）的条件。

如果单位工程是建筑群的组成部分，则还需要根据建筑群的施工总平面图来设计单位工程施工平面布置图。

6.6.2 施工现场平面布置图的内容

单位工程施工组织设计的施工现场平面布置图应包括下列内容：

（1）工程施工场地状况。

（2）拟建建（构）筑物的位置、轮廓尺寸、层数等。

（3）工程施工现场的加工设施、存贮设施、办公和生活用房等的位置和面积。

（4）布置在工程施工现场的垂直运输设施、供电设施、供水供热设施、排水排污设施和临时施工道路等。

（4）施工现场必备的安全、消防、保卫和环境保护等设施。

（5）相邻的地上、地下既有建（构）筑物及相关环境。

6.6.3 施工现场平面布置的基本原则

施工总平面布置和施工现场平面布置均应符合下列原则：

（1）平面布置科学合理，施工场地占用面积少。

（2）合理组织运输，减少二次搬运。

（3）施工区域的划分和场地的临时占用应符合（总体）施工部署和施工流程的要求，减少相互干扰。

（4）充分利用既有建（构）筑物和既有设施为项目施工服务，降低临时设施的建造费用。

（5）临时设施应方便生产和生活，办公区、生活区和生产区宜分离设置。

（6）符合节能、环保、安全和消防等要求。

（7）遵守当地主管部门和建设单位关于施工现场安全文明施工的相关规定。

根据上述基本原则并结合施工现场的具体情况，施工现场平面布置可以有几种不同的方案。可以从以下几方面进行比较：施工用地面积；场内材料搬运量；临时管线、道路的长度；施工用房面积；安全、消防和环保措施等。

6.6.4 施工现场平面布置的步骤和要点

1. 确定垂直起重运输机械的位置

垂直运输设备的位置影响着仓库、料堆、砂浆、混凝土搅拌站的位置及场内道路和水电管网的布置。

塔式起重机的布置位置主要根据建筑物的平面形状、尺寸，施工场地的条件及安装工艺来定。要考虑起重机能有最大的服务半径，使材料和构件获得最大的堆放场地并能直接运至任何施工地点，避免出现“死角”。当在塔式起重机的起重臂操作范围内有架空电线等通过时，应特别注意采取安全措施，并应尽可能避免交叉。当塔式起重机轨道路基在排水坡下边时，应在其上游设置挡水堤或截水沟将水排走，以免雨水冲坏轨道及路基。

布置固定垂直运输机械设备（如井架、龙门架等）的位置时，须根据建筑物的平面形状、高度及材料、构件的重量，考虑机械的起重能力和服务范围。做到便于运输材料，便于组织分层分段流水施工，使运距最小。例如，可布置在施工段的分界线附近，这样可使一层上各施工段水平运输互不干扰；如有可能，井架的位置布置在有窗口之处为宜，以避免砌墙留槎和减少井架拆除后的修补工作。固定式起重运输设备中卷扬机的位置不应距离起重机过近，以便司机的视线能看到整个升降过程。

单层装配式工业厂房构件吊装，一般采用履带式或轮胎式起重机，进行节间吊装，有时也利用塔吊配合吊天窗架、大型屋面板等构件。采用履带式或轮胎式起重机吊装时，施工总平面布置，要考虑构件制作、堆放位置，并适合起重机的运行与吊装，保证起重机按程序流水作业，减少吊车走空或窝工。

平面布置是否合理，直接影响起重机的吊装速度。起重机运行路线上，地下、地上及空间的障碍物，应提前处理或排除，防止发生不安全的事故。

2. 布置材料、构件、仓库和搅拌站的位置

材料堆放应尽量靠近使用地点，并考虑到运输及卸料方便，底层以下用料可堆放在基础四周，但不宜离基坑、槽边太近，以防塌方。

垂直运输采用塔式起重机时，材料、构件堆场、砂浆及混凝土搅拌机的出料口等应布置在塔式起重机有效起吊范围内。构件的堆放位置，应考虑到安装顺序。先吊的放在上面、前面，后吊的放在下面。构件进场时间应与安装进度密切配合，力求直接就位，避免二次搬运。如用固定式垂直运输设备时，材料、构件堆场应尽量靠近，以减少二次搬运。

布置搅拌站时，首先根据任务大小、工程特点、现场条件等，考虑搅拌站的位置、规模和搅拌机型号。力争熟料由搅拌站到工作地点运距最短。运输道路应与场外道路相连。冬施时，应考虑热源设施。当前，利用大型搅拌站，集中生产混凝土，用罐车运至现场，

可节约施工用地，提高机械利用率，是今后的发展方向。

各种材料、半成品储存面积及储存方式如表 6－11 所示。

表 6－11　　各种材料、半成品储存面积及储存方式参考表

材料种类	单位	每 m^2 储存量	有效利用系数	储存方式
水泥	t	2.0	0.65～0.7	库房
石灰	t	1.5～2.0	0.45～0.8	露天或库房
粗细砂	m^3	2.0	0.7	露天
块石	m^3	1.0	0.7	露天
碎卵石	m^3	2.0～4.0	0.45～0.7	露天
石灰膏	t	1.8～2.5	0.45～0.7	库房
砖	千块	0.8	0.45～0.7	露天
耐火砖	t	2.0	0.65	棚
瓦	千块	0.3	0.7	露天
木材	m^3	2.0	0.5	露天
胶合板	张	200～300	0.45～0.6	库房
钢筋	t	1.3	0.65	露天或棚
型钢	t	2.0～3.0	0.5～0.6	露天
金属管材	t	1.0	0.7	露天
白铁皮	t	4.0～4.5	0.5～0.65	库房
油毡	卷	15～22	0.35～0.45	库房
沥青	t	0.9～1.5	0.6～0.7	露天
汽油	t	0.45～0.7	0.45～0.6	地下库房
玻璃	箱	6～10	0.45～0.6	库房
油漆	桶/t	50～100/0.3～0.6	0.45～0.6	库房
电气材料	t	0.5	0.4	库房
门扇	扇	12～15	0.6	库房
窗扇	扇	60～70	0.6	库房
门框	樘	12	0.6	库房或棚
窗框	樘	12	0.6	库房或棚
水暖零件	t	1.3	0.5	棚
小五金	t	1.2～1.5	0.5～0.6	库房
小型预制构件	m^3	0.5～0.6	0.6～0.65	露天

3. 布置运输道路

场内道路的布置，主要是满足材料构件的运输和消防的要求。这样就应使道路连通到各材料及构件堆放场地，并离它越近越好，以便装卸。消防对道路的要求，除了消防车能直接开到消火栓处之外，还应使道路靠近建筑物、木料场，以便消防车能直接进行灭火抢救。

布置道路时还应注意下列几方面要求：

1）尽量使道路布置成直线，以提高运输车辆的行车速度，并应使道路形成循环，以提高车辆的通过能力。

2）应考虑第二期开工的建筑物位置和地下管线的布置；要与后期施工结合起来考虑，以免临时改道或道路被切断影响运输。

3）布置道路应尽量把临时道路与永久道路相结合，即可先修永久性道路的路基，作为临时道路使用，尤其是对需修建场外临时道路时，要着重考虑这一点，可节约大量投资。在有条件的地方，能把永久性道路路面也事先修建好，这更有利于运输。

道路的布置还应满足一定的技术要求，如路面的宽度，最小转弯半径等，可参考表6-12。

表6-12　施工现场最小道路宽度及转弯半径

车辆、道路类别	道路宽度（m）	最小转弯半径（m）
汽车单行道	≥3.5	9
汽车双行道	≥6.0	9
平板拖车单行道	≥4.0	12
平板拖车双行道	≥8.0	12

4. 布置临时设施

为服务于建筑工程的施工，工地的临时设施应包括行政管理用房、料具仓库、加工间及生活用房等几大类。现场原有的房屋，在不妨碍施工的前提下，应加以保留利用；有时为了节省临时设施面积，可先建造小区建筑中的附属建筑的一部分，建后先作施工临时设施用，待整个工程施工完毕后再行移交；如所建的单位工程是处在一个大工地，有若干个幢号同时施工，则可统一布置临时设施。

临时设施的种类、大小及位置应根据工程的实际需要来确定。应尽可能的节省新建临时设施面积，大型设施的新建还应按规定逐级上报审批。

临时设施工程分类：

（1）大型设施。

1）干部、工人和勤务人员的单身宿舍；

2）食堂、厨房、浴室、医务室、俱乐部、图书馆、理发室等；现场临时性生活、文化福利设施；

3）工区、施工队及附属企业在现场的临时办公室；

4）料具库、成品与半成品库、施工机械设备库等；

5）塔式起重机行走轨道和路基的铺设及维护、临时道路、场区刺丝网、围墙等；

6）施工用的临时给水、排水、供电、供热的管线及其所需的水泵、变压器和锅炉等临时设施；

7）施工现场的混凝土构件预制场、混凝土搅拌站、钢筋加工场、木工加工场以及配合单位的附属加工厂等临时性建筑物、构筑物。

（2）小型设施。

1）自行车棚、队组工具库、现场临时厕所、休息棚、吸烟室、机棚、茶炉棚、菜窖、储菜棚等；

2）灰池、储水池、工地内部行人道、施工中不固定的水电管线及设备、施工现场内分片圈围的木板围墙等。

临时设施在平面上的布置，不能影响工程施工（包括室外管线的施工），它是施工中的附属性临时设施，应放在施工平面图的次要位置上，但又要使工人上下班和使用方便。

5. 布置临时水电管网

（1）临时供水管网的布置。

临时施工用水管网布置时，除了要满足生产、生活要求外，还要满足消防用水的要求，并设法使管道铺设越短越好。

一般管网形式分为：

1）环形管网。管网为环形封闭形状。优点是能够保证可靠地供水，当管网某一处发生故障时，水仍能沿管网其他支管供水；缺点是管线长，造价高，管材耗量大。

2）枝形管网。管网由干线及支线两部分组成。管线长度短，造价低，但供水可靠性差。

3）混合式管网。主要用水区及干管采用环形管网，其他用水区采用枝形支线供水，这种混合式管网，兼备两种管网的优点，在大工地中，采用较多。

一般单位工程的管网布置，可在干线上采用枝形支线供水的布置。但干线如是全工地用的，最好采用环形管网供水。

布置供水管网时应考虑室外消防栓的布置要求：

1）室外消防栓应沿道路设置，间距不应超过120m，距房屋外墙为1.5～5m，距道路不应大于2m。现场每座消防栓的消防半径，以水龙带铺设长度计算，最大为50m。

2）现场消防栓处昼夜要设有明显标志，配备足够的水龙带，周围3m以内，不准存放任何物品。室外消防栓给水管的直径，不小于100mm（4英寸）。

3）高层建筑施工，应设置专用高压泵和消防竖管。消防高压泵应用非易燃材料建造，设在安全位置。

工地临时管线不要布置在二期拟建建筑物或管线位置上，以免开工时切断水源，影响施工。

临时水管最好埋设在地面以下，以防汽车及其他机械在上面行走时压坏。严寒地区应埋设在冰冻线以下，明管部分应做保温处理。

（2）临时供电管网的布置。

施工现场临时用电线路布置时，一般有两种形式：

1）枝状系统。按用电地点直接架设干线与支线。优点是省线材、造价低；缺点是万一线路内发生任何故障断电，将影响其他用电设备的使用。因此，对需要连续供电的机械设备（如水泵等）则应避免使用枝形线路。

2）网状系统。即用一个变压器或两个变压器，在闭合线路上供电。在大工地及起重机械（如塔吊）多的现场，最好用网状系统，即可以保证供电，又可以减少机械用电时的电压降。

施工现场布置用电线路时，既要满足生产用电，还应使线路最短。如工地有吊装机械时，供电线路应布置在吊装机械运行路线的回转半径以外。如确有困难时，在吊装机械回转半径以内的部分线路，必须搭设杉槁防护栏，其防护高度应超过线 2m，机械在运转时应采取必要的措施，以确保吊装时的安全。

施工现场用的变压器，应布置在现场边缘高压线接入处，四周设置铁丝网等围栏。变压器不宜布置在交通要道口；配电室应靠近变压器，便于管理。

现场架空线必须采用绝缘铜线或绝缘铝线。架空线必须设在专用电杆上，并布置在道路一侧，严禁架设在树木、脚手架上。现场正式的架空线（工期超过半年的现场，须按正式线架设）与施工建筑物的水平距离不小于 10m，与地面的垂直距离不小于 6m，跨越建筑物或临时设施时，与其顶部的垂直距离不小于 2.5m，距树木不应小于 1m。架空线木杆间距一般为 25～40m，分支线及引入线均应从杆上横担处连接。

（3）施工立体设计。

目前高层建筑日益增多，过去（传统习惯）按平面考虑的施工平面布置图已不能满足工作的需要。对于高层建筑施工应进行施工立体设计。施工立体设计是指设计一个能满足高层建筑施工中结构、设备和装修等不同阶段施工要求的供水供电、废物排放的立体系统。过去未进行立体设计时，当结构阶段施工完毕，其供水供电系统将会妨害（妨碍）装修，不得不拆除，而由装修单位另行设置供水供电系统。这种各行其是方式造成很大的浪费，延长了工期。而立体设计是考虑了各个阶段供水、供电以及废物排放的要求，把各种临时设施安排在不影响施工的位置，避免浪费，便利使用。如将施工用电的干线放置在电梯井（管道井）的墙内的适当位置，并在每层或每隔一层留出接口，这种方法可满足所有阶段的施工而无需重复设置临时供电设施，待工程结束后将此线路封闭即可。供水以及废物排放的设计原则也与此相同。

以上是单位工程施工平面图设计的主要内容及要求。设计中，还应参考国家及各地区有关安全消防等方面的规定，如各类建筑物、材料堆放的安全防火间距等。此外，对较复杂的单位工程，应按不同的施工阶段分别设计施工平面布置图。

6.7 技术经济指标分析

6.7.1 技术经济评价的指标

当前，建筑业普遍推行工程建设项目的招标、投标和承包；建筑设计日渐复杂；新技术、新材料、新结构不断涌现；不可预见的价格因素也在增加，因此，建筑施工技术和组织方法的采用越来越离不开技术经济的分析。经济已成为制约技术的一个重要因素。同时，新技术的推广、应用，也会带来工期的加快、质量的提高及成本的降低。

评价单位工程施工组织设计优劣有定性和定量的分析手段。

1. 定性分析

定性分析就是结合工程施工实际经验，对几个方案的技术可行性、质量可靠性等优缺点进行分析和比较。通常从以下几个方面评价：

（1）施工操作的难易程度和安全可靠性，技术上是否可行。

（2）为后续工作（或下道工序）能否创造有利施工条件。

（3）是否能充分发挥现有施工机械设备的作用，选择的施工机械设备是否易于取得。

(4) 对冬雨季施工带来困难的多少。

(5) 能否为现场文明施工创造有利条件等。

2. 定量分析

定量分析评价是通过对不同施工组织设计的一系列经济指标的计算，来综合分析评价其优劣，其主要指标通常有：

(1) 工期指标。当工程必须在短期内投入生产或使用时，选择施工方案就要在确保工程质量和施工安全的条件下，把缩短工期问题放在首位来考虑。应参照国家有关规定及建设地区类似建筑物的平均期限进行评定。

当两个方案的工期不同时，如果整个项目由于某一方案工期较短而提前交工，则应比较间接费的节约及工程项目提前竣工所产生的经济效果与直接费增加数额的大小。

(2) 劳动消耗定额指标。劳动消耗指标是指完成单位产品所需消耗的工日数。其计算方法为

$$\text{单位产品劳动消耗量}=\frac{\text{完成该工程的总工日数}}{\text{工程总量}} \tag{6-8}$$

也可用单方用工（应包括主要工种用工、辅助用工和准备工作用工）来评价，即

$$\text{单方用工（劳动生产率）}=\frac{\text{总工日数}}{\text{总建筑面积}} \tag{6-9}$$

$$\text{综合机械化程度}=\frac{\text{机械化完成的实物量}}{\text{全部实物量}}\times 100\% \tag{6-10}$$

上述指标反映了施工的机械化程度与劳动生产率水平。劳动量消耗越小，施工机械化程度和劳动生产率水平越高，也反映了重体力劳动的减轻和人力的节省。

(3) 主要材料消耗指标。它反映施工方案的主要材料消耗与节约情况。

(4) 降低成本指标。它可综合反映单位工程或分部分项工程在采用不同施工方案时的经济效果。可按下式计算

$$\text{降低成本率}=\frac{\text{预算成本}-\text{计划成本}}{\text{预算成本}}\times 100\% \tag{6-11}$$

式中，预算成本可以是施工图预算成本，也可以是合同成本；计划成本是按采用的施工方案确定的施工成本。

例如，某工程的预算造价是165.6万元，由于在所选施工方案中采取了各项节约措施，累计节约水泥47504kg，节约木材6m^3，节约劳动力91工日，合计节约金额35309元，则计算其技术经济效果为

$$\text{降低成本率}=35309/1656000=2.13\%$$

6.7.2 技术经济分析的实质

1. 施工方案优选的作用

施工方案是施工组织设计的核心问题。它是在对工程概况和特点进行分析的基础上，确定施工顺序和施工流向，以及施工方法和施工机械。前两项属于施工组织方面的，后两项属于施工技术方面的。然而，在施工方法中有施工顺序问题（如单层工业厂房施工中，柱和屋架的预制排列方法与吊装顺序和开行路线有关），施工机械选择中也有组织问题（如挖掘机与汽车的配套计算）。施工技术是施工方案的基础，同时又需满足施工组织方面

的要求。而施工组织将施工技术从时间和空间上联系起来，从而反映对施工方案的指导作用，两者相互联系，又互相制约。至于施工技术措施，则成为施工方案各项内容必不可少的延续和补充，成为施工方案的构成部分。

每个工程和每道工序都可能采用不同的施工方法和多种不同的施工机械来完成，最后形成多种方案。不同施工方案的资源消耗量、工期、劳动生产率、成本水平各不相同。编制施工组织设计时，必须根据工程建筑结构、抗震要求、工程量大小、工期长短要求、资源供应情况、施工现场条件和周围环境，对若干个可行方案进行比较分析，选取符合实际（条件许可）、技术先进、经济合理的最优方案。

2. 施工方案选择的基本要求

（1）切实可行。施工方案首先应从实际出发，能切合当前的实际情况，并有实现的可能性。否则，任何方案均是不可取的。施工方案的优劣，首先不取决于技术上是否先进，或工期是否最短，而是取决于是否切实可行。只能在切实可行有实现可能性的范围内，要求技术的先进。

（2）施工期限是否满足要求，确保工程按期投产或交付使用，迅速地发挥投资效益。

（3）工程质量和安全生产有可行的技术措施保障。

（4）施工费用最低。

以上所述施工的要求，属一个统一的整体，应作为衡量施工方案优劣的标准。

思考题

1. 单位工程施工组织设计的主要内容是什么？
2. 常见房屋的施工特点及施工方法是什么？
3. 施工现场平面布置的原则是什么？平面布置的方案选择应比较哪些内容？
4. 施工进度计划的作用是什么？编制依据和编制方法如何？
5. 施工机械的选择依据和方法是什么？

练习题

1. 某4层砖混结构学生公寓主体结构砌砖总工程量1196m^3，主体每层分2段流水施工，瓦工综合产量定额为0.94m^3/d，瓦工班组人数为28人，试确定瓦工作业的流水节拍。若主体结构采用硬架支模，则施工顺序如何？若每个流水段的工作面尺寸为150m长，则每个流水段上配备多少瓦工？劳动效率如何？

2. 联系本地区工程实际，编写一个单位工程的施工组织设计。

第7章 单位工程施工组织设计实例

本章要点

本章部分摘录了两节施工组织设计实例，示范如何编写单位工程施工组织设计，第一节是以砖混结构为例，第二节是以框架结构为例。

7.1 砖混结构工程施工组织设计

7.1.1 工程概况

本工程为花园××住宅工程，其地址位于上海市某开发区，总建筑面积为12436m²，由1、2、3、4号楼（包括地下自行车库等）组成，1～4号楼都为多层住宅，屋顶高度约20m。

1. 建筑设计特点

1、4号楼由4个单元组成，2、3号楼由3个单元组成。根据建筑设计说明可知，内墙采用水泥砂浆初装修，面层由住户作二次精装修；天棚采用水泥砂浆；外墙2.8m以下采用三色外墙砖，2.8m以上采用水泥砂浆打底，黄色和象牙白色外墙涂料面层；门窗为白色（塑钢）铝合金门窗，住户的分户门为成品防盗门；楼地面以现浇钢筋混凝土随捣随光整体面层初装修为主，结合公共部位花岗岩面层；雨水和上下给排水管道为UPVC硬质塑料管；屋面50mm厚隔热层，上铺桔红公水泥英红瓦片。

2. 结构设计特点

基础工程：采用混凝土工厂预制250mm×250mm方桩，由上、下两节组成，采用角钢电焊法连接，基础为条形基础，混凝土强度等级为C20。基础墙地圈梁顶搁置预应力架空板。

主体工程：上部主体结构为砖混体系，内外墙为240mm厚20孔承重多孔砖，局部内墙为120mm厚加气混凝土砌块，构造柱、圈梁、板混凝土等级为C20。

3. 工程施工概况

本工程为多层住宅，砖砌体与混凝土工程量较多，施工中模板、支撑等周转材料投入量大，泥工、木工、混凝土工等劳动力投入多，各类建筑材料需求量较大。因此在施工前期中应抓好周密的计划编制和组织管理等工作，及时组织各类材料和充足的劳动力进场，确保工程持续高速施工，并实行严格的技术质量管理，是保障本工程质量和工期的一个最主要的关键。

建筑物立面形式丰富，外墙头角多，并且结构上采用砖混体系，因而对砌体墙身的垂直和平整度要求很高，故施工中重点抓好墙体的砌筑及圈梁、构造柱模板安装的垂直、平整和牢固，避免漏浆和胀模等缺陷发生。这不仅是主体结构牢固可靠的一项重要的技术措施，同时也有利于保障内外粉刷的工程质量和牢固可靠。

在上部结构施工时，必须采取稳妥可靠的围档封闭技术措施，以确保区内所有施工人员和场内外运输车辆的绝对安全，同时预先安排专人做好对周围居民和社区的关爱、安抚工作，减少场内施工噪音和控制过多的夜班，减少和避免对附近和居民的干扰与影响，是确保本工程顺利持续施工的关键之一。

本工程楼面均为现浇钢筋混凝土，因此，水、电、煤气、通信设备等各类管道及时密切地与土建互相配合协调十分重要，以便使安装工作做到及时和准确，避免事后结构上凿洞，是保障本工程结构牢固可靠，主体工程达到优良的一个主要环节。

本工程立面造型采用现代建筑风格，外装修头角在一、五、六层顶处共有 6 道，线脚丰富，屋面又采用坡屋面结构，因此装饰阶段必须调入技术素质高、施工经验丰富的高级工粉刷队伍进场，进行精心施工，并实行严格的质量检查、监督和管理，是确保本工程最终获得优良工程的重要关键。

7.1.2 施工方案和施工方法

整个工程的施工流程，如图 7-1 所示。

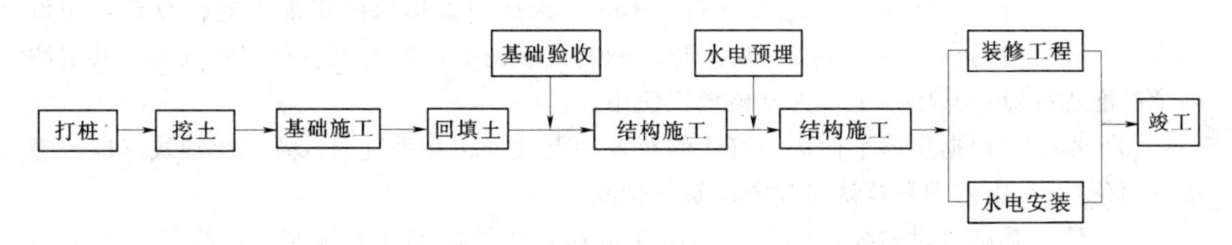

图 7-1 施工流程图

1. 施工准备

目前三通一平工作已全部完成，主要前期准备工作如下：

(1) 进一步详细熟悉现场的施工状况，需要详细掌握周围环境、交通、管线等，察看现场每个细节部分，并详细掌握地质勘察资料，现场定位轴线，使本工程能够顺利施工。

(2) 着手搭设现场临时设施，根据场地情况、主要机械的布置情况、文明施工的要求，做好现场的清理工作，安排好施工人员的办公场所和生产临时设施。

(3) 抓紧作好基础，特别是桩基的正确定位、放线工作，尽快进行打桩施工，这是本工程能否提前挖土开工的首要关键，同时抓紧作好场内施工临时道路的修筑和施工用水、用电管线的铺设，使本工程从开工初期即能顺利快速地持续施工。

(4) 尽快组织图纸交底与会审。内审：组织有关施工人员详细阅读施工图，充分了解设计意图，核对图纸节点和尺寸，特别是重点抓好关键部位的详细复核，然后由项目技术负责人组织技术人员进行内部审查，分析并汇总施工图中的问题，以便参加图纸会审并按工程特点和合同要求组织施工。

会审和交底：在充分了解施工图的基础上，由建设单位组织设计单位向施工单位进行施工图交底和会审，进一步理解和完善施工图或有关图纸问题，与业主和设计单位达成一致意见，并把交底记录整理成文，由建设单位印发有关单位，并作为设计文件的组成部分。按会审和交底的内容，进一步优化和完善施工组织设计，以有效组织施工。

（5）集中力量进行钢筋、模板的翻样，特别是基础钢筋、楼梯、阳台、圈梁、构造柱模板的加工制作尽早实施。

（6）派专人负责开展对外协调，特别是做好周边居民的宣传、安抚工作，避免和减少纠纷发生，同时安排专职人员作好交通协调、管理，确保运输畅通，并提前作好材料考察和采购、成品和半成品加工制作，做好生活后勤工作，一切为施工服务。

2. 测量定位

本工程房型简单，给测量定位带来了较大的方便，但为了确保房屋定位和垂直控制的精度，施工测量将由专业测量员严格根据设计定位图和《工程测量规范》（GB50026—1993）执行。并为了保证测量精度，选用以下测量仪器：DI1600 测距仪、J_2 经纬仪，DSZ_3 水准仪及 30m 与 50m 经计量认证后的标准钢卷尺进行定位及高程引测。

（1）对业主提供的控制点坐标进行复核，然后根据控制点坐标引出建筑物控制轴线和现场纵、横轴线控制网，并将控制轴线引至周边围墙和地面用木桩作好标识，并用混凝土深埋浇筑固定后，四周设置多道钢管栏杆作好妥善保护，避免遭受车辆和人员的一切干扰。

（2）本工程±0.00 相当于绝对标高 5.15m。根据甲方提供的水准点进行复核，布设一水准路线，将高程引测到不受基坑开挖影响的区域内所设的施工高程控制点上，共引测两个基准水准点，其中一个作为复核校正使用。

（3）本工程根据房屋平面成一直线的布置特点设置相互垂直的八条主控轴线（即每幢楼各两条），经由监理复核认可投测建筑物轴线。

（4）地下基础阶段轴线控制及放样用建筑物轴线控制网作外控制，投线时采用 J_2 经纬仪、DSZ_3 水准仪及 DI1600 测距仪，每次进行轴线投测后，首先应经自检校核无误后再提交监理复测验收，确保轴线定位精确。

（5）每层的楼层面轴线放样，用经纬仪及钢卷尺进行轴线校正及放样。

（6）轴线定位的精度要求为，建筑物轴线定位起始点与红线间测量误差≤10mm；控制网测角中误差≤2″；边长相对中误差≤1/3000；每层轴线误差≤2mm。

（7）高程的引测。在基础施工时，由场内二个高程点（一个复核用）直接用 DSZ_3 水准仪引测，当地基完成后，即将高程基准点翻到基础墙上，作为建筑物高程的永久基准点，每层引测时以永久高层基准点用钢卷尺进行引测，并做好标记和复核工作。

（8）高程测量的精度要求。层高误差≤2mm；总高误差≤10mm。

（9）沉降观测。严格遵照设计要求进行沉降点的布设，在建筑物结构阶段每一层进行一次沉降观测，结构完成后每月观测一次，竣工验收时再测一次，交付使用第一年内 3 月测一次，并做好沉降观测记录。

3. 桩基工程

本工程桩基由专业打桩单位进行，我方将进行全面管理和监控。为了确保桩基优质，并与土建总计划密切协调，施工前除由专业打桩单位另行制定详尽的操作实施方案外，重点作好以下几项工作：

（1）本工程由于场地相对较为开阔，四周又无居民住宅或厂房紧密相邻，所以混凝土方桩宜采用锤击桩机进场施工，根据总进度计划需要，安排二台桩机进场施工，并根据本工程房屋结构的特点，采取先施工1、4号楼，后施工2、3号楼。在打桩的流水顺序上，采取由里向外的顺序施工，并要求打桩单位在打桩时务必精心施工，严格按规范要求和操作方案施工，以确保工程优质，使上部主体结构建筑在牢固可靠的基础上。

(2) 打桩施工前的准备工作如下：

1) 施工前，在三通一平基础上应进一步探明和清除桩位处的地下障碍物。如局部范围内有地下障碍物存在，必须用长钢钎预先作好认真的探桩工作，并加以清除，以避免桩尖破碎或桩身严重倾斜、位移等质量事故发生。

2) 施工前，做好施工区域的供水、供电，施工道路及便道，施工设施、材料堆放等的布置安排。

3) 施工前，应复核测量基准线、水准点。基准线应设在不受桩基施工影响的区域，并应注意在施工过程中加以保护。

4) 施工前，应定出施工桩位，其中心线与桩位中心线偏差不大于10mm，并保持垂直、稳固。

5) 施工用工厂成品桩必须有质保书和材料试验报告。

6) 工程开工前，组织有关人员参加设计交底，熟悉地质资料和工程图纸，掌握施工图，并逐级进行施工技术交底。

7) 施工正式开始前，需先行试桩，以验证地层情况、检验打桩设备性能，并制定合理有效的施工方案。

(3) 在施工中应重点做好以下几点工作：

1) 打桩顺序原则上每幢楼从房屋中心轴线开始逐渐向两侧外围扩散延伸，以避免工程桩向同一方向挤压倾斜，更不得为了贪图运桩和移动桩机的方便，造成局部范围内先打四周或三边工程桩，后打中心桩的情况发生（即关门打狗的局面），从而导致打桩困难，引起断桩或桩尖不到位等工程质量事故的发生。

2) 桩的定位必须正确，其中心误差严格控制在20mm以内，并经业主、监理复核无误后方准施工。同时为了防止打桩过程中挤土对桩位的影响，在施工过程中还必须加强对桩位的二次复核校正，以确保工程质量。

3) 打桩前必须从纵、横二个方向用经纬仪正确校核桩身的垂直度、使垂直误差控制在1%以内，达到设计和规范要求后方准打桩。

4) 上、下桩在钢板焊接时，四角型钢焊缝必须饱满，并充分满足焊缝的焊接长度要求，以确保良好的连接和应力传递。

5) 在送桩过程中，必须采用水准仪根据设计要求正确控制好桩顶标高，以避免发生较大误差影响工程质量。

4. 土方开挖

本工程土方开挖深度较浅，所以土方开挖可采用反铲挖土机一次性退挖，以利于加快挖土进度和便利运土车辆运输，当挖机在挖至设计标高上200mm时应暂时停止机械开挖，随后的200mm土层由人工修挖，不使坑底土层扰动，使土层保持平整。挖土完成，经验槽合格后即跟上浇捣混凝土垫层。

在挖土的同时，在边坡底修出排水沟，设置小集水坑。用泥浆泵将集水坑内雨水（或渗水）及时排除基坑。如基底土层扰动，应立即将扰动土清除并及时回填砂、石垫层和浇筑混凝土垫层。

5. 凿桩和混凝土垫层浇筑（略）

6. 钢筋工程

钢筋由现场设钢筋车间加工，现场绑扎成型工艺。由于钢筋工程量并不很大，所以可配备一套钢筋机械进行加工，以满足施工进度的需要。钢筋加工制作应严格按照本项目精心制作的钢筋配料单及制作要求加工成型，并按工程实际进度提前 3 天加工完成，以确保基础和主体结构施工需要。

进场的钢筋必须持有质保书（即出厂质量证明书和试验报告单），每批加工成型的钢筋，由钢筋翻样人员进行检查验收，认真做好清点、复核（即核定钢筋标牌、外型尺寸、规格、数量）工作，确保每次加工的钢筋到位准确，避免现场钢筋堆放混乱现象，保证现场文明标化施工。

对进场的钢筋，由专人根据实际使用情况，抽取钢筋焊接接头、原材料试件等，及时送实验室对试件进行力学性能试验，经试验合格后，方可投入使用。

上部结构施工时要注意：根据轴线来核对预留插筋位置，有偏位的及时校正。板配筋双层钢筋在施工时每隔 1m 加钢筋马凳支撑，以保证配筋位置的正确。钢筋接头位置互相错开，采用电焊接头时，在任一焊接头中心至长度为钢筋直径 $35d$ 且不小于 500mm 范围内，有接头的受力钢筋截面面积占受力钢筋总截面面积百分率应＜50％，非电焊接头从任一接头中心至 1.3 倍搭接长度范围内，有接头的受力钢筋截面面积占受力钢筋总截面面积的百分率＜25％。钢筋保护层基础底层为 35mm，梁柱为 25mm，板上皮筋为 10mm，下皮筋为 15mm。必须严格按图纸要求，放置不同厚度预先制好的水泥垫块，水泥垫块的设置间距，在梁、柱内应不大于 700mm，在平台内垫块设置每 0.8～1m 放一块。箍筋严格按设计图纸和操作规程实施，柱梁箍应与受力筋垂直设置，箍筋弯钩叠合处，应沿受力钢筋方向错开设置，箍筋弯钩须 135°，且弯钩长度必须满足 $10d$，箍筋与受力筋之间须用铁丝绑扎牢，不得跳扎。浇捣混凝土时要派人看铁，随时随地对钢筋进行修复。

7. 模板工程

内外圈梁及构造柱计划采用刚度较大的优质涂塑胶合模板进行制作安装，并在楼层施工缝交接处嵌填宽 20mm、厚 3mm 的双面胶泡沫海绵堵缝防止浆水流失；楼面板采用 20mm 厚优质涂塑胶合大模板，50mm×100mm 木方与杉木圆杆作模板承重架。配置 3 层用量，越层翻用，围檩采用 50mm×80mm 以上中方木，基础梁吊模模板采用 50mm 厚的优质木方（用后可作上部结构的梁底板）。模板用量可根据工程进度及现场情况进行调整。

模板施工前，应先由技术人员根据图纸画出翻样图，并由技术员复核认可，模板在安装前应向施工人员进行技术、质量、安全交底，有关操作人员应熟悉和掌握施工图及模板工程各项有关要求。

在模板工程施工安装前，应有翻样会同测量员共同将结构测量控制轴线和标高引测至本工作楼层，施工时应先在楼地面弹出十字线轴线和模板断面线。

梁、板支模采用 50mm×100mm 木方与杉木圆杆脚手搭设的承重支模架，支模排架的立杆撑@600～800mm左右一道，上下层立杆位置一致，并@1500mm高左右加置一水平拉结。当梁跨度＞4m时，梁底模中间应有3‰左右的起拱。木工模板中的一些梁，应采用木模现场定型制作，结构施工前先分段弹出模板控制线，并由专人专项负责拼装，确保结构混凝土面的尺寸平整、正确。模板拼装完毕后，要实行自检互检措施，组织人员自行校正。

楼梯支模时要放出大样，控制好水平距离及高度，标好步数，先支平台梯梁，然后撑斜底模、踏步的侧模，支撑应稳定牢固，楼梯踏步要支撑到楼面以上三步收头。模板尤其是悬挑部位的拆除，应严格按规范及技术人员要求进行。

8. 混凝土工程

混凝土采用商品混凝土供应方式，基础及楼面结构层混凝土适宜直接采用汽车泵软管浇捣。混凝土在浇捣前要进行隐蔽工程验收和签署浇捣令，在办好有关手续后，方可开始浇捣。浇捣时，要派有经验的工人操作振捣棒，以防漏振，同时要有专人看模、看铁，以便及时修补爆壳的模板和因施工而踩坏的钢筋，经常检查预埋铁、柱插筋有无移动、变位，发现问题要及时解决。

浇捣好的混凝土基础、楼、屋面板表面要派充足的泥粉工人员并由管理人员专人负责检查和管理，务必认真做好混凝土表面的二次抹平，以防产生收缩裂缝。混凝土试块制作以每100m^3混凝土和每台班制作一组。另增加一组拆模试块，坍落度每班两次在现场随机抽样测定，以确保进场混凝土质量。并且要做好混凝土的洒水养护工作，必要时，铺设薄膜草包等。

（1）浇捣前的准备工作。

1）预先了解天气情况，最好选在无雨天的天气浇捣混凝土，如有雨应准备足够数量的防雨物资（如塑料薄膜、油布、雨衣等）。

2）做好交通、环保等对外协调工作，确定行车路线。

3）制定浇捣期间的后勤保障措施。

4）会同监理对所有的钢筋、模板、水电预留管、预留孔进行质量验收，清除垃圾，天热还需浇水湿润模板，并做好书面资料。

5）与搅拌站联系，共同讨论浇捣方案，包括混凝土级配要求、布泵位置、车辆进出路线、浇捣流程等。

6）制定混凝土浇捣期间的管理人员名单，召开操作班组全体人员进行现场混凝土浇筑生产、技术、安全交底会议，使所有生产人员心中有数，责任明确，并落实好每个人的职责。机修、电工应到场。

7）配备好振捣设备、太阳灯等设备。

8）现场需建立混凝土标准养护室一间，内砌2000mm×1000mm×500mm水池，配备窗式空调一台，水温控制器一套。确保混凝土养护达到标准条件，并作好养护室的室温水温记录。

9）所有测试工作应由有资质的试验专业人员进行，检测工作必须有监理见证。

（2）混凝土浇筑与养护。

基础混凝土施工。每幢楼基础混凝土宜一次性连续浇筑，中途不得留设施工缝，所以事前应周密做好泵送商品混凝土施工计划，其操作要点如下：

1）混凝土级配要求：

水泥有可能应尽量采用 325 级，并应掺加适量的磨细粉煤灰。混凝土的强度等级为 C20。

混凝土粗骨料采用 5～40mm 石子，含泥量不大于 2%。

黄沙采用中粗沙，含泥量不大于 3%。

混凝土坍落控制在 120～140mm。

混凝土的初凝时间要求在 3～5 小时。

2）混凝土的灌筑及振捣方法：

混凝土的浇灌以每幢楼分段进行，计划 9～10 小时左右浇筑完毕，混凝土搅拌运输车的数量应根据上述要求和交通运输状况，预先妥善安排好，以确保新、老混凝土在初凝之前能良好结合，避免出现冷缝现象。浇筑带方脚的基础应分层浇筑完成，每层先浇边角，后浇中间，施工时应特别注意防止出现蜂窝和脱空现象，措施是浇八字脚斜坡混凝土时，第一次混凝土要高出基础梁底面模板 5～10cm，浇筑后稍停 0.5～1 小时，待下部沉实，再浇完梁内混凝土，浇完后用人工将斜坡、梁表面修正、拍平、拍实。振捣时斜坡边角处不要认为是商品混凝土，坍落度大而不振、少振，必须做到边角捣固密实，在第二次浇捣梁内混凝土时，混凝土除要高出梁面 2cm 左右外，还一定要控制两次浇灌的接头处泛出新浆方可。

（3）上部主体结构混凝土施工。

上部结构为砖混结构，其结构形式和施工做法与基础梁相类似，但其层数相对较多，工作量较大，在基础施工完毕后，工作重心应转移到上层主体上来，上部结构的钢筋制作、绑扎、模板安装及混凝土浇筑除按基础施工要求进行外，重点补充以下几点：

1）基础施工完毕后，立即按设计要求做好初次沉降观测纪录，以后每施工完一层即进行观测记录一次，并对每个沉降观测点的上方做好妥善保护，以避免钢管、模板等材料不慎下坠后冲击变形，影响数据的正确性，为工程的竣工提供正确的沉降数据。

2）将楼的定位轴线（纵横向各设一条）正确地引测到基础墙上，采用大线锤和经纬仪双重控制准确地向楼层引测，以确保工程的尺寸和垂直度。

3）墙体构造柱（圈梁）模板安装前，应先在施工缝交接处的墙面上（离上口 10～20mm）粘贴 20mm 宽、3mm 厚泡沫柔性单面胶垫层，然后安装模板，并收紧对拉螺栓，使模板与砖砌体墙面紧密贴实。底部缝隙应提前 1～2 天用水泥砂浆嵌实，以避免混凝土浇筑过程中水泥浆的流失，造成根部混凝土麻面、孔洞、疏松、烂脚等现象的出现，确保工程质量。

4）圈梁模板、楼板模板及支模承重脚手架，配备三个楼层的周转材料，其中有二层模板及其支模承重架处于施工和承重状态，确保结构上由两个楼层来承受施工荷载，另一层（最底部一层）方可作为周转安装使用，以不影响施工进度。

5）本工程采用圈梁、楼面整体一次性浇筑的方案，混凝土采用商品混凝土。浇筑应注意由于楼面板中钢筋小，所以施工中，应特别注意板面负钢筋的位置的正确性，避免受施工操作人员踩踏后严重变形，其防治方法为：

① 加强教育管理，使操作人员重视保护板面上层负钢筋位置，尽可能避免和减少踩踏。

② 在人员频繁出入的主要通道和出入口搭设运输道对板面钢筋加以保护。

③ 增加钢筋小撑马来确保上面负钢筋的位置正确性。

④ 安排好钢筋工在浇筑混凝土前以及浇筑的过程中进行整修，以确保主体结构牢固。

6）主体施工时，应沿外脚手架的内立杆向上安装 1 寸自来水管，以供混凝土浇筑和装饰阶段的施工用水，同时竖向布设和保护好电缆线，并引入到各楼层，每个楼层应分别设置照明和动力配电箱各一屏，不得混合使用。

7）本工程楼面混凝土在设计说明中是采用随捣随抹压平整光实，以便留有 30mm 的充足高度给住户进行精装修使用，对混凝土楼面的平整度要求很高。施工时必须安排好充足的找平抹光泥粉工，及时平仓、整平，掌握好混凝土的收水凝结时间，做好 2～3 次压光抹平工作，特别是最后一次在混凝土终凝前的抹光适宜采用地坪磨光机施工，不仅可大大提高工效，更主要是能够做到大面积平整光洁，确保地坪优质，同时在 4～6 小时后及时覆盖麻袋进行保湿养护，既使得楼面平整，又避免了板面裂缝产生。并且抹压平整后，尚应临时封闭不准上人，做好产品保护措施，以保障楼面工程质量。

8）楼层混凝土浇筑时，板和梁采用插入式振动器，并严格进行分层振捣密实，楼板混凝土可先用插入式振动器基本捣实，然后再用平板振动器复振，以确保楼板混凝土既平整又密实，保障主体结构的优质。

9. 土方回填压实（略）

10. 砌体工程

在本工程分隔墙采用加气混凝土砌块轻质隔墙。凡是轻质砌块一类的材料，其优点是容重轻，隔热、隔音较好，但强度较低，在搬运中极易损伤棱角和断裂。所以必须组织专门搬运小组精心作好装卸和场内、楼层内的二次搬运，以力求大量减少损坏和损耗，确保砌体质量。同时施工时应严格按产品要求施工，采用拉线和设置临时支托架进行扶直施工，并精心铺设砂浆或批刮胶结腻子，做到横平竖直、粘结牢固，确保内、外墙面平整度。

内外墙多孔砖砌筑前，仔细核对建筑图与结构图，弹出墙体轴线，并立好皮数杆，对表面的垃圾杂物及浮浆进行清理。砖要隔夜浇水湿润，砌筑时要求 1.4m 以下墙体同步砌筑。在砌筑过程中要注意墙面平整垂直、灰缝饱满，水平灰缝的砂浆饱满度不低于 80%，灰缝厚度控制在 8～12mm。砌墙灰缝要上下错缝，内外搭砌的头缝要饱满，不应有漏缝。并按设计要求和规范要求设置拉墙筋。砌墙高度到 2m 左右要用托线板吊直划线。

在施工过程中认真执行自检制度，如发生偏差应及时纠正。砌墙时要派技术好的施工人员立尖角，同时预留窗洞口尺寸及标高必须符合设计要求，在砌筑过程中应用托线板及线锤经常检查头角墙面，保证墙面垂直，并及时清扫墙面。砂浆根据要求配制，计量要准确，搅拌均匀且有良好和易性。当天砂浆当天用完，并按规定留置试块。

在施工中除严格按上述要求和砌体工程施工与验收规范操作外，重点做好以下几项工作，以确保工程质量：

（1）内墙轻质材料的采购质量必须保证，其各类力学强度指标和容重均必须符合规范和设计要求，外形规则，缺棱掉角等缺陷较少，并且要求组织专门搬运小组进行精心二次搬运，严格做到装卸文明，禁止由操作小组随意派人进行野蛮装卸和翻斗车倒运自卸，确保砌块原材料的方正、规则，保障砌体墙面的平整度。

(2) 砌筑前应按规范要求和气候情况提前做好适当的浇水湿润工作（除雨天外，一般应在前日晚充分浇水湿润，并在施工前适当进行二次浇水），严禁干燥的砖砌块直接砌筑墙身。

(3) 砌筑砂浆严禁使用细砂拌制，砂浆的级配由实验室确定，现场搅拌时正确做好计量，并充分搅拌均匀，确保砂浆达到设计要求强度。

(4) 砌筑前必须正确弹好墨线，竖好皮数杆，砌筑中必须每皮拉线并随时用托线板检查校正，以确保墙面垂直平整，砌筑砂浆采用随砌随铺的挤浆法逐块砌筑，并随即用手和泥刀挤压密实，确保砂浆饱满度达到80%以上，严禁一次铺灰过长后连续铺贴，导致砂浆过早失水，并达不到必要的饱满度，以确保墙体的牢固可靠。

(5) 砖砌体砌筑中，安装必须及时配合预埋或预留好各类电气管道等，避免事后凿洞影响结构的牢固可靠。

11. *屋面防水工程*（略）

12. *装饰工程*

装饰工程的施工原则是：先室内，后室外；先湿作业，后干作业，先上而下地进行。

本工程质量目标为确保优良，并创1幢市“优质结构”工程奖，为此，所有内外装饰均做到精心施工，先做好样板，其装饰材料和装饰工程质量待设计、监理及业主等共同验收合格后方准大面积铺开施工。

(1) 内墙粉刷。

本工程内墙在楼梯间公共部位以混合砂浆底层、乳胶漆涂料面层，住宅内部采用混合砂浆粉刷基层，然后由用户作二次精装修。

工艺流程：墙面基层处理→做灰饼→做护角线→冲筋→抹底层→搭架子→顶棚基层处理→抹顶棚底层→抹顶棚中层→抹墙面中层→抹顶棚及上部墙面面层→拆架子→抹下部墙面面层→质量自检→落手清。

1) 本分项的材料要求（略）。

2) 操作顺序。

① 墙面的基层清理。修补穿墙螺杆孔，清除墙面浮灰、油污、垃圾，填补线槽和凿除混凝土跑模等部位。

② 混凝土面的基层处理（略）。

③ 确定粉刷层厚度（略）。

④ 浇水湿润（略）。

⑤ 粉面（略）。

(2) 室内踢脚线。

1) 水泥砂浆踢脚线（略）。

2) 花岗岩踢脚线（略）。

(3) 楼梯粉刷（或贴面粉刷）。

1）施工程序。

确定各层楼梯中间垂直间距→定出一层的三根水平线（楼面线两根，中间休息平台一根）→按设计要求分档→在墙面弹出档距、档高→凿除混凝土跑模部位→清理基层→浇水湿润→纯水泥清接浆→1∶3砂浆刮糙→焊栏杆→粉面（贴面）→养护。

2）操作要领（略）。

（4）外墙砂浆粉面。

1）基层处理同室内墙面。

2）确定刮糙层厚度（略）。

3）线条分格（略）。

4）面层粉刷（略）。

5）外墙头角及装饰线脚粉刷（略）。

（5）门窗安装（略）。

（6）涂料及油漆（略）。

（7）地坪工程。

1）花岗岩楼地面。

本工程楼梯间铺贴花岗岩，其施工要求如下：

① 工艺流程。基层清理→水准仪测量找平→1∶1水泥素浆接浆→1∶2.5水泥砂浆铺抹均匀→花岗岩敲实、敲平→清理→保养。

② 施工方法。

a. 根据实际的楼地面尺寸，复核是否与设计尺寸相符。

b. 对供应到场的材料质量进行详细的检查，包括平整度、尺寸、色泽等各项指标，不合格的不得用于工程上。

c. 将基层浮灰、垃圾清除干净，并隔夜浇水，铺设找平前应刷浆一遍，并做塌饼作为楼面的水平标志。

d. 按设计图纸分派尺寸，弹好中央控制线，作为粘铺时的对称标志。

e. 严格控制铺设砂浆的水灰比例（略干），用木刮尺刮平，2m铝合金为靠贴依据，由中央向两边墙角进行。

f. 铺贴后进行清理多余的砂浆，面层擦洗清洁，在24小时后浇水养护3～7天，委派专人保护。

2）细石混凝土地坪。

本工程楼地面中有40mm厚C20细石混凝土，其施工要求如下：

① 基本要求。

a. 在铺设混凝土面层前，应对上道工序进行检查，确认上道工序合格并作好隐蔽验收记录后方可施工（包括底下管线的预埋等）。

b. 测设楼地面的水平标高，并弹出基准水平线和做好塌饼（间距1.5m×1.5m）。

② 原材料要求。

a. 水泥必须经复核合格，标号不得低于325级（普通硅酸盐水泥），无结块，混凝土强度满足C20。

b. 砂、石无杂质且含泥量应小于规定要求，按级配要求严格控制各材料掺合数量及水灰比。砂采用中粗偏上，石子的粒径为5～13mm，并且粒径应均匀、清洁，无粉质。

③ 施工工艺。

a. 严格清除基层垃圾，如砌筑时的砂浆，粉面时的混合沙浆，达到露出原混凝土面清晰为准（可用斩斧配合钢丝刷、拖把等工具进行清理）。

b. 充分浇水湿润，采用浇隔夜水的方法派专人进行浇水，使基层混凝土不易吸收水分。

c. 铺设前进行接浆（纯水泥浆水灰比1∶0.5），各部位特别是墙角处都需接到不遗漏，如遇楼面较低部位的积水，应及时清扫干净以控制其整体面层的干湿度。

d. 浇筑。严格控制混凝土水灰比，以略干为宜，且搅拌均匀、柔和，做到随时接浆随时铺平、整平压实。在铺设时，先用刮尺进行初步整平，后用2m以上的刮尺逐步磨平，待面层略收水后，用滚筒进行纵横滚压拉出浆水。原则上细石混凝土必须利用原浆进行抹压光洁，不再另加水泥浆，但对局部浆水很少处允许整平后少量增铺1∶1水泥、黄砂干灰（厚2～3mm），当铺设的干灰充分湿润和细石混凝土基层收水后，再进行整平工作，也可用轻型的滚筒再次进行滚压，后用磨尺进行磨平、细木蟹打平，专业泥工用铁板压光（四次以上）。

e. 养护。一般遇气温较高时，可采用在混凝土面层铺设木屑或塑料薄膜后进行浇水养护，时间不少于7天。

④ 本分项操作要点。

a. 严格控制混凝土的级配及水灰比，搅拌均匀及时铺设。

b. 认真清除基层垃圾，各楼层在混凝土铺设前需经专职的质量管理人员进行验收，如出现未完全清除有积灰现象时绝不通过。

c. 隔夜浇水做到基层充分湿润。

d. 铺设的少量干灰应搅拌均匀，在湿润后及时进行整平。

e. 管理人员应严格掌握当天的工作数量及现场楼面的干湿情况，及时调度好班组的施工进展速度和光面的人员数量。

f. 遇质量等级较高单体时，在楼面高差处应设置条子以保护高差角不被破损，此项工作需在铺设前用细石混凝土护面按水平标高或所测引的塌饼进行事先设置完成。

g. 在光面时如遇面层较湿或达不到强度要求时（可能出现的起砂现象），应用专门的工具（粉包）进行铺洒少量清层干水泥工作，但需铺设均匀，在湿润后用木蟹磨平均匀，以达到表面的色差一致。

h. 应注意面层的吸水程度特别墙角四周，总体分四次压光面层，做到光洁、平整，不起白块、不起砂。

（8）产品保护（略）。

13. 脚手工程

本工程全部采用ϕ48双排单立杆钢管落地脚手架，按常规要求搭设，其立杆间距不大于1.8m，步高为1.75～1.8m；搭设前要进行钢管的筛选，如有严重锈蚀、变形、裂缝和螺纹已损坏的扣件都不能采用。脚手架搭设范围的地面应在素土夯实后做硬地坪，上铺

40mm 厚垫头木。脚手架水平每隔 2 根立杆（5m 左右），竖直每一个楼层应设置一点拉结点，拉节点不得随意拆除，外排脚手每 9m 应设斜杆剪刀撑，脚手架外包安全绿网，并要配备一定数量的消防器材，脚手架要经验收通过方可使用，拆除脚手时要有专人负责确保安全。

14. 垂直运输

本工程垂直运输采用八座角钢井架，以确保垂直运输能力。

井架搭拆：

1）井架搭设时其底座必须安置在坚硬地基上，埋深不得少于 1m。搭至 11m 高度必须设临时缆风一组，每增高 10m 加设一组。

2）井架缆风绳的花兰螺栓必须加以保险。井架四周要用安全网封闭。

3）井架运输通道宽度不少于 1m，搁置点必须牢靠，通道两边必须装设防护栏杆，并装有安全门。井架吊篮必须装设可靠的避雷和接地装置，卷扬机应单独接地并装设防雨罩。

4）井架的立柱应垂直稳定，其垂直偏差应不超过高度的 2‰，接头应相互错开，同一平面上的接头不应超过 2 个。井架导向滑轮与卷扬机绳筒的距离，带槽筒应大于卷筒长度的 15 倍，无槽光筒应大于卷筒长度的 20 倍。

5）井架吊篮必须有防坠装置，冲顶限位器和安全门，吊篮两侧装有安全档板，高度不得低于 1m，防止手推车等物体滑落。吊篮的焊接必须符合规范要求。

6）井架必须装设可靠的避雷和接地装置，卷扬机应单独接地并装设防雨罩。卷扬机应采用点动开关。井架吊篮与每层楼面必须有醒目的位号装置或标志。

7）井架吊篮内严禁乘人，井架的平撑、斜撑、缆风绳等严禁随意拆除。

8）拆除井架应设置临时缆风，遇设有两层缆风绳的井架，应对下层缆风绳采取可靠的安全措施后，方可拆除顶层缆风绳。搭拆井架要设警戒区，并指定专人负责，操作人员必须佩戴安全带。

7.1.3 施工进度计划

业主要求工程在 270 个日历天内竣工。根据我公司科学的组织管理能力和长期积累的多层小区建筑施工经验，在本工程实际施工过程中，计划先 1、4 号楼打桩、挖土，待基础垫层浇完进行桩测试时，再开挖 2、3 号楼；在此之后 1、2 号和 3、4 号楼进行幢号流水作业，同时积极组织各类机械、材料和充足的劳动力进场，自始至终保障持续顺利施工，因此本工程经周密考虑后，计划安排 260 个日历天全面竣工完成，即从 2002 年 4 月 15 日开工至 12 月 30 日（具体开工时间以甲方下达的开工令为准）。

基础阶段（1、4 号楼）：

分项工程名称	单独工期	累计工期
测量定位	2 天	2 天
打预制方桩	12 天	14 天
桩基养护	28 天	42 天
分项工程名称	单独工期	累计工期

挖土、验槽、垫层混凝土	4 天	46 天
弹线、桩基验收、测试	2 天	48 天
基础模板、钢筋、混凝土	5 天	53 天
基础墙、地圈梁、架空板、回填土	12 天	65 天
小计		65 天

上部建筑（1、4 号楼）：

分项工程名称	单独工期	累计工期
基础	65 天	65 天
首层主体	15 天	80 天
二层主体	12 天	92 天
三层主体	12 天	104 天
四层主体	12 天	116 天
五层主体	12 天	128 天
六层主体	15 天	143 天
斜屋面	20 天	163 天
主体检查验收及雨天等影响施工调节时间	10 天	173 天
内外装修（防水及瓦屋面穿插施工 35 天）	65 天	238 天
楼地面工程	5 天 （不含提前穿插工期）	243 天
涂料工程	7 天 （不含提前穿插工期）	250 天
水电安装	穿插进行	
清理、竣工验收	10 天	260 天
合计		260 天

水、电安装将随土建进度密切配合进行，及时穿插在基础、主体和装饰阶段同步完成；施工中幢号流水作业，由于 2、3 号楼施工面积相对较小，所以主体结构封顶要充分利用好检查验收及雨季影响施工所考虑的调节时间，确保 1～4 号楼同时进入装修阶段，从而保证在 260 个日历天内全部竣工，具体形象进度详见施工总进度计划表（见书末图一）。

主要工程内容的先后次序和工序搭接关系。本工程总体计划 1 号和 2 号楼、3 号和 4 号楼进行流水施工，4 月 15 日开工，主体 10 月 4 日结束，12 月 30 日全部竣工。主要工程内容的先后次序如下：

打桩→桩基养护→桩测试→基础→主体→（楼地面；内外墙装修→涂料工程→竣工验收；屋面）

1 号与 4 号两幢楼打预制方桩需 12 天，打桩结束后紧接用 8 天时间打 2 号与 3 号楼预制方桩。

1 号与 4 号两幢楼基础垫层浇完（待桩基养护期达 28 天）后，开始 2 号和 3 号楼挖土。

1号与4号楼6月19日主体一层开始砌筑，8天后2号和3号楼主体一层开始，以后依次进行流水施工；2号和3号楼由于比1号和4号楼少一个单元，所以施工中除充分利用好计划中调节时间外，在六层砌筑结束后，要适量增加木工和钢筋工，以确保10月4日1～4号楼同时主体结构结束。

装修阶段1～4号楼均同步进行，12月30日全部竣工。

7.1.4 资源配置计划

根据工程规模和同类工程的每平方米约4.8左右的用工量计算，总用工量约需6万余工日。计划260天全面完成竣工，考虑到工程前期和后期两个阶段的劳动力分布较少（按扣除40天计算），故施工中途的日平均耗工用量约230余人，在施工高峰期间劳动力人数将达270余人。主要工种人数如表7-1所示。

表7-1 主要工种人数一览表

序号	工种名称	数量（人）	备注	序号	工种名称	数量（人）	备注
1	瓦工	50～60	结构阶段	6	水电安装工	15～20	结构、装饰
2	钢筋工	20～30	结构阶段	7	油漆工	20～30	装饰后期
3	木工	40～50	结构阶段	8	机操工	10	结构、装饰
4	架子工	20	结构、装饰	9	配合工	10	结构、装饰
5	粉刷工	120	装饰阶段				

主要施工机械设备及计量器具配备分别如表7-2、表7-3所示。

表7-2 主要施工机械设备表

序号	机械名称	规格	单位	数量	用电量（kW）	备注
1	打桩机		台	2		
2	井架	1T	台	8	7.5×8	
3	汽车吊	8T、20T	台	2		配合卸桩、打桩
4	反铲式挖土机	WY—100B	台	1		
5	装载机	ZL30A	台	1		
6	自卸汽车	5T	辆	现场定		根据弃土运输确定
7	蛙式打夯机	HZ29	台	6	2.2×4	备用2台
8	混凝土搅拌机	JZC350	台	2	7.5×2	用于零星混凝土、砂浆
9	潜水泵	4IN	台	6	1.1×4	备用2台
10	混凝土振动器	HZ6X—50	台	6	1.1×6	
11	混凝土振动器	HZ6X—30	台	2	1.1	备用
12	平板式振动器	PZ—50	台	4	1.5×4	
13	钢筋调直机	GJ40 4—14min	台	1	9	
14	钢筋切断机	GJ40/14—14min	台	1	4	

续表

序号	机械名称	规格	单位	数量	用电量（kW）	备注
15	钢筋弯曲机	GJ40、40	台	1	3	
16	对焊机	UN－75	台	1	75	
17	圆锯		台	1	7.5	
18	木工压刨		台	1	7.5	
19	电焊机	BX－300	台	4	10×4	
20	砂轮切割机	400	台	3	0.85	
21	瓷砖切割机		台	4	1.7×4	
22	电锤		把	6		
23	电钻		把	2		
24	开孔器		台	2		
25	兆欧表	500V 1000V	只	2		
26	接地电阻测试仪		只	1		
27	热熔机具		台	12		
28	试压泵		台	4		

表 7-3　　　　计量器具配备表

序号	计量器具名称	规格、型号	单位	数量
1	钢卷尺	50m	把	1
2	塔尺	5m	把	1
3	水准仪	S3	台	1
4	经纬仪	J2	台	1
5	台秤	TGT－1000	台	2
6	混凝土试模	100mm×100mm×100mm	组	4
7	混凝土试模	150mm×150mm×150mm	组	4
8	砂浆试模	70.7mm×70.7mm×70.7mm	组	4
9	干湿度计		支	1
10	温度计	0～100℃	支	1
11	坍落度筒		个	2
12	质量检测尺		套	2
13	氧气压力表	0～2.5MPa，0～25MPa	套	3
14	乙压力表	0～0.25MPa，0～4MPa	套	3
15	水表		块	1
16	三相四线有功电度表		块	1

主要材料、设备的数量、采购及进场时间如表 7-4 所示。

表 7-4　　主要材料、设备的数量、采购及进场时间

序号	主要材料、设备名称	数　量	采购时间	进场时间（月．日）	备　注
1	搅拌机	2台	自备	5.10	
2	井架	8台	自备	6.10	
3	砂浆机	适量	自备	10.1	
4	钢管 ϕ48	300t	自备	5.10～9.20	脚手架及防护用
5	胶合板	13000m^2	5月10日	5.25～9.10	
6	50×100方木	80m^3	4月25日	5.5～9.10	夹具、楼屋面搁栅等
7	50厚模板	60m^3	4月25日	5.5～7.10	模板
8	圆形杉木杆	3500支	自备	6.10～8.30	支撑
9	32.5级水泥				
10	黄砂				
11	石子				
12	红砖				
13	钢筋				

7.1.5　施工现场平面布置图（见书末图二）

1. 现场环境和特点

施工场地较大，且已完成三通一平，南面为××道，东西两面为已封闭的围墙，东侧紧临××路，为所有车辆的出入口，北面封闭的临时围墙外为待拆迁的居民居住地。

2. 现场平面布置

（1）垂直运输机械布置。由于混凝土全部使用商品混凝土，垂直运输仅限于砖块、砂浆及模板等周转材料，所以从实际施工需要考虑，每幢楼配置两台井架，可以满足施工要求。

（2）机械设备布置。在1、2号楼和3、4号楼之间各设置搅拌机一台，供主体砌筑使用，待至装修时可各适量增加砂浆机以满足施工要求。

（3）现场临设布置。在一期地块待建的9号楼位置，离开5m处，搭建两幢两层活动板房，计24间共432m^2（每间以8人计算）；在活动板房（间距15m）的东侧，搭建职工食堂，在西侧除留出职工出入的大门外进行全封闭（在西侧搭建浴室和厕所），保证生活区与施工区分开；在待建的5号楼与北侧临时围墙之间，搭建两层彩钢办公用房，计8间144 m^2；在拟建的1号楼靠近北侧临时围墙处建现场配电房、标准养护室、机修保管室；在1、2号楼与3、4号楼之间靠近西侧原有排水沟（留出施工便道2.5m，便于2、3号楼间的周转材料及成型钢巾等的施工运输）各搭建贮存量100t的水泥库；在2、3号楼之间搭建钢筋制作棚和木工加工棚。

（4）现场硬地坪作法及临时施工道路布置。各幢号之间的施工场地，全部采用厚8cm的C15混凝土浇筑，确保施工场地全部为硬地坪；其中在各楼号之间场地中间部位，作厚20cm、宽4m的临时施工道路，在楼号西侧及东侧各另做一条临时道路，以确保施工运

输的畅通。

(5) 水、电根据业主提供的水源和电源引出后，沿临时围墙布置，电线全部采用架空布设，电线立杆间距控制在20～30m以内，净空高度不低于5m；水管经水源先沿高门泾河边引至生活区，再沿西侧围墙引至施工区及北侧的标准养护室处。

(6) 地面雨水采用明沟排水。排水沟400mm×300mm，坡度2‰～3‰，沿建筑物的四周设置排入主干线，再由主干线排入业主指定的排放点。

(7) 混凝土、砂浆搅拌场排出的废水，须经过两级沉淀池，澄清后的水经排水沟排入排放点；厕所污水须经化粪池处理后，再排入业主指定的污水排放处。

7.1.6 主要技术组织措施

1. *施工组织管理体系*

作为本公司的一项重点工程，公司将大力支持和帮助本工程抓好各项工作。安排工程处、质安处、材料设备处等处室，除优先保障各类机械和材料的供应外，重点加强对质量、安全、文明标化和工程进度的检查、指导、督促和帮助，并在内部实行重奖重罚责任制，按月考核，同时委派分公司总工加强对技术的直接领导，并建立起二级强有力的施工组织管理体系。

(1) 分公司成立以经理和总工程师为首的重点工程领导小组，将公司的工作重心向本工程偏移。负责本工程总体生产计划管理和技术决策工作，集中全公司的优秀人才和财力、物力，充分地保障本工程不间断地持续、快速和顺利施工（见图7-2)。

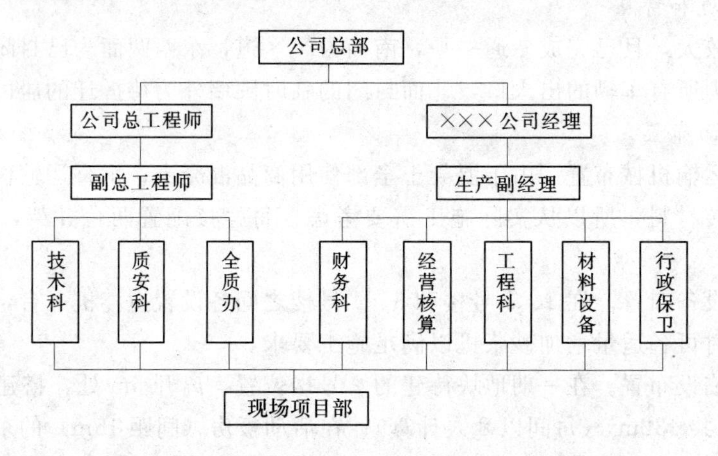

图7-2 施工组织体系一（公司重点工程领导小组）

(2) 现场实行施工项目管理，安排经验丰富，责任性很强，内外关系协调融洽、密切的优秀项目经理担任项目经理，并建立以项目经理和公司总工程师为首的一个强力的项目施工管理班子，直接负责各项工作的指挥、计划和布置，随时解决和调整施工中遇到的各类变化和技术问题，确保本工程自始至终按施工总进度计划的要求优质提前建成（见图7-3)。

(3) 现场成立以总工程师（蹲点现场，重点帮助）为首的专职质量管理班子，下设项目部技术科，配备充足的工程技术人员实行严格的质量管理，严格按国家规范要求，负责从质保书、原材料取样、试验复核、成品（半成品）进场验收、计量、隐检、技术复核、质量评定，直至产品保护、维修、竣工交付为止的全过程质量管理工作，并建立完整的资

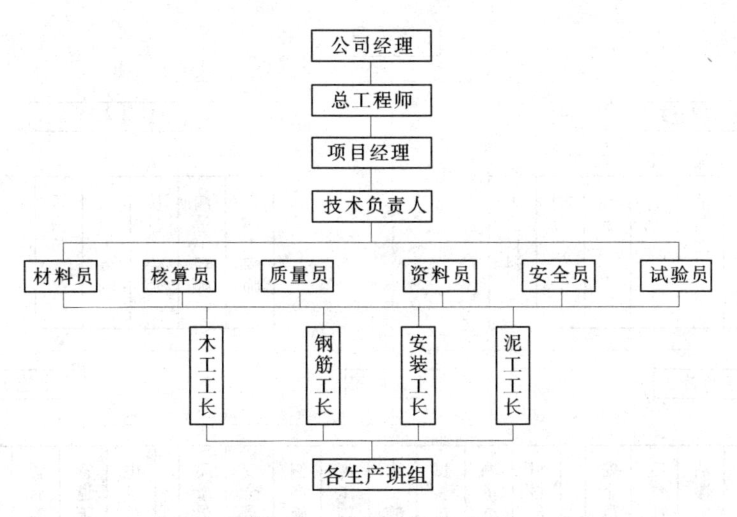

图 7-3 施工组织体系二

料档案，主动配合业主（总监）开展质量检查和验收，确保最终以优质产品交付给业主（见图 7-4）。

(4) 严格按照施工总进度计划的要求，编制出周密和切实可行的周、旬、月生产计划，每周与业主和监理共同严格检查和协调一次，及时根据现场实际进度计划状况作出切实有效的施工调整措施，确保总进度计划的严格实施，并提前作好各类准备工作，及时组织好技术力量强，施工经验丰富的各专业班组进场施工，确保进度和施工质量（见图 7-5）。

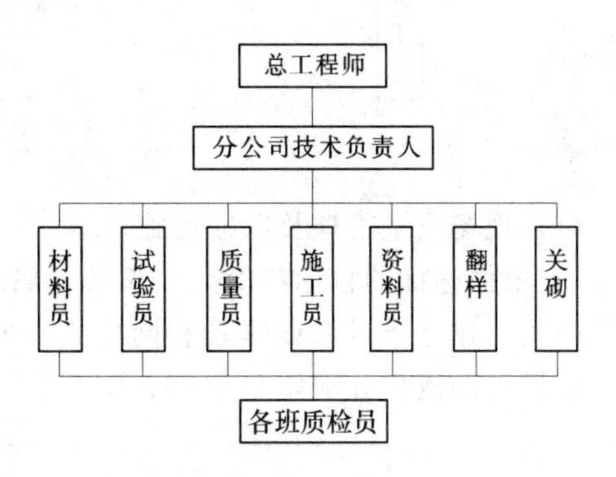

图 7-4 施工组织管理体系三（质量管理体系）

(5) 严格按公司 ISO9002 质量管理体系标准组织施工，确保各类材料和每道施工工序都处在严格的受控状态，有效地保证工程质量，确保优质提前竣工。

(6) 现场安排精明强干、技术素质高、工作责任性强的项目管理班子人员进行严格、科学的施工管理。

2. 质量保证措施

本工程的质量目标为：确保工程质量 100%验收合格，确保 1 号楼创市“优质结构”工程奖，如达不到上述目标，愿意接受业主经济处罚。为了达到这一预定目标，除采取以上组织措施外，关键在于在施工全过程中自始至终严格要求、严格操作、严格管理，建立健全三位一体的贯标认证管理体系，从原材料的取样、采购、储运、各道工序的施工、检查、验收、各分包工程的密切配合协调，直至产品的保护、竣工交付使用为止，使各类材料和每道工序都处在严格的受控状态，并特别抓好主体结构牢固优质、房屋四角楼地面斜角裂缝的防治、屋面防渗、外墙面防裂防渗，以及铝合金门窗框防渗、楼地面平整、内外装饰精美等关键工程的施工。

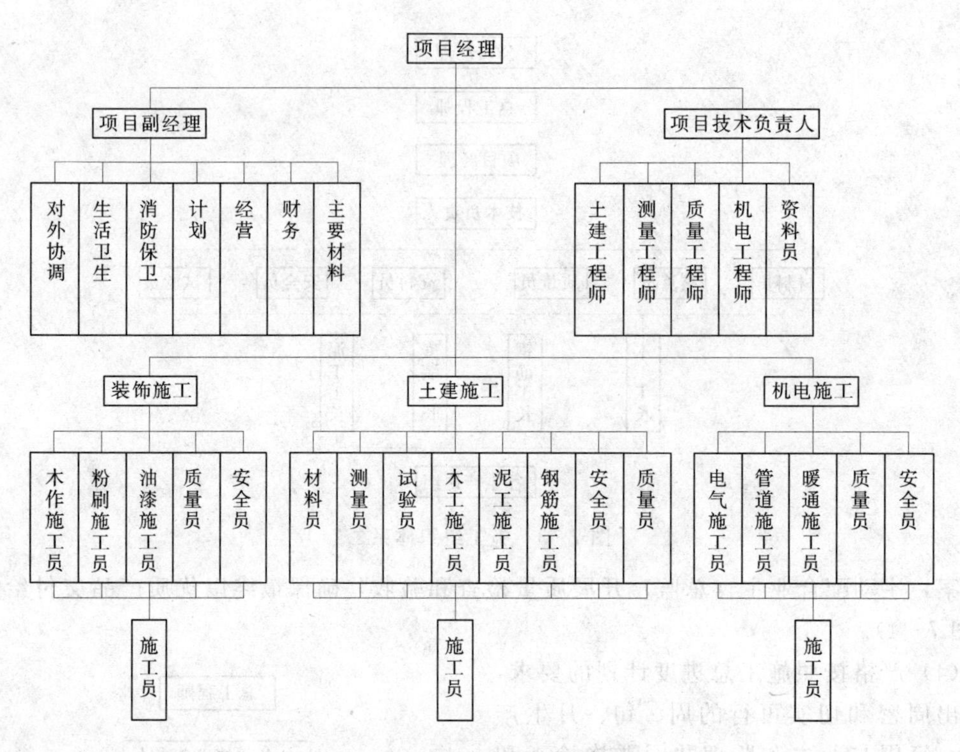

图 7-5　组织协调管理体系

(1) 现场质量管理及保证措施。

1) 根据达优的目标和ISO9002质量管理体系要求，编制相应的质量保证措施，落实组织网络，建立质量保证体系和岗位责任制，严格执行技术质量管理制度。质量目标网络、质量贯彻流程分别如图7-6、图7-7所示。

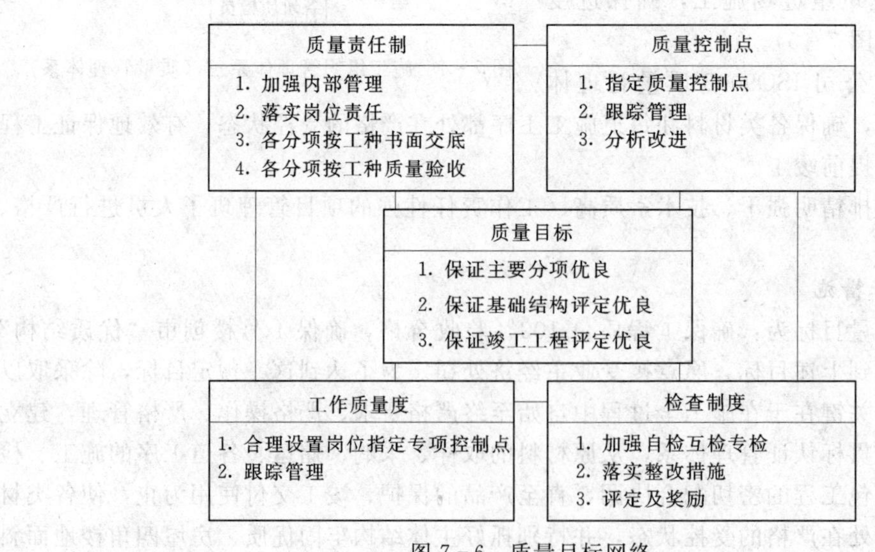

图 7-6　质量目标网络

2) 凡进场材料、构配件和半成品必须严格把关与检验，须出具质保证明，并及时请监理和现场试验员做好见证取样工作，材料必须等试验合格后（水泥最少为早期强度合格后），方能使用到工程上。严格执行材料采购流程和检验、试验状态标识控制工作流程。材料采购质量工作流程、检验和试验状态标识控制工作流程图分别如图7-8、图7-9所示。检验、测量和试验设备控制工作流程图如图7-10所示。

3）现场使用的测量、定位等各种计量器具必须送专业单位鉴定，经检验合格后才能使用，并标识清晰。现场配备测量员、计量员、实验员，由项目技术负责人统一领导。

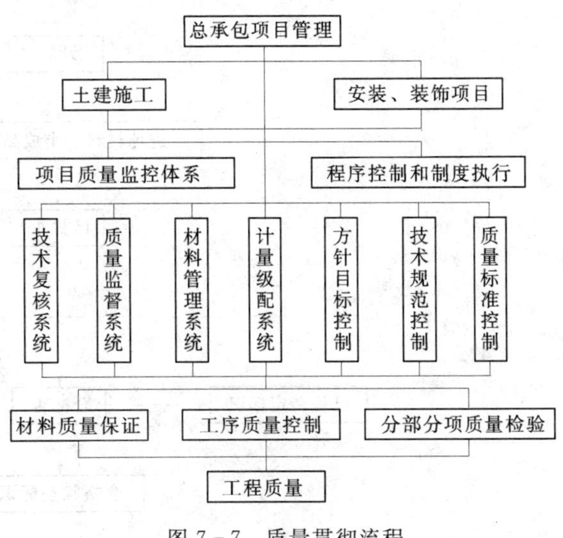

图7-7　质量贯彻流程

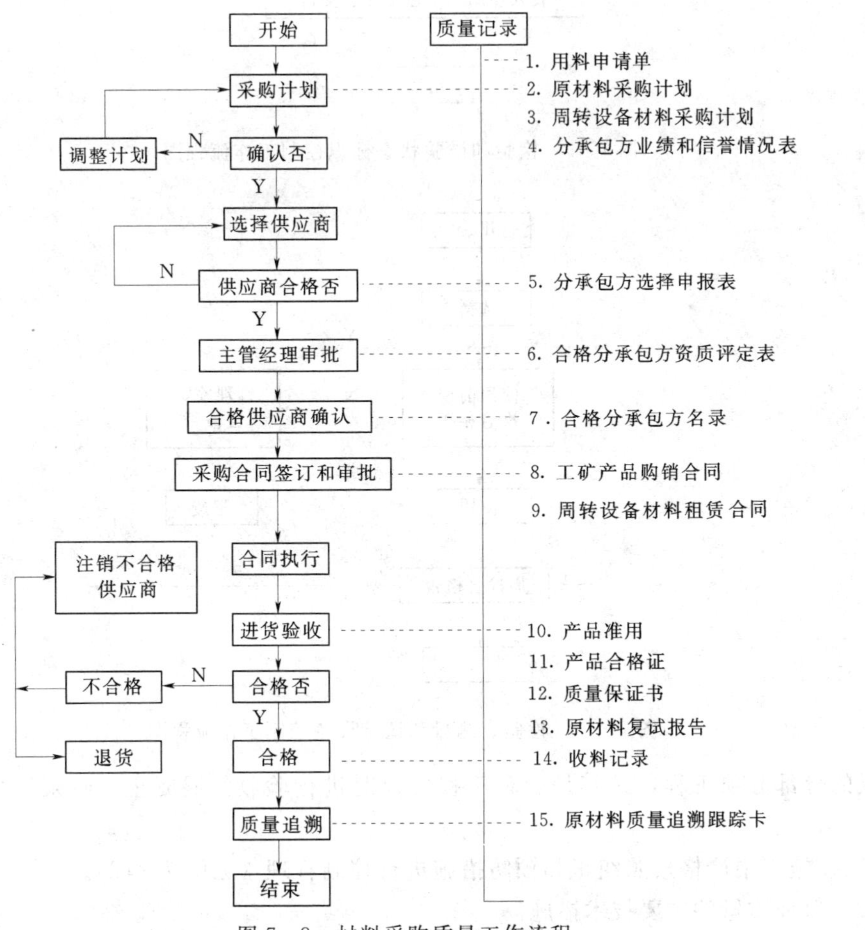

图7-8　材料采购质量工作流程

4）严格执行施工质量管理流程（见图7-11）。做好施工的技术交底和复核工作，对

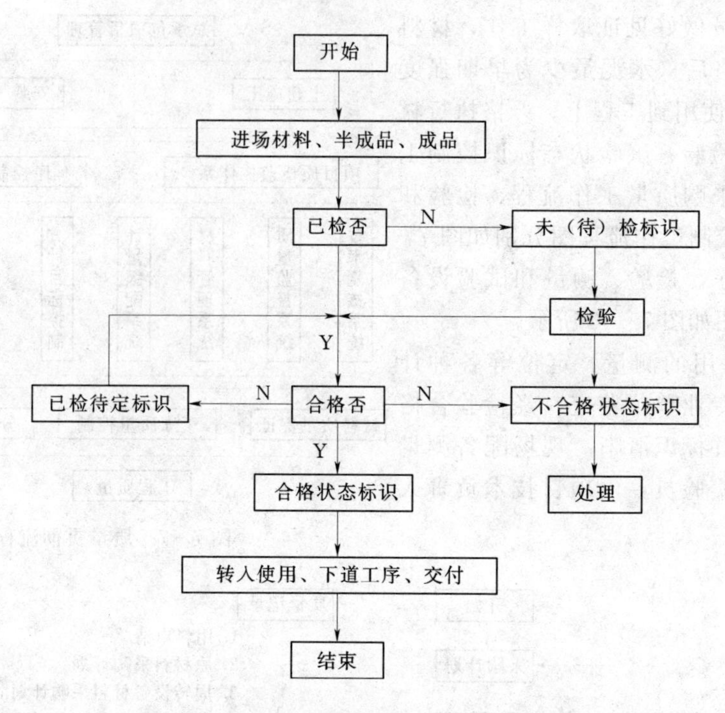

图 7-9　检验和试验状态标识控制工作流程图

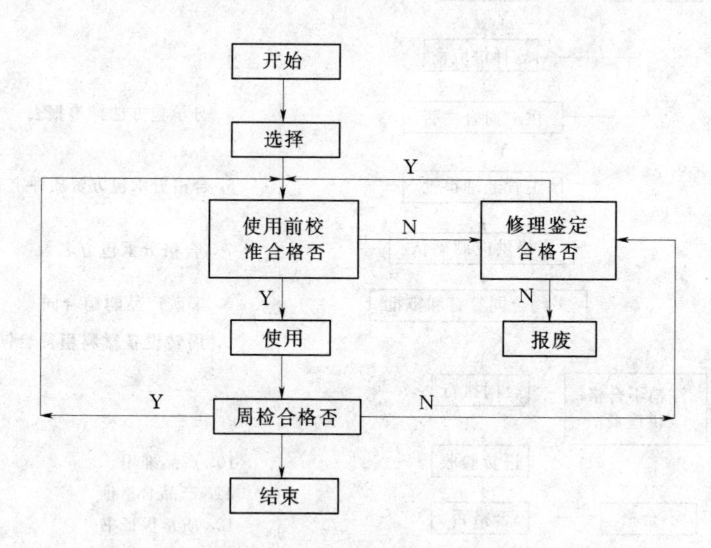

图 7-10　检验、测量和试验设备控制工作流程图

已完成的分部分项工程，尤其是隐蔽工程要及时进行验收。混凝土、砂浆试块及时正确留制。

5）在施工中严格按照纠正和预防措施进行控制管理（见图 7-12）。

（2）保证质量的主要技术措施。

1）钢筋工程（略）。

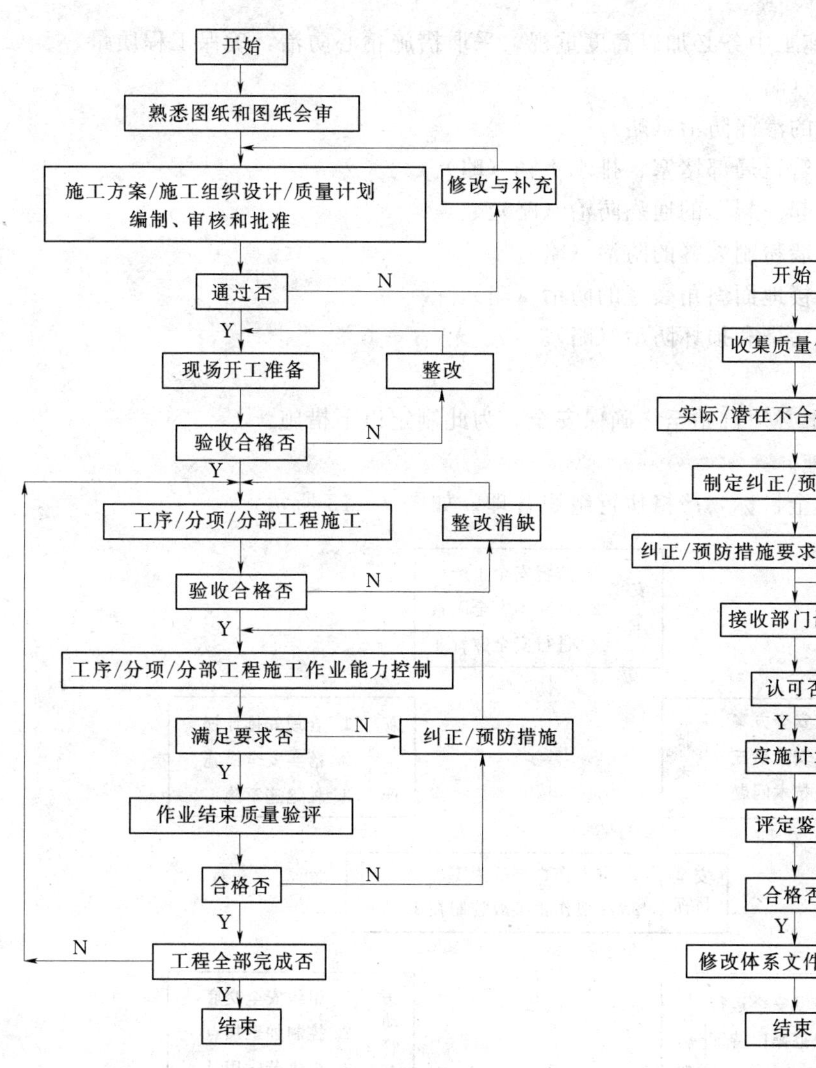

图 7-11 施工质量管理过程流程图

图 7-12 纠正和预防措施控制工作流程图

2）模板工程（略）。

3）混凝土工程（略）。

4）墙体工程（略）。

5）装饰工程（略）。

6）特殊季节施工措施。

① 雨季及防台、防风施工措施（略）。

② 夏季施工（略）。

(3) 各分部分项工程质量检验标准（略）。

(4) 质量重点注意事项（略）。

(5) 主要质量通病防治。

作为商品销售的住宅工程，涉及到大量住户的切身利益，故其对主要质量通病特别关注和敏感。为此，在施工中务必加以高度重视，采取措施精心防治，确保工程质量。

1）屋面渗漏防治（略）。

2）厨房、卫生间的渗漏防治（略）。

3）雨水管及下水管道局部堵塞、排水不畅（略）。

4）水泥砂浆“三起一裂”的通病防治（略）。

5）外墙渗漏及外墙粉刷裂缝的防治（略）。

6）房屋四周阳角楼地面斜角裂缝的防治（略）。

7）门窗和楼梯等污染和损坏防治（略）。

3. 安全技术措施

本工程施工过程中必须自始至终确保安全，为此制定以下措施。

（1）安全管理措施。

1）根据确定的安全目标，严格执行组织管理，如图 7-13 所示。

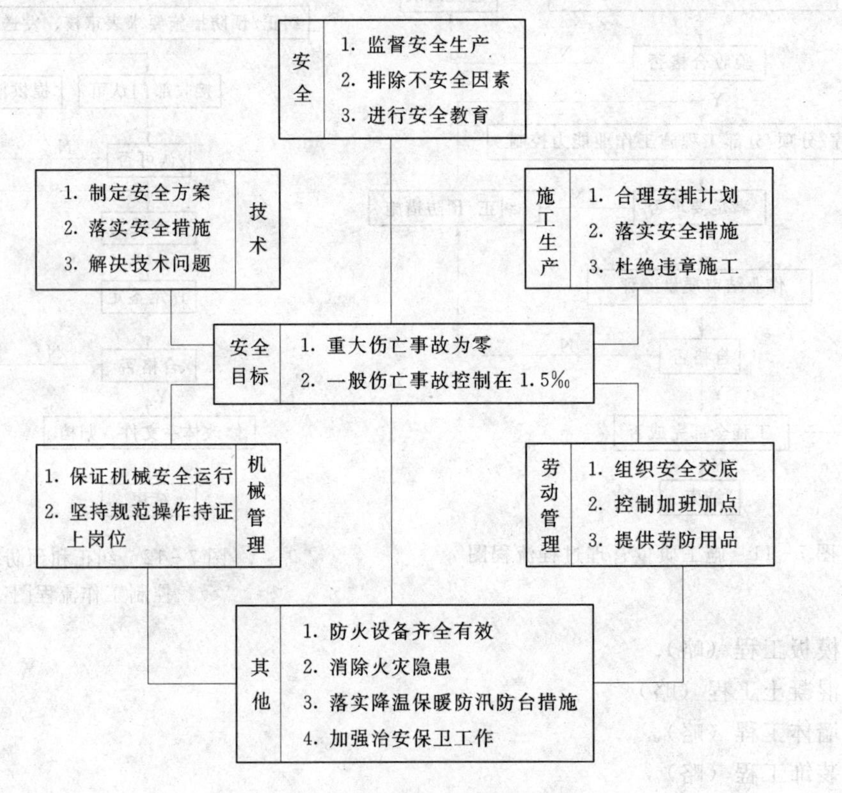

图 7-13　安全目标网络

2）项目部安全组织网络及主要安全职责，如图 7-14 所示。

① 项目经理。工程的安全生产第一责任人，全面负责项目安全生产。

② 项目副经理。按各自分工的职责范围，合理组织施工生产，后勤保障，认真执行各项安全生产规范、规定、标准及上级有关文明施工的规定要求。

③ 项目技术负责人（总工程师）。负责施工组织设计中安全技术措施的编制、实施，检查和新工艺、新技术的安全操作规程，安全技术措施制定和交底。对危险点，重要部位

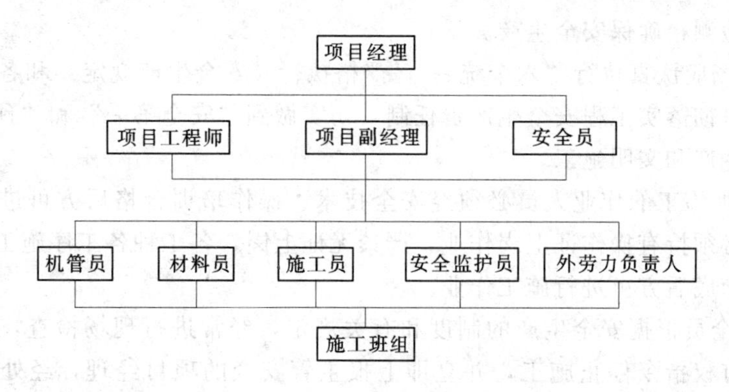

图 7-14　安全组织管理框图

制定监控措施和落实人员。

④ 安全员。在项目经理的领导下，认真做好日常安全管理工作，负责新进工地的人员安全教育工作，参加“四验收”、“旬查”、整改复查工作，掌握安全动态，当好项目经理参谋，负责日常的安全资料整理积累工作。

⑤ 施工员（关砌、翻样）。按各自分工的职责范围，负责对施工班组的安全操作技术、规程、作业环境、区域的安全技术交底，并检查督促班组按交底要求进行施工。

⑥ 材料员。确保提供合格的安全技术措施所需物资，且有符合规定要求的产品合格证明书，并经常检查，将废损不能使用的物料及时清退。

⑦ 机管员。确保提供施工生产中所需的机械设备，大型机械须经验收合格和检测后挂牌使用，中小型机械必须符合安全使用规定标准，方能进入现场使用。

⑧ 安全监护工。负责各自分工的监护区域，发现隐患及时消除，发现违章及时阻止，劝阻无效立即报告领导处理。

3）项目部主要安全管理制度。

① 新进工地队伍的安全教育制度。

② 班组“三上岗一讲”活动的检查考评制度。

③ 项目管理人员安全值日制度。

④ 安全生产、文明施工奖惩办法。

⑤ 危险点、重要部位（区域）安全监护施工制度。

⑥ 每月一次安全生产、文明施工例会制度和旬查制度。

4）施工安全管理工作流程，如图 7-15 所示。

（2）安全技术、消防措施。

安全技术措施。

① 严格执行《施工用电安全规定》、《施工机械设备现场管理规定》、《高空作业临边防护》等有关规定，并在基坑开挖阶段作好稳妥可靠的基

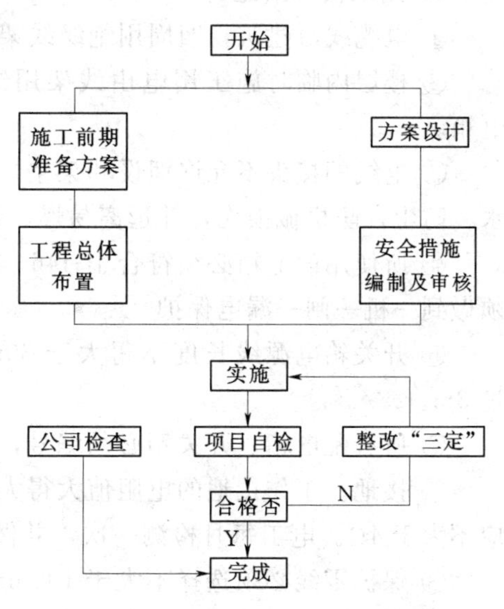

图 7-15　施工过程安全控制流程图

坑围护和形变检测，确保安全生产。

② 施工现场应认真执行“六个统一”，严格执行《安全生产规定》和各有关安全生产文件，建立和贯彻落实工程安全生产责任制，切实做到“安全第一”和“预防为主”的方针，做到安全生产和文明施工。

③ 所有参加施工的作业人员必须经安全技术、操作培训合格后方可进入现场进行施工，特殊工种必须持有操作证上岗作业，严禁无证上岗，各工种各工序施工前须由施工负责人进行书面交底后方可进行施工作业。

④ 专职安全员根据安全生产的制度和有关规定，经常进行现场检查，如发现严重不安全的情况，有权指令停止施工，并立即上报主管安全的项目经理，经处理后方可继续施工。

⑤ 对安全生产作业工作必须上墙，简称“七牌一图”。

⑥ 现场必须布置安全生产标语和警示牌，做到无违章。

⑦ 车辆进出门前要派专人负责指挥交通。

⑧ 现场施工道路要畅通，做好排水设施，材料、构件不允许乱堆放。

⑨ 各种设备、材料应尽量远离操作区域，并不准堆放过高，防止倒塌下落伤人。

⑩ 清除场内积水，操作和上下攀登的地方加设防滑措施。

⑪ 预留洞口小于0.5m×0.5m用木板固定牢；0.5m×0.5m～1.5m×1.5m之间的混凝土板内钢筋不得切断，网孔≤200mm，且上口需木板固定；1.5m×1.5m以上，四周设上下两道扶栏，用条网围档，洞口需张平网。

⑫ 结构临边设上下二道扶栏，用条网围档，并用红白双色油漆做醒目标识。

⑬ 结构阶段（略）。

⑭ 装饰阶段（略）。

（3）施工用电、用水技术措施。

1）用电技术措施。

① 电缆线沿建筑物四周用绝缘线架空，隔20～40m设一个200A施工电箱。

② 楼层内临时施工用电由线架用绝缘子固定接入，在每个施工楼台层配置一施工电箱。

③ 电线的接头不允许埋设和架空，必须接入接线盒并附加在墙上。接线盒内应能防水、防尘，防机械损伤，并远离易燃、易爆、易腐蚀场所。

④ 所使用的电箱必须符合JGJ46—88规范要求的铁壳标准电箱，配电箱电气装置必须做到一机一闸一漏电保护。

⑤ 开关箱电源线长度不得大于30m，与其控制固定式用电设备的水平距离不宜超过3m。

⑥ 所有配电箱、开关箱必须编号，箱内电气完好匹配。

⑦ 接地。工作接地的电阻值大得大于4Ω；保护零线每一重复接地装置的接地电阻值应不大于4Ω。电工每月检测一次，并做好原始记录。

⑧ 保护零线必须选择不大于100mm²的绝缘铜线，统一标志为绿/黄双色线，在任何情况下不准使用绿/黄双色线作负荷线。

⑨ 所有电机、电器，照明器具，手持电动工具的金属外壳不带电的外露导电部分，应做保护接零。

⑩ 所有的电机、电器、照明器具、手持电动工具的电源线应装置二级漏电掉闸保护器。

⑪ 室外灯具距地面不得低于 3m，室内灯具不得低于 2.4m。固定照明要全面布置，地下室照明电压不得大于36V。并必须采用保护接零。

⑫ 施工现场严禁花线、塑料胶质线作拖线箱的电源线，严禁使用木制的拖线箱、板及民用塑料壳拖线板。

2）施工用水技术措施。

① 施工现场用水水管走向见现场施工平面布置图，每隔 20～50m 左右开设三通，上部用水设置立管接入。

② 消防用水留设专用接头配套高压泵，接至各施工楼层。

4. 文明生产的措施

（1）文明管理目标。

文明施工的目标为创建文明工地，在组织管理上按图 7－16 执行，其流程按图 7－17 操作。

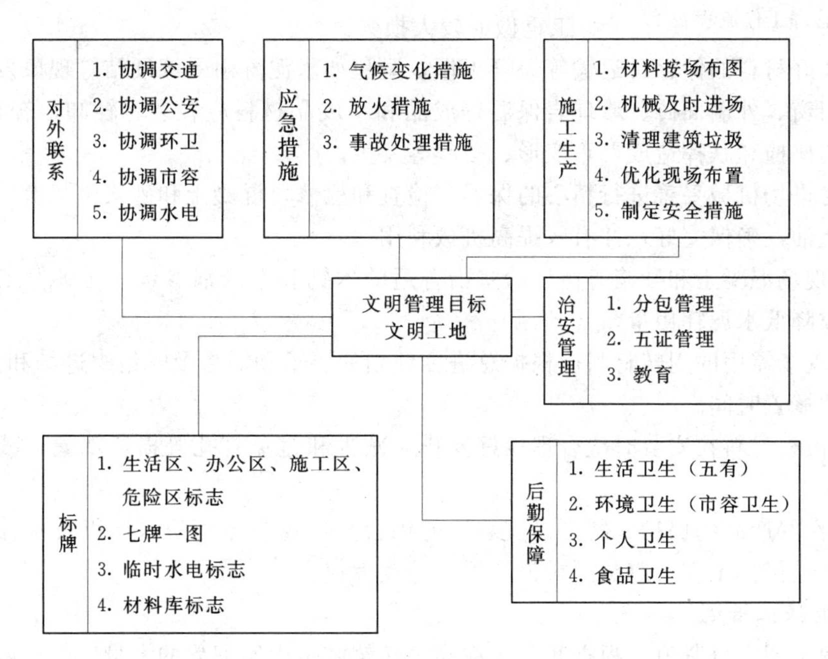

图 7－16　文明管理组织架构

（2）场容场貌管理措施（略）。

5. 降低成本措施

（1）现场项目部加强教育和管理，建立成本核算制度和制定材料耗用分折及相应的奖罚制度，减少现场建筑材料的大量浪费。

（2）制定周密详尽的周、旬、月用工计划，作好各工种的合理交叉和均衡连续施工，

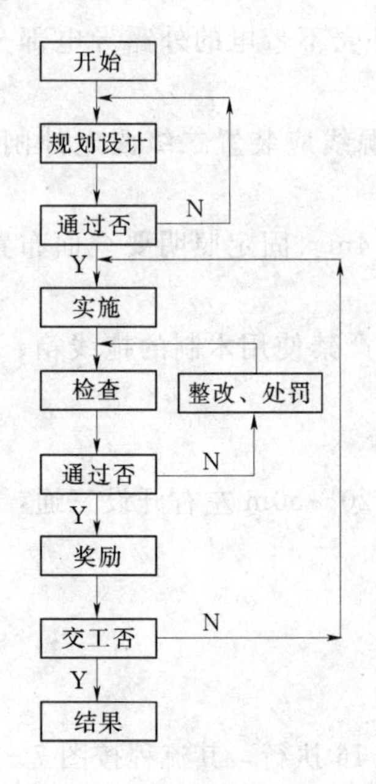

图 7-17　场容场貌管理工作流程

避免和减少误工发生，提高劳动力的使用效率。

(3) 现场实行按定额工程量限额领料的材料管理制度，并及时检查、复核和分析，有效落实材料耗用奖罚制度，把材料耗用控制在定额耗用量以内。

(4) 把好材料进场验收关，对砂、石、水泥、钢筋等大宗材料进场实际数量进行大量清点和过磅抽查等，减少方量不足导致无谓的资金流失。

(5) 督促各专业工种（班组）认真做好落手清工作，利用好落地灰砂，并减少现场清理用工。

(6) 商品混凝土浇筑前，四周临边的梁、板边缘（包括各类预留孔洞处）临时采用模板支挡，避免和减少混凝土大量下坠浪费现象，并且提前预备制好混凝土过梁、门窗边混凝土预制块、卫生间等上翻部位模板制作，使浇筑后多余的商品混凝土能有效地加以利用，不致无谓地浪费掉。

(7) 认真、仔细、严格地按工程设计图施工，使产品做到一次合格或成优，避免和减少因麻痹、疏忽而造成返工重做的较大损失。

(8) 作好材料的储存、运输等保管工作，避免如水泥淋雨受潮硬结等现象发生，特别是铝合金门窗、外墙面砖、珍珠岩保温等成品和半成品材料应轻装、轻卸、轻放、轻搬，避免剧烈的碰撞和跌摔造成严重变形、破碎等发生。

(9) 对进场机械妥善进行精心的保养、检查和检修，混凝土和砂浆机每次使用后应冲洗干净和上油，确保完好，并有效提高机械利用率。

(10) 现场混凝土和砂浆等由试验室出合适的木钙和微沫剂参量，在确保工程质量的前提下有效降低水泥耗用量。

(11) 现场需用的周转材料应根据总进度计划的要求和需量及时组织进场和及时退场，减少现场的搁置时间。

(12) 模板材料在安装时应合理做好安排，减少和避免打孔等损坏现象，减少不必要的赔偿损失。

(13) 作好产品的保护，特别是安装后的铝合金门窗、屋面防水层以及楼梯踏步、扶手、门等产品保护工作，避免严重损坏返工等较大损失。

6. 工期保证措施

本工程工期十分紧迫，根据我公司在同类建筑施工中所积累的大量正、反两方面的经验与教训，针对本工程的具体特点，特制定如下工期保证措施，以确保在260个日历天之内提前优质竣工。

(1) 总公司为确保投标中承诺的工期、质量和创安全文明标化工地，将向业主提供履约保证书一份，受业主的控制和约束。同时在公司内部与现场项目班子签订严厉的工期、质量责任书，并每阶段实行进度、质量考核，工程工期每提前或延长一天，以总造价的万分之二作为奖罚，以严厉的经济杠杆措施来保证工期提前完成。

(2) 配备230余人的充足劳力，配备充足的周转材料和八台角钢井架、混凝土搅拌机、砂浆搅拌机等大量机械设备，进行快速施工，并开展质量和工程进度两项劳动竞赛，每月实行重奖重罚，充分调动生产班组的积极性，同时适当延长工时（从早晨6点至晚上9点）。

(3) 该工程作为公司的重点工程，总公司将在资金上给予充分支持，确保工程持续顺利地进行施工，保障本工程提前建成。

(4) 现场成立业主（总监）、设计、土建、安装四方协调工作领导小组，根据工程进展和设备安装阶段的需要，每月进行1～2次协调配合会议，及时解决施工中的相互交叉、搭接问题，使土建和安装同时按总进度计划的要求施工，同时对主体、装饰、安装等重要分项工程，在施工过程中密切加强与质监站的联系、检查和预验收，并及时迅速地整改完毕存在的问题，以确保竣工验收一次性顺利完成，保障本工程优质提前建成。

(5) 现场配备井架、搅拌机、混凝土泵车、混凝土布料器等主要施工机械的机修人员，确保日常的精心维护与检修，保障主要施工机械的正常运转使用。

(6) 提前作好施工准备工作。

① 在正式开工前，安排充足的人员提前作好测量、定位、放线等复核工作，为正式施工创造一个良好的现场环境。

② 现场办公室等临时设施采用简便、快速、整洁的彩钢板活动房搭设，既极大地缩短搭设时间，又达到舒适、美观、实用，为标准化管理打好基础。

(7) 垂直运输采用施工井架。以充足的机械和先进技术确保本工程快速优质竣工。

鉴于本工程楼层层高不大的特点，采取梁、楼板混凝土一次浇筑的方案，并在技术措施上予以切实的质量保证，从而大力缩短结构施工期。

(8) 科学地编制作业计划。在整个施工阶段，将1、4号楼作为主导施工工序，最先安排打桩和挖土开工，保障人力、物力和机械投入1、4号楼工程，确保其施工进度。

(9) 建立起的组织管理机构和严格的生产管理制度，将充分调动分公司的人、财、物，保证了各类材料、劳动力和机械设备优先、及时、充足地得到供应，确保施工操作获得全面铺开，为抓好工期进度创造了前提条件。

现场安排一批工作踏实的精兵强将进行施工，每周按工程总进度计划要求进行检查对比，确保每月提前完成工程进度，保障总工期的如期完成。

(10) 加强技术管理，建立起质量管理保证体系，及时解决各类施工技术问题，及时进行质量监督、检查和验收，使产品一次合格、避免返修、误工等影响工程进度的现象发生，并对各类所需材料提前1个月提出采购供应计划，确保及时供应，使工程顺利快速施工。

(11) 雨季期间，现场开设好纵、横排水沟、渠，形成可靠的临时排水系统，及时排除雨季暴雨降水，并准备充足的防雨材料和个人雨具，必要时可搭设防雨棚，保障雨季期间道路畅通和进行正常的施工，减少雨季影响。

7.2 框架结构工程施工组织设计

7.2.1 工程概况

本工程是××大学新校区教育学科楼，位于天津市××区××镇，建筑面积

28631m²，为四层钢筋混凝土框架结构。

1. 建筑设计

本工程为地上4层教学楼建筑，由5部分构成，采用连廊连接。南北长158.400m，东西宽152.100m。层高均为3.9m，建筑高度19.3m，建筑物最高点21.38m。室内外高差0.90m，±0.000相当于大沽高程4.10m，建筑合理使用年限50年。

内部装修：楼地面做法有花岗石、铺防滑地砖、水磨石、混凝土、水泥砂浆等。内墙以乳胶漆墙面为主，其余为瓷砖墙面。顶棚做法有矿棉板吊顶；穿孔石膏吸音板吊顶；其余房间均为乳胶漆刷白。本工程外窗采用铝合金玻璃窗，局部玻璃幕墙，内门采用木门及防火门。

外部装修：外墙贴灰色面砖、刷深灰（白）色外墙涂料，勒脚做仿石涂料。

屋面：有上人、不上人屋面两种做法，防水材料均为合成高分子防水卷材，保温层采用50mm厚聚苯乙烯泡沫塑料板。

2. 结构设计

地基基础：采用预应力混凝土管桩，桩顶设承台，承台之间用基础梁拉通。基础墙采用MU10黏土空心砖、M10水泥砂浆砌筑。

结构工程：钢筋混凝土框架结构体系，按7度抗震设防。墙体采用加气混凝土砌块，Mb5混合砂浆砌筑。

设备安装：有给排水、消防、采暖、动力电及电气照明工程等。

3. 气象概况

大学地处中纬欧亚大陆东岸，季节环流旺盛，气候属暖温带大陆性季风气候，四季分明。冬季寒冷，多雾少雪，主导风向为西北风，春季干燥少雨，多大风天。

4. 施工条件

该工程由××大学自筹资金建设，主要施工机械和材料大部分为国产，计划工期为302天，施工现场基本平坦，施工场地足够大，三通一平已完成，交通运输方便。

5. 工程特点

（1）工期不算紧，共302天，保证质量的前提下抓好进度控制，抓好计划管理，确保各种资源及时供应到位。

（2）本工程为跨年度工程，经历冬季、雨季和夏季高温季节，施工受气候的影响较大。

（3）文明施工要求高，运输车辆进出、污水和灰尘不能污染周围环境。

（4）本工程为钢筋混凝土框架结构的多层建筑，结构较复杂，工程量大。建筑施工高空、露天、立体交叉作业多。安全生产问题突出，必须做好安全控制工作，各项安全防护措施必须及时落实到位，防患于未然，切实避免安全事故的发生。

7.2.2 施工方案和施工方法

1. 基础工程施工方案

（1）基础形式（略）。

（2）基础工程施工工艺流程。

定位放线→静压预制钢筋混凝土管桩→挖土、降水→浇垫层→承台、地梁、钢筋绑扎、支模→承台、地梁浇混凝土→水泥砂浆砌基础墙→浇地圈梁→分层回填夯实。

(3) 基础工程主要项目施工方法。

1) 测量定位（略）。

2) 静压预制钢筋混凝土方桩施工。

本工程采用直径 400mm 先张法预应力混凝土管桩，共 567 根。选自标准图集《先张法预应力管桩》(02G10)。本工程采用的桩型为 PHC－A400－80－8.8，单桩竖向极限承载力标准值为 2400kN，桩顶标高－2.400m。桩身长 16m，桩的位置详见桩位平面图。

按同类工程经验，一台压桩机二班制作业，可压 30 根桩，如采用一台桩机，二班制作业，约需 19 天。按进度计划要求，桩基工期为 14 天，因此如用一台桩机作业，还应考虑必要时进行三班制作业。本工程共设两个施工段，施工持续时间分别为 6 天和 8 天。压桩顺序为先 A、E 区再完成 B、C、D 区。一个施工段打完桩后，即进入挖土工序。

机械静力压桩的施工顺序为：测量桩位→桩机就位→吊桩插桩→桩身对中调直→静压沉桩→接桩→压桩与送桩→稳压→桩机移位。

3) 土方开挖。

① 基坑土方开挖量约 8000m^3，从土方开挖至垫层浇好，持续时间为 10 天，每一施工段挖土和垫层支模时间为 6 天，留 1 天时间浇混凝土。土方工程完工前，应提前与建设、监理、设计等部门取得联系，及时验槽，以免工作延误工期。

② 机械选择和堆土场地。

机械选择：挖方量 8000m^3，工期 10 天，暂定采用 W1－100 型反铲挖土机（斗容量 1m^3），最大挖深 6.50m，台班产量 350～550m^3，按台班产量平均 400m^3 两班制作业计算 (8000/800＝10 天)，可采用一台挖土机。装土暂定采用 10T 自卸汽车三辆，施工中根据实际情况再作调整。卸土地点原则上尽量堆放在拟建工程的南北两侧（留出混凝土泵车和混凝土搅拌运输车行走的路面），建筑物的中间部位是塔吊安装和材料加工和堆放区，不要堆土。

③ 土方开挖。

先以 0.33 的放坡系数放线开挖，工作面无排水沟的按垫层边放开 30cm 考虑，有排水沟的包括排水沟宽度放至 50cm。挖土顺序从 A 区开始，挖土机从东向西挖土，机械开挖不到的基坑边角部位采用人工开挖，为防止超挖和扰动基底土，机械开挖至接近设计坑底标高时，为保证基底土不被扰动，工程桩不被挖土机抓斗碰伤，应预留 30cm 厚土层，用人工开挖和修平。将松土清至机械作业半径范围内，再用机械运走。挖土时，随时测量控制基坑底标高。

施工前需要做好地面排水和降低地下水位的工作，挖出的土不要堆放在坡顶上，要立即转运到规定的距离之外。挖土时要随时注意土壁变动情况，如发现有裂缝或部分塌落现象，要及时进行支撑或改缓放坡，并注意支撑的稳固和边坡的变化。

4) 垫层浇筑。

5) 基础钢筋工程。

6) 基础模板工程。

7) 基础混凝土浇筑。

8）基础墙砌筑。

9）基槽及房心土回填。

（4）基础质量保证措施（略）。

（5）基础排水和防止沉降措施（略）。

（6）地下管线、地上设施、周围建筑物保护措施（略）。

2. 主体结构施工方案

柱截面尺寸以 500mm×600mm 为主，框架主梁截面以 350mm×600mm 为主，次梁以 250mm×600mm 为主，建筑物檐口高度 21.38m，混凝土设计强度柱、梁、板为 C30，构造柱、圈过梁等后浇构件为 C25。填充墙采用加气混凝土砌块，Mb5 级混合砂浆砌筑。设计对结构施工的要求，详见结构设计总说明，施工前应认真阅读。

（1）主要质量影响因素。

1）施工组织水平。

2）模板工程。

3）钢筋工程。

4）混凝土工程。

5）施工技术资料。

（2）主体结构施工工艺流程。

柱弹线定位→柱钢筋焊接、绑扎→柱支模→梁、板支模、扎筋→浇混凝土→转入上一层流水作业→混凝土养护、拆模→主体封顶→逐层围护墙砌筑、构造柱、圈梁扎筋、支模、浇混凝土。

（3）垂直运输和脚手架。

1）塔吊。

结构施工阶段垂直运输以两台 QTZ－40 塔吊为主，该机为水平臂架、小车变幅、上回转自升式多用途塔机。性能及技术指标国内领先，达到 90 年代初国际先进水平。最大工作幅度 40m，独立式起升高度为 31m，附着式起升高度可达 101m。其回转半径基本可覆盖整个工程。利用塔吊主要解决钢管、模板、钢筋以及部分砌块和砂浆的垂直和水平运输。塔吊的安装位置及装拆时的注意事项详见施工总平面布置及说明。

塔式起重机的安装和拆卸是一项既复杂又危险的工作，所以要求工作之前必须针对塔吊类型特点，说明书要求，结合作业条件制定详细的施工方案，包括作业程序，人员的数量和工作位置，配合作业的起重机械类型及工作位置，地锚的埋设、索具的准备和现场作业环境的防护等。对于自升塔吊的顶升工作，必须有吊臂保持平衡状态的具体要求，和顶升过程中的顶升步骤及禁止回转作业的可靠措施。塔吊的安装和拆卸工作必须由专业队伍并取得市有关部门核发的资格证书的人员担任，并设专人指挥。

2）龙门架。

当围护和隔墙开始砌筑时，按施工总平面图所注位置安装 6 个龙门架，主要解决砖块、砌块和砂浆的垂直运输以及装修阶段装修材料的运输。

3）脚手架。

采用落地式外脚手架，搭设高度 23.4m（13 步）。按市建设安全监督管理站所发布的施工现场安全生产、文明施工标准图集规定，脚手架搭设必须符合相关要求。

(4) 主体结构主要项目施工方法。

1) 模板工程。

在结构工程施工中，模板工程的质量好坏，起着决定性的作用，因此，为保证结构工程的质量，首先必须保证模板工程的质量。

① 对模板和支撑系统的基本要求。

② 杆件间距。立杆间距1.5m，大横杆步距1.8m，脚手架宽度宜1.0m。

③ 施工荷载。脚手架上最多有4层脚手板和1～2层作业层。施工荷载按2kN/m^2。当实际作业层有变化时，可按实际荷载进行设计计算，重新确定杆件间距。

④ 脚手架基础。立杆下部回填土分层夯实，按实际荷载进行设计计算，并绘制施工详图，采用浇筑混凝土地梁，高度不小于20cm，上面反铺12～16号槽钢。基础应有排水措施。

⑤ 剪刀撑。应沿脚手架长度和高度连续设置。为增加脚手架刚度，沿全长每隔6跨设置一道横向剪刀撑，横向剪刀撑可作成之字形也可做成十字形。

⑥ 连墙杆。连墙杆必须为刚性，其强度不低于10kN，连墙杆间距水平为3跨，垂直为2步并不大于建筑物层高。连墙杆作法应经过设计计算，并绘制施工详图。

⑦ 架体外侧用密目安全网封闭，密目网应封挂在外排架立杆的里侧。

2) 模板设计。

模板材料按柱子、墙体、梁板使用不同模板，原则上尽量采用大模板，充分发挥塔吊作用，以加快工程进度，提高工程质量。

① 柱子模板。采用北京市建筑工程研究院模架技术研究所研制的可调式柱模。采用一套模板可适用于不同截面柱的混凝土浇筑，也可用于变截面柱的浇筑，成型效果好，可做到清水混凝土的效果。支承系统用扣件脚手搭设四面加斜撑。

② 梁板模板。主要采用钢木组合式模板体系，板材采用18mm厚多层胶合板，龙骨背枋采用100mm×100mm方木，间距450～600mm。当梁高大于等于600mm时，在梁中间增设对拉螺栓（片），间距1000mm。紧固件采用ϕ12螺栓，配套用ϕ20PVC塑料管。承重及支撑采用ϕ48钢管。支撑的立杆间距为800～900mm，每1800mm设一道纵横水平连杆，用铸铁十字扣件连接。每隔两支立杆设一道剪刀撑，详见图7-18所示。

③ 配置数量。竖向结构配备一层，水平梁板结构配备两层成套模板，投入三层模板的钢管支撑系统材料。

④ 为塔吊退场所采取的技术措施。本工程在B区和D区处设有连廊，为充分利用塔吊，将塔吊的位置设在室外绿地靠近B区的位置，塔吊拆卸后，可利用B、D区的连廊一层的消防车道将塔吊运出。

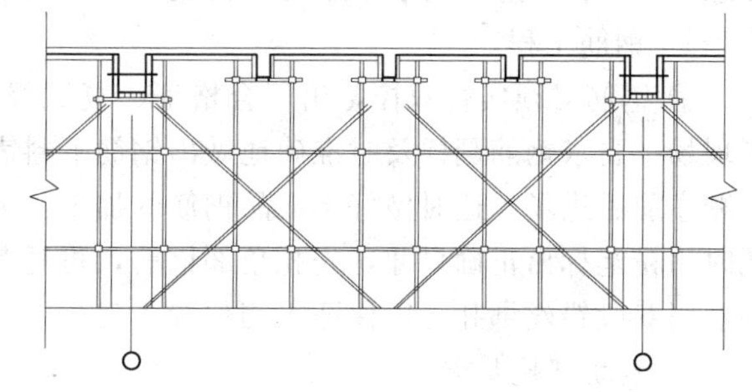

图7-18 楼盖模板布置图

3) 模板安装及操作要点。

① 模板安装必须按模板工程施工方

案进行，不得任意变动。纵横钢楞、对拉螺栓及各受力支撑的实际安装位置与方案规定相差不应超过 50mm，如超过应进行验算。模板周边要求顺直，拼缝严密，板缝应不大于 1.5mm。立模前，模板表面应清理干净，并刷一道隔离剂。

② 模板及其支承系统在安装过程中，必须设置足够的临时固定设施，以防倾覆。木方的小面要作刨平处理，以保证与胶合板紧密配合，大面不得弯曲变形，无死节、无断裂。

③ 安装柱、墙、梁等模板时，上口必须拉通线找直，支撑要牢固可靠。安装柱卡、梁卡时，要按几何尺寸的对角线控制模板归方，有误差时可用卡具上的斜撑、螺栓松紧来调整。所有柱模板，应在根部设检查孔，以便在混凝土浇筑前检查模内是否有杂物，确保无杂物、无积水，方可封闭检查口。柱长边尺寸大于 600mm 的应设对拉螺栓。

④ 为提高模板周转和安装效率，事先应按工程轴线位置、尺寸将模板编号，以便定位使用。拆除后的模板，应按区段编号整理、堆放，安装操作人员也相应执行定区段、定编号的岗位负责制。

⑤ 所支模板必须满足强度、刚度和稳定性要求。当梁的跨度＞4m 时，所支梁的底模必须要有 0.1%～0.3%的起拱。

4）模板拆除。

① 拆模应由支模的人员来进行，因为他们对模板构造和安装程序比较熟悉，拆起来顺当。遵循先支后拆、后支先拆、先非承重部位和后承重部位以及自上而下的原则，按次序、有步骤地进行拆模，不应乱打乱撬。拆下的模板、扣件等配件，严禁抛扔，要有人接应传递，按指定地点堆放。做到及时清理、维修和涂刷好隔离剂，以备下次使用。

② 除了非承重侧模应以能保证混凝土表面及楞角不受损坏时（大于 1.2MPa）方可拆除外，承重模板应按《混凝土结构工程施工质量验收规范》（GB50204—2002）的有关规定执行。

③ 在拆除模板的过程中，如发现混凝土有影响结构安全的质量问题时，应暂停拆除。经过处理后，方可继续拆除。

④ 已拆除模板及其支架的结构，应在混凝土强度达到设计标号后，才允许承受全部计算荷载。当承受施工荷载大于计算荷载时，必须经过核算，加设临时支撑。

⑤ 大跨度梁模板支撑拆除时，应从中间向两端对称拆除。

⑥ 一般情况下，拆除多层钢筋混凝土结构的模板支柱时，正在施工浇筑的楼板之下一层楼板的模板支柱不准拆除。拆除再下层模板支柱时，对于较大跨度（4m 以上）的梁和悬臂板、梁，应及时装回临时安全支柱（回头顶），支柱间的距离均不大于 3m。

5）钢筋工程。

① 钢筋必须实行双控，出厂合格证、复试报告缺一不可，不合格钢筋应立即退出施工现场。要求钢筋翻样及时准确地做出钢筋下料表、各种规格钢筋的进料计划，按钢筋绑扎顺序前后进场，适时做好半成品钢筋的加工，力争半成品钢筋随出、随吊、随绑扎。绑扎时用粉笔标出正确尺寸，先扎角部钢筋，再扎其余部位的钢筋，梁箍筋绑扎时每隔 1m 左右用双股铅丝绑扎，以保证主筋位置正确。

② 钢筋绑扎要求。

a. 钢筋的交叉点应用铁丝绑扎牢，每一扎点要拧转两圈半。

b. 单向受力钢筋网，除周围两行钢筋的交叉点应全部扎牢外，中间部分可隔一点扎一点，但钢筋绑扎方向必须互相形成八字形。双向受力钢筋网，所有钢筋交叉点必须全部扎牢。

c. 梁和柱中的箍筋应与受力钢筋相互垂直，箍筋弯钩叠合处，应沿受力钢筋方向错开设置。

d. 钢筋绑扎接头的搭接长度要符合规定，搭接处应在中心和两端用铁丝扎牢。受力钢筋的接头位置要相互错开，并不位于构件最大弯矩处。

e. 钢筋绑扎安装完毕后，应检查配置的钢筋级别、直径、根数和间距是否符合设计要求。绑扎或焊接的钢筋网和钢筋骨架如有变形、松脱和开焊现象，应及时修理完好。

f. 混凝土保护层厚度要保证，应在竖向钢筋上安塑料卡环，或在与模板的间隙处垫以水泥砂浆垫块，不得用石子挤塞，也不得采取边浇混凝土边提拉钢筋的办法。楼板的弯起负钢筋、负弯矩钢筋绑好后，不准在上面踩踏行走，浇筑混凝土时派钢筋工专门负责修理，保证负弯矩钢筋位置正确。浇完混凝土后立即修正插筋的位置，防止柱插筋位移。

g. 钢模板涂隔离剂时不污染钢筋。

③ 钢筋的绑扎。

a. 柱子钢筋绑扎。按设计要求的箍筋间距和数量，先将箍筋按弯钩错开要求套进柱子主筋，在主筋上用粉笔标出箍筋间距，然后将套好的箍筋向上移动，由上往下用铅丝绑扎，箍筋应与主筋垂直，箍筋转角与主筋交点均要绑扎，主筋与箍筋非转角部分的相交点成梅花或交错绑扎，框架梁钢筋应放在柱的竖向钢筋内侧，柱筋控制保护层可用塑料卡或水泥砂浆垫块绑在柱主筋外皮上，间距为1000mm，以确保钢筋保护层厚度的正确。

b. 梁、板钢筋绑扎。梁钢筋在底模上绑扎，先按设计要求的箍筋间距在模板上划好线，然后按以下次序进行绑扎：

将主筋穿好箍筋，按已划好的间距逐个分开→固定弯起筋和主筋→穿次梁弯起筋和主筋并套好箍筋→放主筋架立筋、次梁架立筋→隔一定间距将梁底主筋与箍筋绑牢→绑架立筋→绑主筋。

主、次梁同时配合进行。梁的纵向受力钢筋如为双排或三排时，两排钢筋之间应垫以直径25mm的短钢筋。主梁的纵向受力钢筋在同一高度遇有垫梁、边梁时，必须支承在垫梁或边梁的受力钢筋之上，次梁钢筋应放在主梁受力钢筋之上。楼板钢筋绑扎时，应注意板上部的钢筋要防止被踩下。

④ 钢筋的连接。按设计要求，首层柱钢筋采用机械连接。根据本公司现有技术条件，宜采用套筒挤压连接，这是一种将两根待接钢筋插入钢套筒，用挤压连接设备沿径向挤压钢套筒，使之产生塑性变形，依靠变形后的钢套筒与被连接钢筋纵、横肋产生的机械咬合成为整体的钢筋连接方法。

挤压工艺准备工作包括：钢筋端头的锈、泥沙、油污等杂物应清理干净。钢筋与套筒应进行试套，如钢筋有马蹄、弯折或纵肋过大者，应预先矫正或用砂轮打磨。对不同直径钢筋的套筒不得串用。钢筋端部应划出定位标记和检查标记，定位标记与钢筋端头的距离为钢套筒长度的一半，检查标记与定位标记的距离一般为20mm。检查挤压设备情况并进行试压，符合要求后方可作业。

挤压作业：宜先在地面上挤压一端套筒，在施工作业区插入待接钢筋后再挤压另一端套筒。压接就位时，压模应对正钢套筒压痕位置的标记，并应与钢筋轴线保持垂直。压接钳施压顺序由钢套筒中部顺次向端部进行。每次施压时，主要控制压痕深度。

6）混凝土浇筑。

本工程结构所采用的混凝土品种、设计强度详见“结构设计总说明”，除少数构造柱、圈梁混凝土在现场自拌外，绝大部分采用商品混凝土，采用混凝土输送泵车浇筑，混凝土的浇筑、振捣、试块制作、养护、施工缝留设基本与基础相同。

① 泵送混凝土供应。项目部应根据施工进度需要，编制泵送混凝土供应计划。在施工过程中，加强通讯联络和调度，确保连续均匀地供给混凝土。泵送混凝土的交货检验，应在交货地点，按国家现行《预拌混凝土》的有关规定进行。

② 泵送混凝土的输送。

采用混凝土搅拌运输车，混凝土搅拌运输车的现场行驶道路，应符合下列规定：

a. 混凝土搅拌运输车行车的线路宜设置成环行车道，并应满足重车行驶的要求。

b. 车辆出入口处，宜设置交通安全指挥人员。

c. 夜间施工时，在交通出入口的运输道路上，应有良好照明；危险区域，应设警戒标志。

③ 混凝土浇筑时应注意的要点。

a. 在浇筑工序中，应控制混凝土的均匀性和密实性。混凝土拌合物运至浇筑地点后，应立即浇筑入模。在浇筑过程中，如发现混凝土拌合物的均匀性和稠度发生较大的变化，应及时处理。

b. 浇筑混凝土时，应注意防止混凝土的分层离析。混凝土由出料口卸出进行浇筑时，其自由倾落高度一般不宜超过 2m，在竖向结构中浇筑混凝土的高度不得超过 3m，否则应用串筒、溜管等下料。

c. 浇筑竖向结构混凝土前，底部应先填以 50～100mm 厚与混凝土成分相同的水泥砂浆。混凝土的水灰比和坍落度，应随浇筑高度的上升，酌予递减。

d. 浇筑混凝土时，应经常观察模板、支架、钢筋、预埋件和预留孔洞的情况，当发现有变形、移位时，应立即停止浇筑，并应在已浇筑的混凝土凝结前修整完好。

e. 混凝土在浇筑和静置过程中，应采取措施防止产生裂缝。由于混凝土的沉降及干缩产生的非结构性的表面裂缝，应在混凝土终凝前予以修整。在浇筑与柱和墙连成整体的梁和板时，应在柱和墙浇筑完毕后停歇 1～1.5 小时，使混凝土获得初步沉实后，再继续浇筑，以防止接缝处出现裂缝。

对于有预留洞、预埋件和钢筋密集的部位，应预先制定好相应的技术措施，确保顺利布料和振捣密实。在浇筑混凝土时，应经常观察，当发现混凝土有不密实等现象，应立即采取措施。水平结构的混凝土表面，应适时用木抹子磨平搓毛两遍以上。必要时，先用铁滚筒压两遍以上，以防止产生收缩裂缝。

④ 填充墙砌筑。

a. 本工程填充墙墙体材料除特殊注明者外，均选用加气混凝土砌块，采用 M5 混合砂浆砌筑。砌体墙的拉结筋的设置、构造柱、过梁的配置要求详见“结构设计总说明”。砌体工程施工前须根据施工图和砌块尺寸、垂直灰缝的宽度、水平灰缝的厚度等，计算砌块的皮数和排数，以保证砌体的尺寸。砌筑前，应按施工图放出墙体的边线，将楼面局部找平，并立好皮数杆。皮数杆上注明门窗洞口、木砖、拉结筋、圈梁、过梁的尺寸标高。皮数杆应垂直、牢固、标高一致。常温下在砌筑前一天应将砌块浇水湿润，但砌块的含水率宜控制在5%～8%。砂浆配合比应经试验室确定，并准备好砂浆试模。

b. 砌体工程所用的材料应具有质量证明书，并应符合设计要求，有复试要求的应在复试合格后方可使用。砌筑砂浆为混合砂浆，设计强度等级M5，砂浆配合比应用重量比，计量精度为，水泥±2%，砂及掺合料±5%。砂浆应随拌随用，一般在拌合后3～4小时用完，严禁使用过夜砂浆。砌筑时，灰缝应横平竖直，砂浆饱满，以保证砌块之间有良好的黏结力。砌体的上下皮砌块应错缝砌筑，当搭接长度小于砌块的1/3时，水平灰缝中应配置钢筋加强，临时间断处应砌成阶梯形斜槎，不允许留直槎。

构造柱、圈梁、过梁的各种预留洞、预埋件等，按设计要求设置，避免事后剔凿。转角及交接处同时砌筑，不得留直槎，斜槎高不大于1.2m。拉通线砌筑时，随砌、随吊、随靠，保证墙体垂直、平整，灰缝砂浆饱满，墙底部应砌普通机砖，其高度不宜小于200mm。常温条件下，砌块墙的日砌筑高度，宜控制在1.5m或一步脚手架高度内。

当砌至板或梁底时，最后一层应待砌体沉实后（约5天）用黏土砖斜砌，与梁底或板底顶紧，砌筑砂浆应饱满。

c. 构造柱、圈梁、墙梁施工。上述构件的钢筋均可经翻样后预制，以加快进度。模板采用九层胶合板制作，取其重量轻，制作安装方便，尺寸自由的优点。圈梁、墙梁、构造柱模板均用对拉螺栓固定。

（5）主体结构质量保证措施（基础工程已采取的措施不再重复）。

1）模板工程质量保证措施。

① 采用先进的模板体系，本工程柱模和墙模采用北京市建筑工程研究院模架技术研究所研制的可调式柱模和企口式中型组合钢模板，该产品组装灵活、通用性强，施工操作简单方便，模板易清理，成型效果好，可做到清水混凝土的效果。

② 进场前严格检查。

③ 防止模板漏浆的措施。

④ 防止胀模、偏位的措施。

2）钢筋工程质量保证措施。

① 钢筋绑扎做到“七不准”和“五不验”。

② 钢筋保护层的控制。

③ 柱子钢筋定位措施。

④ 箍筋质量控制。

⑤ 水电线盒的固定。

⑥ 防止钢筋污染措施。

⑦ 板筋绑扎时的成品保护。

3）混凝土工程质量保证措施。

① 防止楼板表面出现干缩裂缝的措施是采用二次抹压工艺。具体操作方法。

② 卫生间隔墙砌体的防水处理。

③ 混凝土结构开裂的防治措施。

④ 剪力墙洞口、楼梯混凝土浇筑质量保证措施。

4）砌块墙砌筑质量保证措施（略）。

5）本工程采用的新技术、新工艺、专利技术（略）。

3. 装修工程施工方案

（1）装修工程简介（略）。

（2）装修阶段的管理措施（略）。

（3）装修阶段的垂直运输及脚手架。

1）垂直运输以龙门架为主。

2）外檐装修作业采用原结构施工阶段的落地式外架子。内装修脚手架，视房间的层高而定，可使用高低适中的活动升降架，铺脚手板，或用钢管搭满堂脚手架。

（4）装修工程工艺流程。

① 外部装修：屋面工程→外墙面砖、外墙抹灰、玻璃幕墙、外墙涂料→拆外架子→室外台阶、散水。

② 内部装修：立门窗框→顶棚、内墙面抹灰、瓷砖镶贴→吊顶安龙骨→楼地面→顶棚、内墙面刷乳胶漆→吊顶安罩面板、门窗扇安装、其他木装修→木制品油漆、楼梯护栏、灯具安装。

（5）装修工程主要项目施工方法。

1）屋面工程。

① 工程做法（以上人保温屋面为例）。

a. 卧铺 10mm 厚缸地砖面层，干水泥扫缝，每 3m×6m 留 10mm 宽缝，填 1∶3 石灰砂浆。

b. 25mm 厚 1∶3 干硬性水砂浆结合层（撒素水泥面，洒适量清水）。

c. 刚性防水面层一道，40mm 厚 C20 细石混凝土捣实压光，内配双向 $\phi4$ 钢筋，间距 150mm。按纵横小于 6m 设置分格缝，缝中钢筋断开，缝宽 20mm，与女儿墙留缝 30mm，缝内均用接缝密封材料填实密封。

d. 隔离层干铺 350 号沥青卷材一层。

e. 1.2mm 厚合成高分子卷材防水层一道。本道卷材横纵搭接≥100mm，均用配套黏结剂满粘密实。

f. 20mm 厚 1∶3 水砂浆找平层，刷处理剂一遍。

g. 1∶6 水泥焦渣找 2%坡，最薄处 30mm 厚。

h. 50mm 厚聚苯乙烯泡沫塑料板。

i. 钢筋混凝土屋面板。

② 屋面工程施工前的要求（略）。

③ 材料质量检查（略）。

④ 屋面工程主要项目施工方法。

a. 聚苯乙烯泡沫塑料保温板铺贴。应找平拉线铺设，铺设前先将基层清扫干净，板块应紧密铺设、铺平、垫稳。保温板缺棱掉角，可用同类材料的碎块嵌补，用同类材料的粉屑加适量水泥填嵌缝隙。表面应与相邻两板高度一致。保温层如需留设排气槽时，应在做砂浆找平层分格缝排气道处留设，不得遗漏。在已铺完保温层上行走或用胶轮车运输材料，应在其上铺脚手板。

b. 水泥焦渣找坡层。炉渣的粒径为5～40mm，表观密度为500～800kg/m^3，导热系数为0.16～0.25W/M.K，不含杂质。材料应经筛选，并适当洒水预湿。应先根据保温层厚度拉线找出2%坡度，铺设顺序由一端退着向另一端进行，分别用平板振动器振捣密实。表面抹平，做成粗糙面，以利与上部找平层结合。

c. 找平层施工。找平层施工的质量好坏，对保证卷材铺贴的质量有密切关系，施工时必须予以重视。铺砂浆前，基层表面应清扫干净并洒水湿润（有保温层时不得洒水），应按规范要求留分格缝，砂浆铺设应由远到近、由高到低进行，最好在每分格内一次连续铺成，严格掌握坡度，可用2m左右长的方尺找平。待砂浆收水后，用抹子压实抹平；终凝前，轻轻取出嵌缝条，完工后表面少踩踏。注意气候变化，雨天和气温低于0℃时，不宜施工。铺设12小时后，需洒水养护。找平层硬化后，用密封材料嵌填分格缝。

d. 防水卷材用设计要求的合格产品，铺贴前应注意气候等情况。夏季施工时，屋面如有露水潮湿，应待其干燥后方可铺贴卷材，并避免在高温烈日下施工。严格按照产品说明书、工艺要求操作。应采取措施保证胶结材料的使用温度和各种胶黏剂配料称量的准确性。对泛水、天沟、阴阳角部位重点对待，在屋面的拐角、管道根部等重点部位加铺一层防水卷材，以确保这些部位不发生渗漏。为保证卷材搭接宽度和铺贴顺直，应严格按照基层所弹标线进行。

e. 刚性防水层施工。合成高分子卷材防水层施工完毕，再在其上干铺350号沥青卷材一层作隔离层。做好隔离层继续施工时，要注意对隔离层加强保护，混凝土运输不能直接在隔离层表面进行，应采取垫板等措施，绑扎钢筋时不得扎破表面。

按设计要求留好分格缝，钢筋网铺设按设计要求，其位置以居中偏上为宜，保护层不小于10mm。分格缝处钢丝要断开，可先在隔离层上满铺钢丝绑扎成型后，再按分格缝位置剪断的方法施工。

浇筑混凝土前，应将隔离层表面浮渣、杂物清理干净，检查隔离层质量及平整度，排水坡度和完整性；支好分格缝模板，标出混凝土浇筑厚度，混凝土搅拌采用机械搅拌，应准确计量，投料顺序得当，搅拌均匀。混凝土的浇捣按“先远后近、先高后低”的原则进行，一个分格缝内的混凝土应一次浇捣完成，不得留施工缝。

铺设、振动、滚压混凝土时必须严格保证钢筋间距及位置的正确。

混凝土收水初凝后，及时取出分格条隔板，用铁抹子第二次压实抹光，并及时修补分格缝的缺损部分，做到平直整齐。待混凝土终凝前进行第三次压实抹光，要做到表面平光，不起砂、起层，无抹板压痕为止，抹压时，不得洒干水泥或干水泥砂浆。混凝土终凝后，必须立即进行养护，优先采用表面喷洒养护剂养护，也可用蓄水养护法，养护时间不少于14天，期内禁止上人或在上继续施工。

⑤ 屋面特殊部位的处理。

a. 水落口（略）。

b. 泛水与卷材收头（略）。

2）外墙面砖施工。

外部装修以外墙面砖为主，其特点是质地密实、釉面光亮、耐磨、耐水、耐腐蚀和抗冻性能好，给人以光亮晶莹、清洁大方的美感。

① 工艺流程。

a. 基层处理。在主体结构施工时，就从屋顶贴砖处往下计算，控制门窗过梁的位置，对门窗洞口的大小及位置稍作调整，以保证不出现非整砖。基层抹灰时，从山墙的一端量至伸缩缝处，再除以砖宽加砖缝宽，看是否能整除。如果不能整除时，多余的或不够的部分都不应超过 3cm。余数可用三种方法解决：一是对山墙抹灰厚度加以调整；二是在伸缩缝处多留或少留一点，用伸缩缝的盖板宽度调整；三是将砖缝宽窄稍作调整。门窗洞口边如果不是整砖，可用抹灰厚度调整，但必须保证洞口边为直角，窗能开启 90°。

当上述问题基本有把握解决后开始抹灰冲筋，标筋间距为 1.5～2m。抹灰打底前 1 天要将墙面浇水湿透，用 1∶3 水泥砂浆抹灰，用铝合金刮尺刮平，木抹子搓毛，浇水养护 2～3 天，干后检查底灰平整度，偏差不超过 1.5mm，用小锤敲击，检查有无空鼓，如果有空鼓应及时修整。基层抹灰是面砖粘贴的基础，影响整个面砖的质量，因此检查时要认真仔细，如果发现底层灰空鼓和平整度偏差较大时，必须坚持返工。

b. 排版弹线。对整个墙面进行排版弹线，先弹竖直控制线，用经纬仪复查，再弹水平线。将所有的线全部弹出，包括门窗洞口边线等。这样便于检查，上下左右相邻面砖灰缝调整幅度不超过 1mm。

c. 面砖粘贴。首先将采购的面砖进行检验。在规格、级别、色号相同的产品中，以 30 箱为一组，不足部分仍为一组，平均抗折强度不得低于 5MPa，其中单块最小值不低于 4MPa；吸水率小于 10%；冻融试验反复 25 次后，无裂纹、起鼓、剥落等现象为合格产品。面砖要挑选，颜色和尺寸不同的应剔除；表面平整、边缘整齐、无缺釉、裂纹、暗痕、缺棱掉角等现象；勾缝的砂子用 2mm 筛孔过筛，其含泥量小于 3%；主要机具为手提式切割机、电动砂轮机；组织施工人员学习规范，进行详细的书面交底和现场交底。

提前一天将面砖浸水，贴前拿出晾干，先贴竖直控制行，从边大角开始，间距为 5～6m，再贴横控制行，间距为两步架高（约 3.6m）。控制行面砖贴好以后，用细棉线作控制线，横行、竖行都挂好，控制行内贴砖自左向右，自上而下。水平直角采用 45mm 拼角，竖向角如窗上下泛水边采用 15mm 坡度切角，铺贴砂浆，掺 10%的 107 胶。在砖背面刮满砂浆，厚度为 6～8mm，用力挤压，并用灰刀柄轻轻敲实。

贴完一排面砖检查一次，有时砂浆太稀或墙面太湿，面砖可能出现滑动。如果在高温季节贴砖勾缝，4 小时后就应进行养护，养护时间不少于 2 天。

d. 面砖勾缝。大面积面砖贴完后，进行全面检查，将空鼓、错位的面砖用彩色粉笔加以标记，然后逐块进行修整，直到确认无误后开始勾缝。勾缝用 1∶1 水泥砂浆掺 3%的铁黑（掺用量根据需要确定），掺用铁黑的目的是使勾出的缝颜色比水泥砂浆颜色深，呈黑色，干后使缝显得更漂亮。用木抹子将水泥砂浆压入缝内，将缝填平，再用槽刨抽缝，中间铁芯宽 8mm，凸出 4mm，做成方缝。用槽刨在缝内来回搓，直到缝深度符合要求，缝表面水泥砂浆光滑、无孔洞、无蜂窝为止，抽缝时应注意不要损坏面砖边缘。抽缝完毕，将砖表面的砂浆用棉纱擦干净后，用 10%的盐酸溶液擦洗，用净水冲洗干净。拆架子前再由公司质检部门仔细检查一遍，包括空鼓、面砖错位、砖缝的饱满度及平整度等。如果需要剔除，必须先用切割机将缝切开后轻轻剔除，以免使其他面砖空鼓。拆架子后墙面的脚手架眼及管道周围缝隙，用 1∶3 水泥砂浆分次堵严，待洞口与基层抹平 2 天后，再将面砖补上。

e. 检查把关。面砖粘贴过程中，要勤于检查。施工班组要自检，对不符合要求的面砖要返工；施工员要督促，并制定有效的措施，认真执行；公司质检人员要全面检查，总体把关。

② 质量控制目标（略）。

③ 保证质量的措施（略）。

④ 成品保护（略）。

3）外墙涂料墙面施工。

外墙腰线采用深灰色及白色涂料墙面，勒脚采用仿石涂料墙面。外部采用涂料作装饰的本分项工程，工程量不大，但对表面平整度要求严格，且由于天津地区冬、夏季温差大，冬季室内温差大。根据我们历年来的经验，外墙在经过一个采暖期后，外墙面抹灰层出现空鼓、开裂的现象较多，为解决该问题，确定采取以下针对性的措施：

做好底糙以后，按设计或与甲方商定的分格线位置弹好线，用小型切割机沿线割一条缝，缝深达砖基层表面，也就是说将底糙全部割开。采取这一措施的目的主要是考虑到按常规做的分格缝太浅，整个抹灰面仍然是一块整体，热胀冷缩的应力无法释放，将底糙割开后，其实就起了伸缩缝的作用。因现在分格条都采用塑料条子了，然后按常规做法用水泥砂浆先把分格条嵌好，正好把割的缝盖住。抹面层砂浆时，在水泥中掺入水泥重量 3%的雪佳 1－1 密实剂，用法详见说明书。具体操作时，还应注意以下几条：

① 密实剂的掺量，计量必须正确，砂浆搅拌必须充分和均匀。

② 砂采用平均粒径 0.35～0.5mm 的中砂应过筛，要求坚硬洁净，不得含有杂物。

③ 抹面层砂浆时，不要让阳光直接照到抹灰面上，应采取遮挡措施，12 小时后及时喷水养护，时间不少于 7 天。

4）内墙及顶棚抹灰。

① 内墙抹灰营造做法。

a. 刷乳胶漆。

b. 5mm 厚 1∶0.3∶2.5 水泥石灰膏砂浆抹面压实抹光。

c. 6mm 厚 1∶1∶6 混合砂浆抹平扫毛。

d. 6mm 厚 1∶0.5∶4 水泥石灰砂浆打底扫毛。

e. 加气混凝土界面剂一道。

② 内墙抹灰施工方法及要求。

a. 施工前，先检查门窗框位置是否正确，缝隙有否嵌实，木门框有否采取保护措施。

墙体和混凝土等基体表面的凹陷部位，用1∶3水泥砂浆分层补齐，分层厚度不得大于8mm。砖砌体与混凝土面交接处钉铁丝网，电线管、消火栓箱、配电箱安装完毕，正面贴好保护膜，背后露明部分钉好铁丝网，接线盒用纸堵严。

b. 根据设计图纸要求的抹灰质量等级，按基层表面平整垂直情况，吊垂直、套方、找规矩，经检查后确定抹灰层厚度，用1∶3水泥砂浆做成灰饼。室内墙面的阳角、柱面的阳角和门窗洞口的阳角，应用1∶2.5水泥砂浆做护角，其高度应与门窗洞口高度一致，做于洞口时，抹过墙角各100mm，做于门窗口时，一侧抹过门窗口100mm，另一面压入门窗框灰口线内。护角做完后，应及时用清水刷洗门窗框上的水泥浆。

c. 墙面冲筋，用与抹灰层相同的砂浆冲筋，冲筋的根数应根据房间的宽度或高度来确定，筋宽一般为5cm，冲筋的形式应为目前流行的日字筋。

d. 一般情况下，冲完筋后2小时左右可以抹底灰，抹灰时先薄薄的刮一层，接着分层装档、找平，再用大杠垂直、水平刮找一遍，用木抹子槎毛，抹灰后应及时将散落的砂浆清理干净。当底灰六、七成干时，即可开始抹罩面灰，先薄薄刮一遍，随即抹平，按先上后下顺序进行，最后用铁抹子压光。

③ 顶棚抹灰。顶棚抹灰因采用新多层胶合板作为框架结构的模板，板底平整度好，拼缝少。根据混凝土顶板板底不刮糙，直接批腻子成活新工艺，除可节约材料外，重点解决了顶棚抹灰层空鼓、开裂、脱落的质量通病。其工艺如下：

a. 基层检查。根据允许偏差值检查，板底平整度2mm（用2m靠尺和塞尺检查）；梁板阴角顺直2mm（用2m靠尺检查）；梁侧面垂直度1mm（用1m靠尺检查）梁截面尺寸3mm（尺量检查）。实测合格率应在90%以上。检查时发现超差的点，直接用粉笔做出标记。

b. 基层处理。挑选干活细致、耐心的若干工人进行整修。

c. 批腻子。基层在前一天晚浇水湿润，批嵌三遍成活。材料配合比为（重量比）白水泥∶老粉∶107胶，第一刀配合比6∶4∶10；第二刀为5∶5∶9.5；第三刀为4∶6∶9。其余工序同一般乳胶漆墙面。

5）矿棉吸音板吊顶安装（略）。

6）地砖楼地面（略）。

7）水磨石楼地面（略）。

8）铝合金门窗安装（略）。

7.2.3 施工进度计划

（1）施工进度计划编制依据为现有图纸资料及招标文件。

（2）网络计划主要考虑在基础施工阶段，使临时设施的搭设和打工程桩同时进行，挖土、浇垫层、扎筋、支模、浇混凝土等工序按划分的施工段相互搭接，作有序的流水作业，尽量缩短工期。

（3）塔吊在挖土阶段即行安装，以便在基础施工时发挥作用。

（4）结构施工阶段不单纯追求速度而降低质量，水、电、暖、空调安装应紧密配合，工期和工程进度计划网络图见书末图三。

7.2.4 资源配置计划（见表7-5～表7-8）

表7-5　施工机械设备一览表

序号	机具名称	规　格	数量	用电功率（kW）	用　　途
1	静力压桩机	YZY型	2	30	压桩
2	载重汽车		4		运桩
3	挖土机	W1－100	1		土方开挖
4	小型压路机	8T	1		施工道路垫层碾压
5	塔式起重机	QTZ－40	2	45.6	垂直运输
6	卷扬机	1T	4	37.5	垂直运输
7	混凝土搅拌机	400L	4	30	砂浆、混凝土搅拌
8	砂浆搅拌机	200L	4	12	砂浆搅拌
9	插入式振动机	HZ－70	5	5.5	混凝土振捣用
10	平板振动机		2	3	混凝土振捣用
11	蛙式打夯机	HW－60	2	6	回填土夯实
12	钢筋调直机	GT3/9	1	9.5	钢筋加工
13	钢筋切断机	QJ40－1		5.5	钢筋加工
14	钢筋弯曲机	WJ40	1	3	钢筋加工
15	电弧焊机	BX3－300－2	2	46.8kVA	钢筋焊接
16	木工圆锯机	MJ104	1	1.5	模板制作
17	木工平刨	MB103	1	1.5	模板制作
18	潜水泵		8	16 *	基坑排水
19	对焊机		1	100kVA	钢筋对焊
20	小型翻斗车		6		材料运输
合　计				160.6	

表7-6　基础工程劳动量一览表

序号	项目名称	劳　动　量（工　日）						
		打桩工	木工	钢筋工	混凝土工	普工	瓦工	小计
1	打预制混凝土管桩	1542						1542
2	挖运土方（机械/人工）					2209		2209
3	C10混凝土垫层		146		336			482
4	钢筋混凝土桩承台基础		386	357	1244			1987
5	基础梁		1941	1124	947			4012
6	砌砖基础						978	978
7	人工回填土					642		642
8	钢筋混凝土满堂底板		1	6	9			16
合　计		1542	2474	1487	2536	2851	978	11868

表 7-7　　主体工程主要工程量及劳动量表

序号	项目名称	劳 动 量（工 日）						
		木工	钢筋工	混凝土工	架子工	瓦工	钣金	小计
1	现浇柱	2429	1573	1890				5892
2	圈过梁	516	109	370				995
3	矩形单梁	25	8	9				42
4	圆形多角形柱	56	16	24				96
5	电梯井壁	41	8	15				64
6	有梁板	17787	9821	6721				34329
7	楼梯	1414	255	765				2434
8	挑檐、天沟	539	30	49				618
9	零星构件	51	8	13				72
10	钢筋调整		5879					5879
11	铁件调整						125	125
12	雨篷	168	30	49				247
13	栏板	569	137	230				936
14	构造柱	377	282	843				1502
15	砌砖墙					109		109
16	砌加气块墙					5690		5690
17	综合脚手架				4309			4309
合　计		23972	18156	10978	4309	5799	125	61837

表 7-8　　装修工程劳动量一览表

序号	项目名称	劳 动 量（工 日）						
		木工	混凝土工	抹灰工	油漆工	钣金 电焊	防水工	普工	小计
1	素土夯实							167	167
2	灰土垫层							2737	2737
3	混凝土垫层		931						931
4	细石有筋混凝土地面		1166						1166
5	聚胺酯防潮层						70		70
6	整体地面			61					61
7	内墙抹灰			7835					7835
8	纸胎油毡屋面						483		483
9	外墙抹灰			4002					4002
10	干铺碎石							659	659
11	水磨石楼地面			8144					8144
12	花岗岩楼地面			2058					2058

续表

序号	项目名称	劳动量（工日）							
		木工	混凝土工	抹灰工	油漆工	钣金电焊	防水工	普工	小计
13	缸砖楼地面			2024					2024
14	碎石灌浆		41						41
15	花岗岩楼梯踏步			1024					1024
16	1：6水泥焦渣泛水						1034		1034
17	泡沫塑料板保温						1537		1537
18	讲台			94					94
19	卷材防水屋面						240		240
20	混凝土顶棚抹灰			3353					3353
21	铝合金玻璃幕墙	763							763
22	砖台阶							24	24
23	不锈钢楼梯栏杆					21			21
24	隔断	253							253
25	内墙贴瓷板			6800					6800
26	零星抹灰			206					206
27	大理石窗台板			220					220
28	外墙涂料				15668				15668
29	顶棚吊顶	3082							3082
30	防静电楼地板	1866							1866
31	钢化玻璃雨篷	94							94
32	铝合金门窗安装	9870							9870
33	木制门窗安装	1188			1316				2504
34	刷乳胶漆				1733				1733
35	预制混凝土窗台板	67	75			152			294
36	PWA型通风道			187					187
37	钢挑檐					893			893
38	铁皮盖板伸缩缝						44		44
39	栏杆、扶手	551			141	426			1118
40	散水、台阶等			385					385
合　计		17734	2213	36393	18858	1492	3408	3587	83685

7.2.5 施工现场平面布置图

（1）工地围墙。按施工总平面图所示位置砌筑，围墙用红砖空斗砌筑，高 2.2m，上设压顶，内外粉刷。工地设南、西两个大门（见书末图四）。

（2）起重机械布置。采用 QTZ－40 塔式起重机两台，按图示位置布置。QTZ－40 塔式起重机拆卸时，如走廊部分结构全部浇好，则塔吊将无法退场，因此考虑在总图所注红线范围内走廊框架先预留插筋，待主体完卸塔后再施工该处框架。进入围护砌筑前，按图示位置搭设龙门架 4 个，作砌块、砂浆和装修阶段建筑材料的垂直运输用。

（3）搅拌站、加工厂、仓库、材料、构配件堆场布置。临时设施的搅拌站、水泥库、仓库、木工棚采用砖墙、木门窗、石棉瓦屋顶。钢筋工棚采用钢管骨架，上盖石棉瓦。

钢筋、模板、钢管、砂、石堆场作硬化处理，具体做法为场地先用压路机压实，铺 60mm 厚碎石垫层，再用压路机压实后，浇 40mm 厚 C20 细石混凝土随捣随抹平。

（4）施工道路的修筑。建筑物外墙翻开 2.5m（留好架子搭设和临时管线敷设位置），浇筑 4～6m 宽施工道路。具体做法：100mm 厚级配砂石，用 10T 压路机或蛙式打夯机压实，浇 200mm 厚 C20 混凝土随捣随抹平。

（5）办公、生活设施布置。办公用房设在南大门（主大门）进来，便于上级部门检查和项目部管理人员就近管理。职工宿舍、食堂等生活设施设在建筑建筑物南侧和西侧空地上。

下水布置为沿拟建建筑物外架子四周设置排水沟，排水沟截面尺寸为 300mm×300mm，排水沟有 0.3%泛水，排水口就近通向马路窨井或附近水池。

（6）水、电管线布置。供水设施的布置：由建设单位指定的接水口，采用 DN100 总管接入工地，采用 $\phi50$ 给水干管沿施工道路及建筑物周边布置。其他支线采用 $\phi25$PV 管，水管埋入地下 600mm。

用电布置：由建设单位提供的电源接出电缆线，沿围墙或埋地敷设。设总配电箱一个，分配电箱根据现场实际需要而设，再由分配电箱利用埋地电缆接至各用电设备的开关箱。

7.2.6 主要技术组织措施

（1）施工项目组织协调。

对施工项目来说，协调是各项管理目标控制的保障。

（2）冬、雨季施工措施（略）。

（3）施工安全保证措施（略）。

（4）现场文明施工措施（略）。

（5）施工现场环保措施（略）。

（6）施工现场维护措施（略）。

参　考　文　献

［1］ 李建华，孔若江主编．建筑施工组织与管理（第三版）．北京：清华大学出版社，2003.3.

［2］ 李建峰主编．建筑施工．北京：中国建筑工业出版社，2004.2.

［3］ 蔡雪峰主编．建筑工程施工组织管理．北京：高等教育出版社，2002.7.

［4］ 王芳，范建洲主编．工程项目管理．北京：科学出版社，2007.9.

［5］ 邓寿昌，李晓目主编．土木工程施工．北京：北京大学出版社，2006.12.

［6］ 桑培东，亓霞主编．建筑工程项目管理（第二版）．北京：中国电力出版社，2006.11.

［7］ 郑少瑛主编．建筑施工组织．北京：化学工业出版社，2005.1.

［8］ 王胜明主编．土木工程进度控制．北京：科学出版社，2005.8.

［9］ 吕宣照主编．建筑施工组织．北京：化学工业出版社，2005.7.

［10］ 中央电大建筑施工课程组主编．建筑施工组织．北京：中央广播电视大学出版社，2000.12.

［11］ 危道军主编．建筑施工组织．北京：中国建筑工业出版社，2004.1.

［12］ 黄展东主编．建筑施工组织与管理（第三版）．北京：中国环境科学出版社，2002.5.

［13］ 编写组．建筑施工组织设计规范（GB/T 50502—2009）．北京：中国建筑工业出版社，2009.7.

［14］ 周建国，张焕．建筑施工组织．北京：中国电力出版社，2004.8.